Fröhlich · FEM-Leitfaden

Springer-Verlag Berlin Heidelberg GmbH

Peter Fröhlich

FEM-Leitfaden

Einführung und praktischer Einsatz
von Finite-Element-Programmen

Mit 110 Abbildungen und 16 Farbtafeln

Springer

Professor Peter Fröhlich
Fachhochschule Wiesbaden
CIM-Zentrum des Fachbereichs Maschinenbau
Darmstädter Straße 59
65428 Rüsselsheim

ISBN 978-3-540-58643-2   ISBN 978-3-642-79383-7 (eBook)
DOI 10.1007/978-3-642-79383-7

Fröhlich, Peter:
FEM-Leitfaden : Einführung und praktischer Einsatz von
Finite-Element-Programmen / Peter Fröhlich. - Berlin ;
Heidelberg ; New York ; Barcelona ; Budapest ; Hong Kong ;
London ; Mailand ; Paris ; Tokyo : Springer, 1995

Satz: Datenkonvertierung durch M. Schillinger-Dietrich, Berlin
SPIN: 10472770   62/3020 - 5 4 3 2 1 0 - Gedruckt auf säurefreiem Papier

Vorwort

Als der Autor sich im Rahmen seines Maschinenbaustudiums Ende der 60er Jahre an der Technischen Hochschule Darmstadt zum erstenmal mit der Methode der Finiten Elemente auseinandersetzte, war dies vor allem ein mathematisch-numerisches Fachthema. Der Bezug von Tensor- und Matrizenrechnung zur Technischen Mechanik oder sogar zur Konstruktion war nur zu erahnen. Heute, ca. 25 Jahre später, dringt die FEM in die Entwicklungs- und Konstruktionsabteilungen von mittelständischen Unternehmen und sogar von Kleinbetrieben vor. Ingenieure auf Sachbearbeiterebene, und drüber hinaus die verantwortlichen Vorgesetzten, müssen sich zwar nicht unbedingt mit den theoretischen Grundlagen befassen, jedoch sollten ihnen zumindest die Auswirkungen des Einsatzes dieses hochentwickelten Berechnungswerkzeugs bekannt sein. Erwartungen, Versprechungen und Realität klaffen oft weit auseinander.

Es gibt heute genügend gute Literatur zu den Grundlagen, zur Fortentwicklung und über die Besonderheiten des eigentlichen Finite Elemente Verfahrens. Ebenso zahlreich sind die Veröffentlichungen, die sich mit der speziellen Anwendung eines konkreten Programmpaketes wie z.B. ANSYS oder NASTRAN beschäftigen.

Das vorliegende Buch soll Anwendern, Neueinsteigern und Entscheidungsträgern eine generelle Orientierungshilfe geben. Es bietet keine Darstellung der mathematischen und programmtechnischen Grundlagen, sondern beschreibt anhand vieler Beispiele die großen Möglichkeiten aber auch die Probleme und die Risiken des konkreten industriellen Einsatzes von FE-Programmen. Themenschwerpunkte sind die heutigen Anwendungsbereiche, der Aufbau und das Potential der modernen Programmsysteme und die notwendige Ausstattung eines FE-Arbeitsplatzes. Darüber hinaus werden die methodische Vorgehensweise, die Zuverlässigkeit, die häufigsten Fehlerquellen und der Zeit- und Arbeitsaufwand von FE-Analysen behandelt.

Zu einer fundierten Systementscheidung gehören eine realistische Bedarfsanalyse, ein detaillierter Systemvergleich und eine vernünftige Abschätzung von Aufwand und Nutzen, von Risiken und Grenzen. Die unternehmerischen Aspekte, die bei der Beschaffung und dem Einsatz von FE-Programmen zu beachten sind, werden oft sträflich vernachlässigt. Deshalb zeigt das Buch eingehend die notwendigen Rahmenbedingungen für einen erfolgreichen und effizienten Einsatz der sehr teuren Investition *FEM* auf. Ein besonderes Augenmerk wird dabei auf den möglichen Einsatz von FE-Programmen in der Konstruktion gelegt. Wegen übersteigerter Erwartungen kommt es immer wieder zu Fehlinvestitionen, großen Schwierigkeiten und enttäuschten Hoffnungen.

Das vorliegenden Buch soll durch die Darstellung der wichtigsten anwendungs-
bezogenen Grundlagen und Zusammenhänge vor allem den Nutzern der Finite
Elemente Methode in der beruflichen Praxis helfen. Viele der Beispiele entstam-
men Kooperationsprojekten zwischen der Fachhochschule Wiesbaden und der
Industrie. Allen im Text genannten Firmen und deren Mitarbeitern, die Informationen und Bildmaterial zur Verfügung gestellt haben, sei herzlich gedankt, kann
doch vor allem durch diese Beispiele die große Bandbreite der heutigen FE-
Anwendung deutlich gemacht werden.

Der Autor bedankt sich besonders bei allen Kollegen des CIM-Zentrums Rüsselsheim für die immer bereitwillige Hilfe, vor allem bei Heidi Meckert, Martin
Schöfisch, Axel Schalon, Peter Schneider, Dr. Hans-Jürgen Holland und Dr. Jür-
gen Schneider.

Zuletzt mein Dank an den Verlag für die gute Zusammenarbeit und die Bitte an
alle Leser, nicht zu zögern, mich auf Mängel oder Fehler hinzuweisen und Verbesserungen anzuregen.

Bad Homburg, Juni 1995   Peter Fröhlich

Inhaltsverzeichnis

1 Berechnung und Simulation im Engineering Bereich

In allen Fachpublikationen und auf Kongressen und Fachtagungen, die sich mit der Produktentwicklung beschäftigen, ist die *Simulation* ein Thema, das einen immer breiteren Raum einnimmt. In keiner Fachzeitschrift, deren Themenschwerpunkt die Konstruktion oder die Automatisierung ist, fehlt ein Artikel über FEM, über NC-Simulation oder über rechnergestützte Prozeßplanung. Nicht nur in Entwicklung und Konstruktion, sondern auch in den übergreifenden und nachgeordneten Sachgebieten wie zum Beispiel der Arbeitsvorbereitung, der Fertigungssteuerung oder der Produktionsplanung werden *Simulationswerkzeuge* zur Optimierung von Produkten und Prozessen eingesetzt. Der Begriff *Simulation* wird dabei in seiner Bedeutung als computergestütztes Werkzeug benutzt, d.h. generell als den Einsatz von Simulationssoftware zur Problembearbeitung.

Rechner und Computerprogramme sind heute in allen Bereichen eines Unternehmens zu finden [Ab90]. Die Art und Tiefe der Rechnerunterstützung in den einzelnen Ressorts und Abteilungen von produzierenden Unternehmen sind jedoch

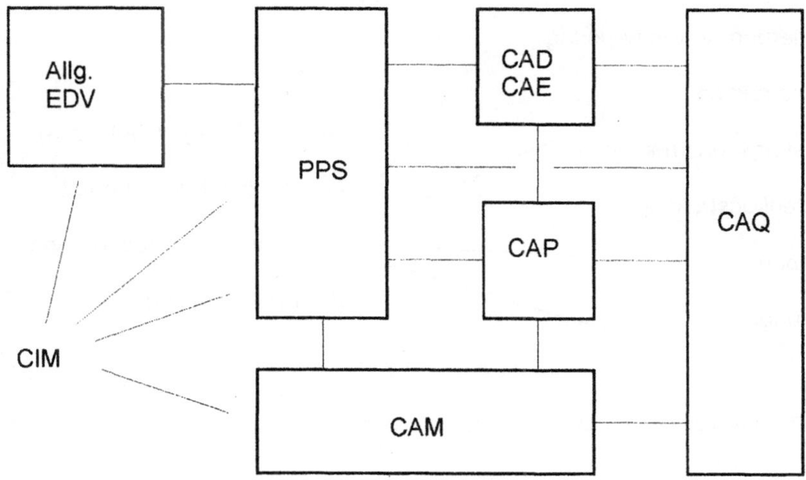

Allgemein übliche Kurzbezeichnungen:

PPS: Produktionsplanung und -steuerung   CAD: Computer aided Design
CAE: Computer aided Engineering   CAP: Computer aided Planning
CAM: Computer aided Manufacturing   CAQ: Computer aided Quality Assurance
CIM: Computer integrated Manufacturing

Abb. 1.1. Rechnereinsatz in Industriebetrieben

sehr unterschiedlich. Die Computer-Anwendungsgebiete werden oft als Bausteine mit entsprechenden Wechselwirkungen dargestellt (siehe Abb. 1.1).

In den letzten Jahren wurde – trotz oder gerade wegen der Verbesserung der Hardewareausrüstung und der Softwareausstattung – zunehmend die Forderung nach Kopplung der einzelnen Bereiche laut: Stichwort "CIM" (Computer Integrated Manufacturing). *CIM* soll den redundanzfreien Datenfluß und die Verfügbarkeit aller benötigten Voraussetzung von *CIM* nicht eine teure Rechnerausstattung und besonders gut integrierte Softwarepakete sind – die es bis heute auf dem Markt nicht gibt – sondern eine entsprechende Reorganisation des Unternehmens erfordert. Im Sinne eines *Simultaneous Engineering* – parallele und nicht traditionell hintereinandergeschaltete Produktentwicklung – wird *CIM* zunehmend realisiert. Ein Teilaspekt der Kopplungs- und Integrationsforderung bezieht sich auch auf die Berechnung und Simulation. Hierbei geht es vor allem um die Anbindung an CAD-Programme.

1.1 Aufgaben in Entwicklungs- und Konstruktionsabteilungen

Die Aufgaben im Entwicklungs- und Konstruktionsbereich sind sehr vielfältig und unterschiedlich. Das Spektrum reicht von der Detailkonstruktion einzelner Bauteile bis zur Projektierung und dem Neuentwurf ganzer Anlagen (siehe Abb. 1.2).

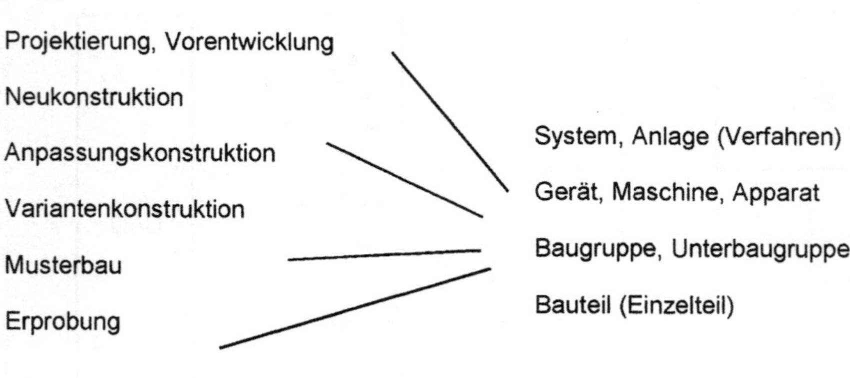

Abb. 1.2. Aufgaben in Entwicklung und Konstruktion

Die branchenspezifischen Unterschiede sind sehr groß. Auch die Aufgabenverteilung zwischen Projektierung, Entwicklung und Konstruktion ist von Unternehmen zu Unternehmen sehr verschieden. In den gängigen Sparten des Maschinenbaus, aber auch bei der überwiegenden Mehrheit von Unternehmen der Investitionsgüter- und Konsumgüterindustrie, überwiegen die Anpassungs- oder Variantenkonstruktionen. Komplette Neuentwicklungen sind eher selten.

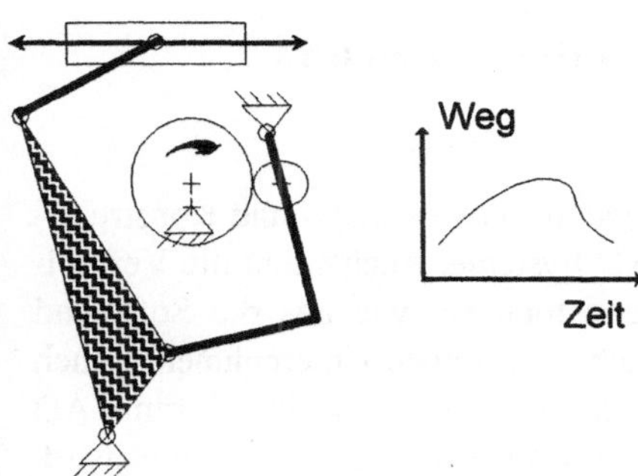

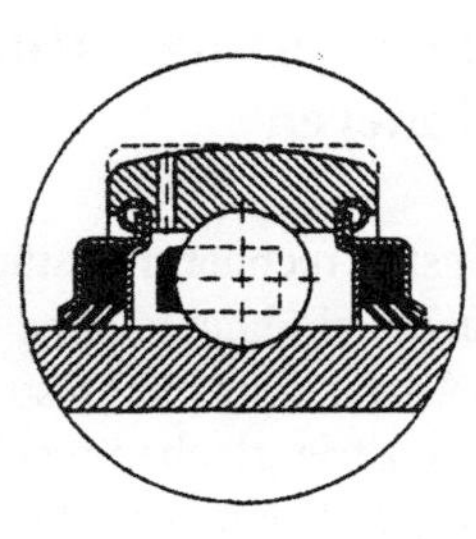

Mathem./physik. Berechnungen
(z.B. Winkelstellung eines Koppelgetriebes)

Allg. Konstruktionsberechnungen
(z.B. Lebensdauer eines Wälzlagers)

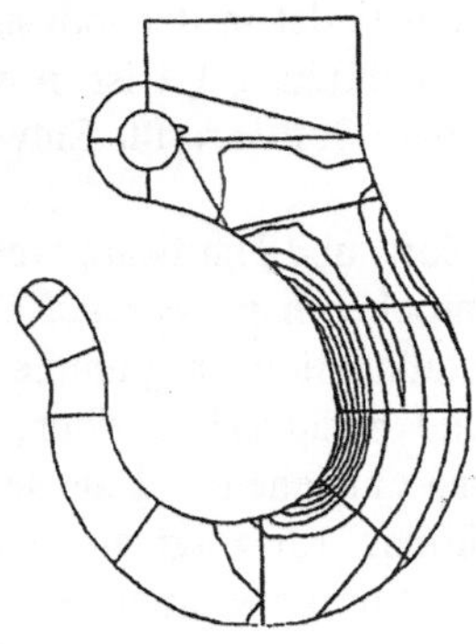

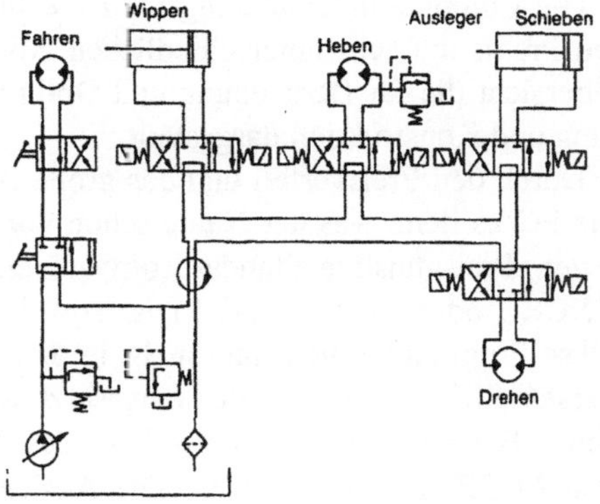

Strukturberechnungen
(z.B. Spannungsanalyse eines Kranhakens)

Spezielle Berechnungen
(z.B. Druckverluste im Hydrauliksystem)

Abb. 1.3. Berechnungsaufgaben in Entwicklung und Konstruktion

In den Entwicklungs- und Konstruktionsabteilungen fallen üblicherweise die folgenden Berechnungsaufgaben an (siehe auch Abb. 1.3):

* Mathematisch/physikalische Berechnungen (Funktion)
* Allgemeine Konstruktionsberechnungen (z.B. Maschinenelemente)
* Strukturberechnungen (z.B. statische und dynamische Simulation)
* Spezielle Berechnungen (z.B. Druckverlustberechnungen o. ä.)

Durch den zunehmenden Computereinsatz ändern sich zwangsläufig Arbeitsstil und -tempo von Entwicklungs- und Konstruktionsingenieuren. Der Einsatz geeigneter Software ergänzt beziehungsweise ersetzt das bisherige, meist auf großer Erfahrung beruhende Abschätzen. Dadurch steigen die Erwartungen hinsichtlich der Genauigkeit, der Zuverlässigkeit und der Schnelligkeit von Berechnungen. Oft wird dabei vergessen, daß der Umgang mit dem Rechner und den Anwendungsprogrammen erlernt und eingeübt werden muß. Der Anteil an Routinearbeit – und damit auch an Erholungspausen mit niedrigeren Konzentrationsanforderungen – vermindert sich und führt in der Regel zu einer höheren Belastung der Ingenieure.

1.2 Rechnergestützte Hilfsmittel zum Berechnen und Optimieren

Die wichtigsten rechnerunterstützten *Werkzeuge* in Entwicklungs- und Konstruktionsabteilungen sind heute ohne Frage die CAD-Systeme. Auch wenn die Verbreitung und Anwendung nicht so umfassend und total ist, wie das die Soft- und Hardwareindustrie glauben machen will: Es gibt kaum noch Unternehmen – auch Ingenieurbüros, Klein- und Mittelbetriebe – die nicht in irgendeiner Form CAD einsetzen. Das bedeutet natürlich weder, daß nur noch mit CAD gearbeitet wird, noch daß CAD immer und überall optimal genutzt wird! Auf die Bedeutung der CAD-Systeme für die Berechnung und Simulation wird an anderer Stelle noch vertieft eingegangen.

Die Computerunterstützung für Berechnungstätigkeiten findet in der industriellen Praxis auf sehr unterschiedlichen Niveaus statt. In Abbildung 1.4 ist in einer Übersicht die für Berechnung und Optimierung verfügbare Software für Entwicklung und Konstruktion dargestellt.

Durch den Preisverfall und das große Angebot von Soft- und Hardware werden die PC zu dem, was der Name schon vor Jahren versprochen hat: *Personel Computer*. Preisgünstige Standardsoftware (z.B. Tabellenkalkulationsprogramme wie EXCEL oder LOTUS 1-2-3) ist soweit ausgereift und benutzerfreundlich, daß diese Programme mehr und mehr in den Ingenieuralltag einziehen und als selbstverständliches Arbeitsmittel eingesetzt werden. Abbildung 1.5 zeigt ein technisches Beispiel für die Anwendung des Tabellenkalkulationsprogramms EXCEL von MICROSOFT zu sehen. Die Auslegung und Optimierung einer Schrauben-

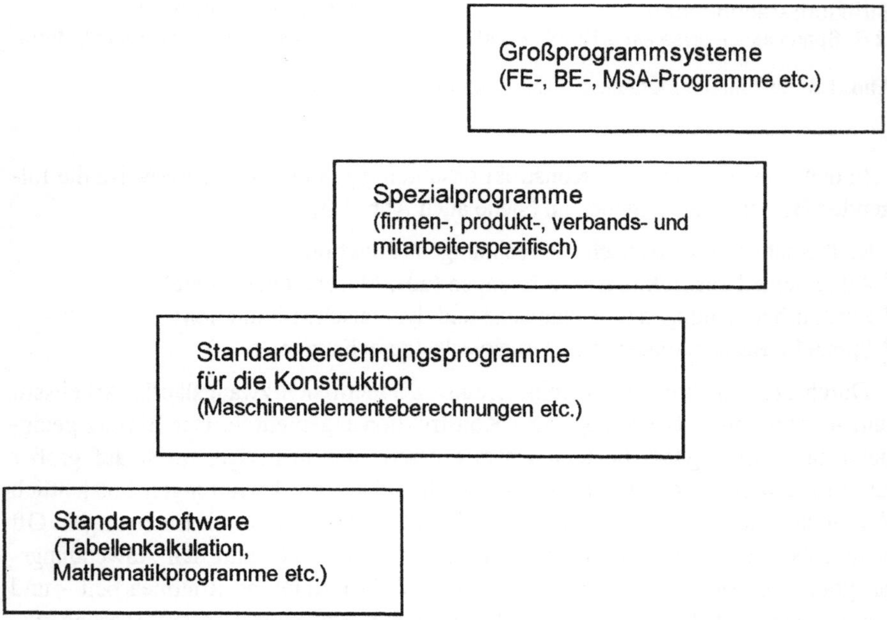

Großprogrammsysteme
(FE-, BE-, MSA-Programme etc.)

Spezialprogramme
(firmen-, produkt-, verbands- und
mitarbeiterspezifisch)

Standardberechnungsprogramme
für die Konstruktion
(Maschinenelementeberechnungen etc.)

Standardsoftware
(Tabellenkalkulation,
Mathematikprogramme etc.)

Abb. 1.4. Berechnungs- und Simulationsprogramme für Entwicklung und Konstruktion

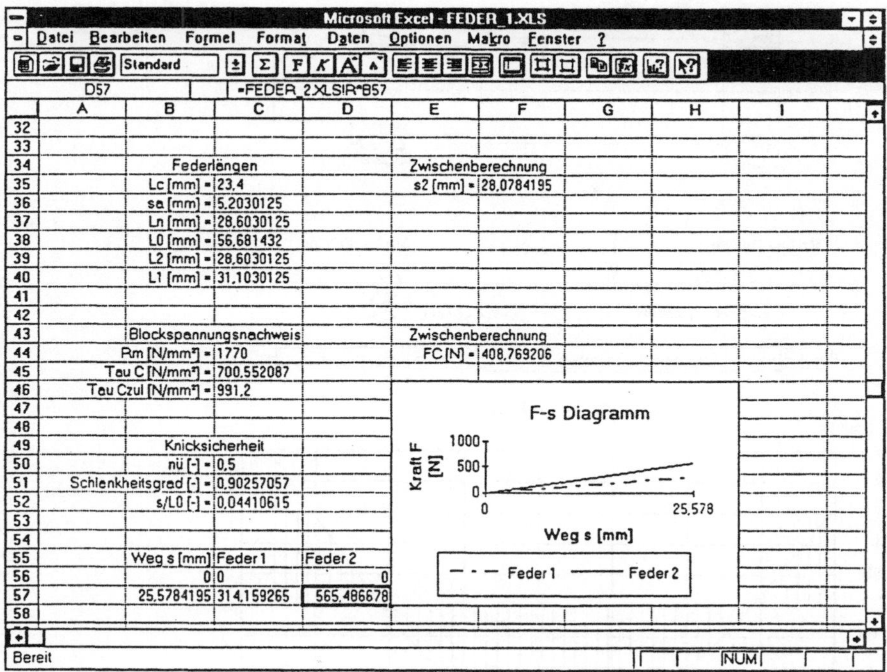

Abb. 1.5. Federberechnung mit Standardsoftware (Tabellenkalkulationsprogramm EXCEL der Fa.MICROSOFT)

druckfeder – von Hand und nur mit Taschenrechner eine sehr aufwendige Arbeit – ist mit relativ wenigen Vorkenntnissen rasch durchführbar.

Für Maschinenelementeberechnungen gibt es heute eine Anzahl von kommerziellen, gut eingeführten Programmsystemen [FH93]. Dabei gilt es zwischen den herstellerneutralen, übergreifenden Paketen, die einen großen Bereich der Maschinenelementeberechnung abdecken, und den produktspezifischen Programmen zu unterscheiden. Zulieferer von Normteilen oder anderen Bauteilen bieten verstärkt ihr Lieferprogramm und entsprechende Auslegungs- und Berechnungshilfen als Software an. So zum Beispiel die Wälzlagerhersteller oder die Schraubenproduzenten. Die großen herstellerneutralen Programme haben inzwischen eine gute Marktreife erreicht, so daß mit ihnen vernünftig und effektiv gearbeitet werden kann. Als eines von vielen möglichen Beispielen ist in Abbildung 1.6 der Ergebnisausdruck einer Wellenberechnung zu sehen.

Der Vorteil dieser kommerziellen Software gegenüber selbsterstellten Programmen oder Hochschulentwicklungen ist der professionelle Background der Anbieter, die eine Pflege und Weiterentwicklung ihrer Produkte gewährleisten. Ein starker Trend geht in Richtung Integration von Berechnungsmodulen. Man versucht, einmal eingegebene beziehungsweise berechnete Daten für weitere Berechnungen in anderen Programmen direkt weiterzuverwenden [Ki91]. Der große Durchbruch ist aber wegen des Fehlens einer einheitlichen, genormten und gut funktionierenden Schnittstelle noch nicht erreicht worden.

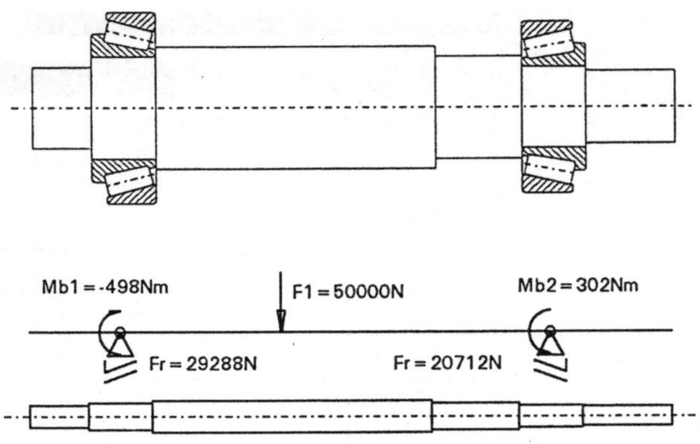

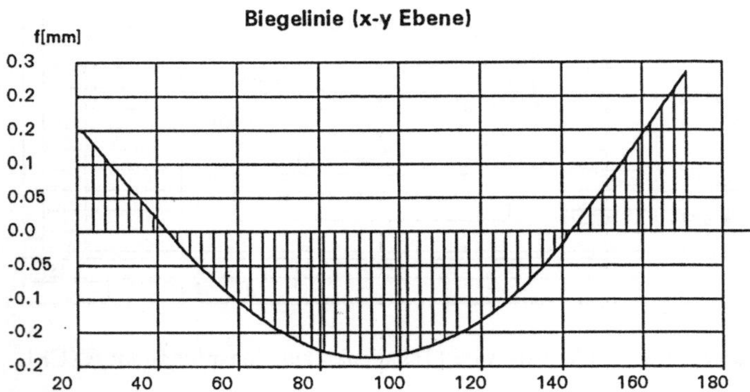

Abb. 1.6. Konstruktionsberechnungsprogramm für die Wellenberechnung (Maschinenelementeberechnungsprogramm WL1 der Fa.HEXAGON)

In jedem Unternehmen gibt es eine große Zahl selbsterstellter Berechnungsprogramme zur Bearbeitung spezieller Aufgabenstellungen. Das kann zum Beispiel ein Konfigurierungsprogramm sein, das es ermöglicht, sehr schnell ein technisch-kommerzielles Angebot für eine Anlage zu erstellen. In Abbildung 1.7 ist der Ausdruck eines Programms zu sehen, mit dessen Hilfe große Lacktrocknungsanlagen zusammengestellt werden können.

Das beispielhaft erwähnte Programm führt nach firmeneigenen Vorgaben und Kundenforderungen im Dialog mit dem Verkäufer die technische Auslegung der Anlage durch und ermittelt zusätzlich Kosten und Preise. Solche firmen- oder zumindest branchenspezifischen Programme sind meistens von Mitarbeitern entwickelt worden und werden oft nur von dem Ersteller selbst oder wenigen anderen genutzt. Sie sind zur Erleichterung der täglichen Arbeit und zur Entlastung von langwierigen, sich öfters wiederholenden Berechnungen sehr hilfreich. Der hohe Programmieraufwand zur Erstellung solcher Programme ist aber nur bei einer intensiven Nutzung zu vertreten.

Komplexere Problemstellungen werden häufig von Spezialisten im eigenen Unternehmen, in eigenen Berechnungsabteilungen oder von auswärtigen Experten und Ingenieurbüros bearbeitet. Hierzu werden oft Großprogrammsysteme einge-

Aufheizzeit:	min	: 7,81
Haltezeit:	min	: 12
Verweilzeit:	min	: 19,81
Gewicht der Kette:	kg/Meter	: 5
Heizmedium:		: Gas-indirekt
Frischluftmenge:	m3/h	: 3627
Umluftmenge:	m3/h	: 43491
Anschlußleistung der Umluftventilatoren:	kW	: 15,16
Trockneraußenabmessungen:	Breite	: 2500
	Höhe	: 2750
	Länge	: 31400
	Schleu. Länge	: 1200
	Isostärke mm	: 200
Wärmebedarf: kW	Material	: 16,33
	Kette	: 10,99
	Transmission	: 50.89
	Frischluft	: 235,33
Gesamtwärmebedarf:	kW	: 313,54

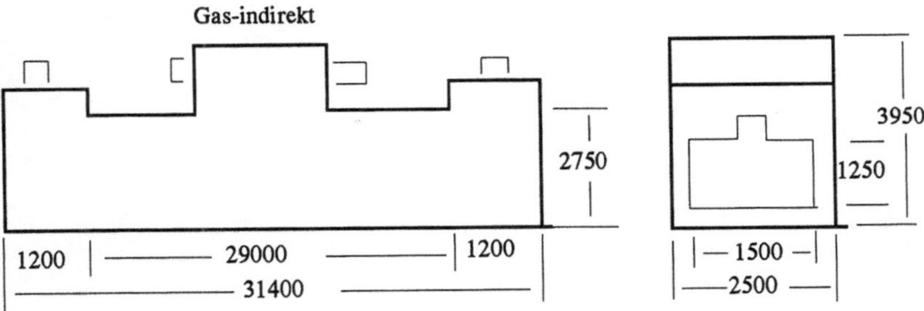

Abb. 1.7. Firmenspezifisches Konfigurierungsprogramm für Lacktrocknungsanlagen (Fa. THERMAC)

setzt, die aber nur von speziell qualifiziertem und ausgebildetem Personal sinnvoll und effizient genutzt werden können. Nachfolgend die wichtigsten Simulationstechniken und -programme aus dem mechanischen CAE-Bereich (Computer Aided Engineering), die heute zur Verfügung stehen und eingesetzt werden:

*** Finite / Boundary Elemente Analyse (FEM / BEM)**
Wichtigstes Anwendungsgebiet für diese Programme ist die Strukturanalyse von Bauteilen. Ein typisches Beispiel sieht man in Abbildung 1.8. Hier wurde das Verformungsverhalten eines Luftfahrtventils mit Hilfe eines FE-Programms untersucht.

*** Mehrkörper-System-Analyse (MSA)**
Die Mehrkörper-System-Analyseprogramme werden zur Untersuchung des dynamischen Verhaltens ganzer Mechanismen oder Baugruppen benutzt. Damit wird zum Beispiel das Verhalten eines Fahrzeugs bei unterschiedlichen Fahrbedingungen untersucht. Die Abbildung 1.9 zeigt ein Beispiel für eine dynamische Analyse mit Hilfe einer MSA-Software.

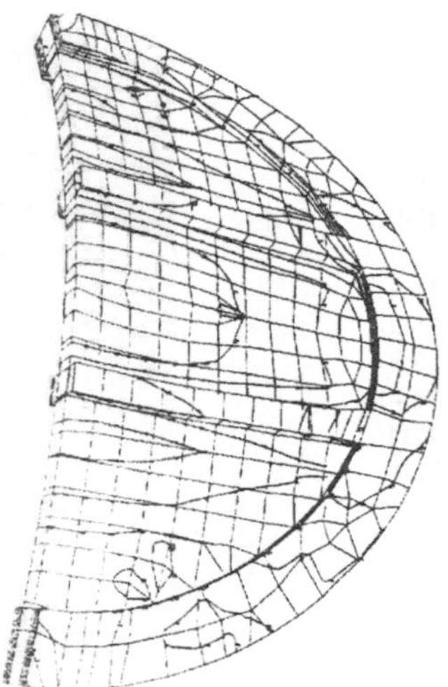

Abb. 1.8. Verformungsberechnung einer Ventilklappe (Halbmodell)

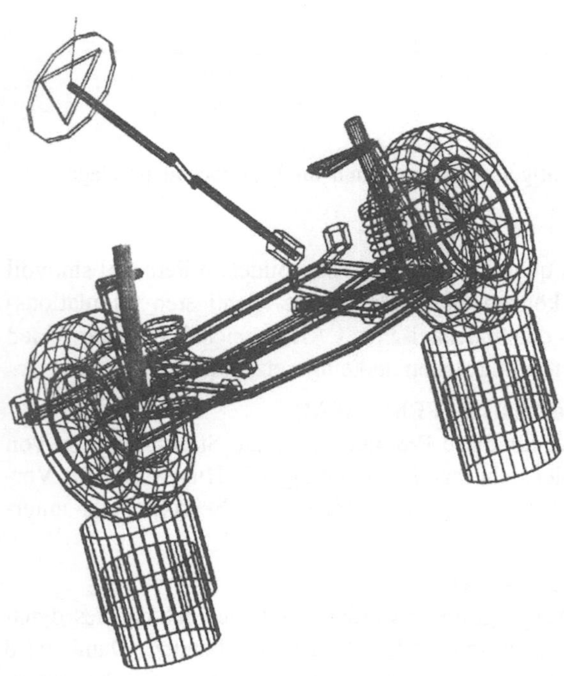

Abb. 1.9. Dynamische Analyse einer PKW-Vorderachse (Beispiel von Prof.Seubert, MSA-Programm ADAMS der Fa.MDI)

* Strömungssimulation

Diese meist sehr großen Programmpakete – das bekannteste ist wohl PHOENICS – dienen zur Simulation von Strömungsvorgängen (siehe Abb.1.10), wie sie zum Beispiel in der Luft- und Raumfahrt und der KFZ-Technik vorkommen. Ein Beispiel aus der Verfahrenstechnik ist auf Farbtafel 1 im Anhang zu sehen.

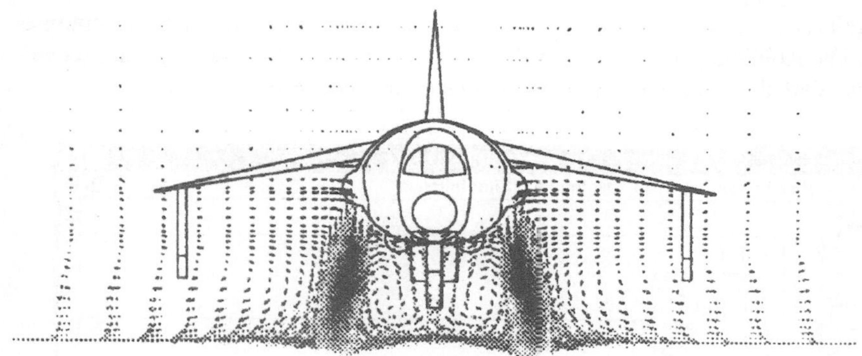

Abb. 1.10. Strömungssimulation beim Start eines Senkrechtstarters (Programmsystem PHOENICS der Fa.CHAM)

Eine sehr wichtige Anwendung ist die Simulation des Füllvorgangs beim Kunststoff-Spritzgießen, da Werkzeugänderungen wegen unzureichender Füllung der Form sehr teuer sind. In Abbildung 1.11 und auf der Farbtafel 2 im Anhang sieht man entsprechende Beispiele.

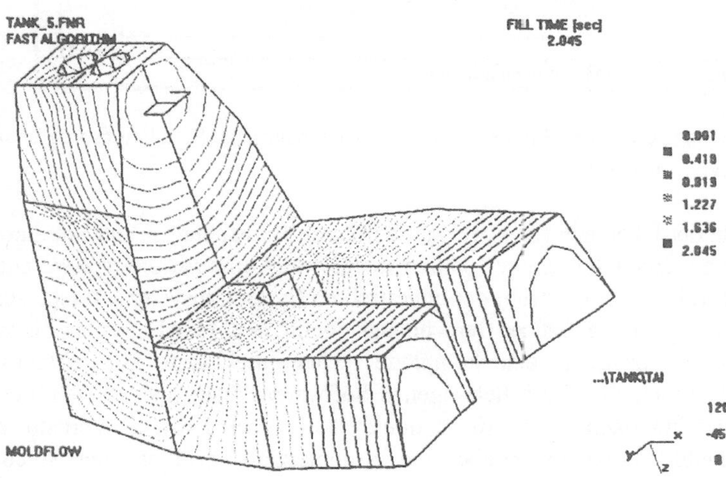

Abb. 1.11. Spritzguß-Simulation eines Kunststoffteils (Simulationsprogramm MOLDFLOW der Fa.MOLDFLOW-PTY)

Mathematische Grundlage ist meist ein FEM-Verfahren oder eine verwandte mathematisch-numerische Methode. Die Spezialprogramme werden jedoch separat neben den universell einsetzbaren FE-Programmen angeboten.

* Steuerungs- und Regelungssimulation

Das Zusammenspiel von Elektronik und Mechanik ist von sehr vielen Faktoren und Bedingungen abhängig. Solche Geräte und Maschinen kann man als komplexe Regelkreise im Rechner abbilden und das Regelverhalten erproben und optimieren. Die Abbildung 1.12 zeigt ein Beispiel für die Simulation des regelungstechnischen Verhaltens eines Ottomotors mit einer entsprechenden Software.

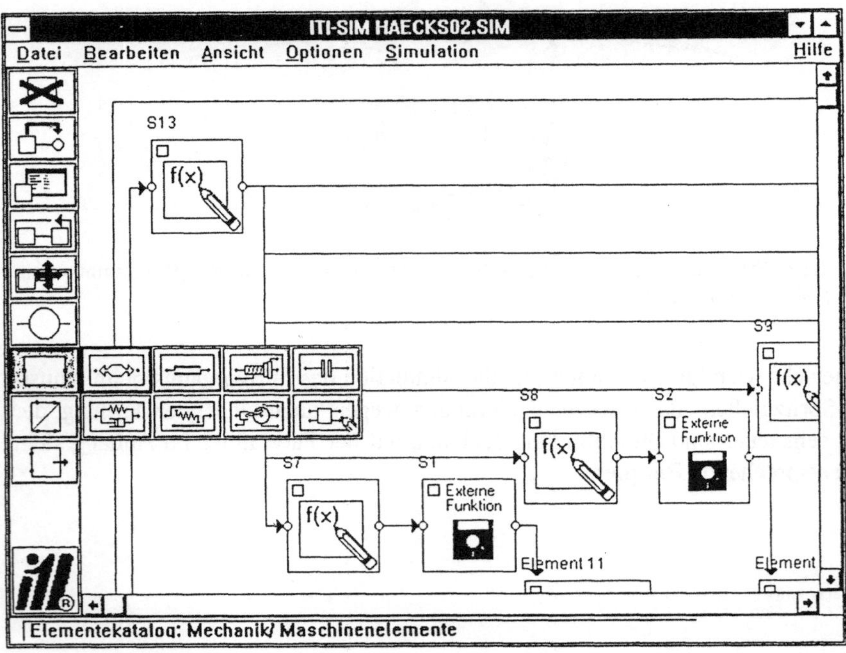

Abb. 1.12. Regelungstechnische Simulation eines Vorschubantriebs (Simulationsprogramm ITI-SIM der Fa.ITI, Dresden)

Neben den in der Übersicht (Abb. 1.4) aufgeführten Berechnungs- und Simulationsprogrammen werden seit einigen Jahren integrierte *Konstruktionssysteme* entwickelt und erprobt. Das Spektrum der angestrebten Programmsysteme reicht von der einfachen Integration einzelner Berechnungsmodule in ein CAD-System bis zu großen Lösungsansätzen, die eine komplette rechnerunterstützte Entwicklungs- und Konstruktionsumgebung mit heterogenen Softwarepaketen realisieren sollen. Eingeschlossen sind dann auch Informationssysteme über Kosten, Werkstoffe, technische Regeln, Fertigungsvorgaben etc. Kommerziell verfügbar sind solche Systeme – einige auf der Basis von wissensbasierten Techniken / Expertensystemen – erst in Ansätzen. Ein Beispiel für ein relativ weit entwickeltes Konstruktionssystem ist in Abbildung 1.13 zu sehen.

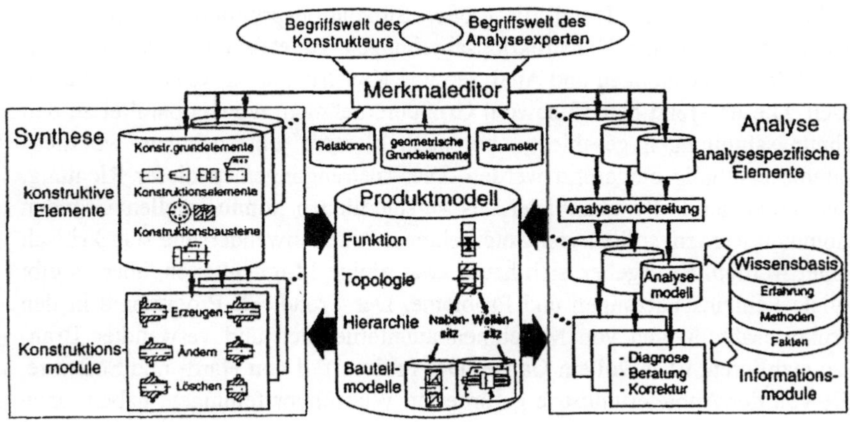

Abb. 1.13. Konstruktionssystem *mfk* (Universität Erlangen – Nürnberg)

Verschiedene Entwicklungen an Hochschulinstituten zeigen, was in Zukunft auf diesem Gebiet zu erwarten ist: Durchgängige Rechnerunterstützung von der Erfassung der Anforderungen über die Lösungsfindung bis zur Analyse hinsichtlich Funktion und Haltbarkeit, begleitet von einer vollständigen Dokumentation der einzelnen Arbeitsschritte [MR94, We91,VDI94]. Das Ziel ist in allen Fällen die Entwicklung von rechnerunterstützten *Konstruktionswerkzeugen* oder – noch weitergehend – von *Konstruktions- und Informationssystemen*, die den Entwicklungs- und Konstruktionsingenieur von Routinetätigkeiten entlasten sollen. Der Weg bis zur praktischen Anwendung ist allerdings noch weit!

1.3 Wer nutzt die Berechnungs- und Simulationsprogramme?

Abhängig von der Struktur des jeweiligen Unternehmens werden die großen Programmsysteme zum überwiegenden Teil in der Entwicklung, Projektierung, separaten Berechnungsabteilungen, nur in Einzelfällen auch in der Konstruktion oder der Versuchsabteilung eingesetzt. Natürlich gibt es branchen- und firmenspezifisch große Unterschiede. In einigen Betrieben wird buchstäblich nichts gerechnet, in anderen Unternehmen, beispielsweise aus der Luft- und Raumfahrt oder der KFZ-Technik, haben Berechnung und Simulation einen hohen Stellenwert, und das mit steigender Tendenz.

Auffallend ist jedoch die Tatsache, daß sich der Anteil von Berechnungstätigkeiten in der Konstruktion seit vielen Jahren nicht geändert hat und nur etwa 5-10% der Arbeitszeit eines Konstrukteurs ausmacht. Die zweifellos zunehmenden Berechnungsaktivitäten sind überwiegend in eigenen Berechnungsabteilungen, bei speziellen Berechnungsingenieuren oder Ingenieurbüros zu finden. Häufig werden solche Aufgaben auch an externe Dienstleister – Berater und Ingenieurbüros – vergeben.

Es gibt einen aktuellen Trend, die großen Simulationsprogramme – vor allem FE-Programme – in den Konstruktionsabteilungen zu etablieren. Das Ziel ist, einen Teil der Berechnungen und Analysen von Konstrukteuren selbst durchführen zu lassen. Dieser Trend betrifft sowohl Großunternehmen, wo das parallel zu den Berechnungsabteilungen geschieht, aber auch kleinere Unternehmen, wo diese Programme erstmalig eingeführt werden. Die Anstrengungen in dieser Richtung, die von seiten der Softwareanbieter aus verständlichen kommerziellen Gründen unternommen werden, sollten von Unternehmens- und Anwenderseite sehr kritisch betrachtet werden. Es ergeben sich heute zwar einige Möglichkeiten, aber es gibt auch viele Fehleinschätzungen und Probleme. Der Trend, FE-Programme in den Konstruktionsabteilungen von Maschinenbauunternehmen und verwandter Branchen zu etablieren, ist in vollem Gange. Der Preisverfall von Hard- und Software, und die von der Anbieterindustrie geförderten Wunschvorstellungen, haben einen gewissen Zugzwang erzeugt. Diese Problematik wird in Kapitel 6 noch vertieft dargestellt. Der aktuelle Stand der Dinge ist jedoch der, daß die großen Simulationsprogramme zur Zeit fast ausschließlich von Spezialisten angewendet werden.

2 Die Finite Elemente Methode

Die Finite Elemente Methode ist heute das am weitesten verbreitete numerische Berechnungsverfahren in den Ingenieurwissenschaften. Der Erfolg beruht auch darauf, daß die verschiedensten Problemstellungen, von mechanischen Strukturberechnungen über Temperaturfeldanalysen bis zu elektrotechnischen Aufgabenstellungen, mit dieser mathematischen Methode angegangen und gelöst werden können.

Die vermehrte Anwendung der FEM ging und geht Hand in Hand mit der rasanten Fortentwicklung von Hard- und Software. Ohne die gewaltigen Verbesserungen der Rechner hinsichtlich Rechengeschwindigkeit und Speicherkapazität sowie der FE-Programme im Hinblick auf ihre Benutzerfreundlichkeit und ihrer Anwendungsmöglichkeiten wäre das Verfahren sicher immer noch eine "Spielwiese" (aus ingenieurwissenschaftlicher Sicht) für die mathematische und physikalische Forschung und damit nur für wenige Spezialisten geeignet.

2.1 Das Prinzip der FEM

Die Ausgangssituation für eine Berechnung ist immer die gleiche: Wie kann ein reales Problem so vereinfacht werden, daß bekannte Rechenansätze und Methoden darauf angewendet werden können, um so ein zutreffendes Ergebnis zu erzielen? Angewandt auf die Mechanik: Wie kann ich ein reales Bauteil so vereinfachen, daß ich zum Beispiel die Verformungen und die Spannungen des Teils hinreichend genau berechnen kann?

In der Technischen Mechanik gibt es eine ganze Reihe von expliziten Berechnungsansätzen – sprich Formeln – zum Beispiel für Stabwerke, Balken oder Platten. Konkret haben Einzelteile, Baugruppen und Geräte jedoch sehr komplexe Formen; man denke nur an eine Flugzeugtragfläche oder eine Radaufhängung. Diese komplizierte Gestalt so zu vereinfachen, daß mit ausreichender Genauigkeit ein bekannter Rechenansatz – zum Beispiel eine Balkengleichung – verwendet werden kann, ist sehr schwierig. Trotzdem ist dies die klassische, ingenieurmäßige Methode zur Auslegung und Nachrechnung von Bauteilen. Die Kunst des Berechnungsingenieurs oder Konstrukteurs liegt in seiner Erfahrung, zutreffende und dem Problem angemessene Vereinfachungen vorzunehmen. In den meisten Fällen ist diese Methode zumindest für grobe Überschlagsrechnungen gut zu gebrauchen.

Die Finite Elemente Methode geht nun von folgendem Gedankengang aus: Die meist komplizierte Gestalt eines kompletten Bauteils wird in viele kleine, einfach geformte Teile zerlegt. Man kann sich das wie ein Baukastenspiel vorstellen. Der Vorgang heißt *Diskretisierung*. Das (Verformungs-)Verhalten dieser kleinen Teile – das sind die *Finiten Elemente* – ist im Prinzip bekannt und berechenbar. Zum Beispiel könnte man den in Abbildung 2.1 gezeigten Haltewinkel in eine große Anzahl kleiner, relativ regelmäßig geformter Dreiecks- und Vierecksplatten zerlegen.

Bei gegebenen Einspannbedingungen und Belastungen sind die Verformungen und Spannungen dieser einfachen Platten berechenbar. Die einzelnen *Elemente,* in diesem Fall Platten- oder Schalenelemente, sind durch die sogenannten *Knoten* miteinander verbunden. Durch die Verknüpfungsbedingungen der Elemente an den Knoten – gleiche Verschiebung und Verdrehung der Knoten in allen Raumrichtungen – kann die Verformung (Verschiebung) der Gesamtstruktur an jedem Knoten berechnet werden. Aus den Knotenverschiebungen lassen sich dann die Spannungen berechnen.

Die Anwendung und Umsetzung der hier ganz grob beschriebene Methode erfordert mathematisch-physikalische Ansätze, die dann in der Praxis zu sehr großen Gleichungssystemen führen. Diese Gleichungssysteme wiederum, die meist in der Matrizenschreibweise dargestellt werden, können mit Hilfe verschiedener mathematisch-numerischer Verfahren gelöst werden [KW91, MT93]. Zur Theorie der Finite Elemente Methode gibt es inzwischen eine umfangreiche Literatur. Die heute immer noch wichtigsten Basiswerke sind die grundlegenden Bücher von Zienkiewicz und Bathe [Zi84, Ba86]. Beispiele von sehr anschaulichen und gut

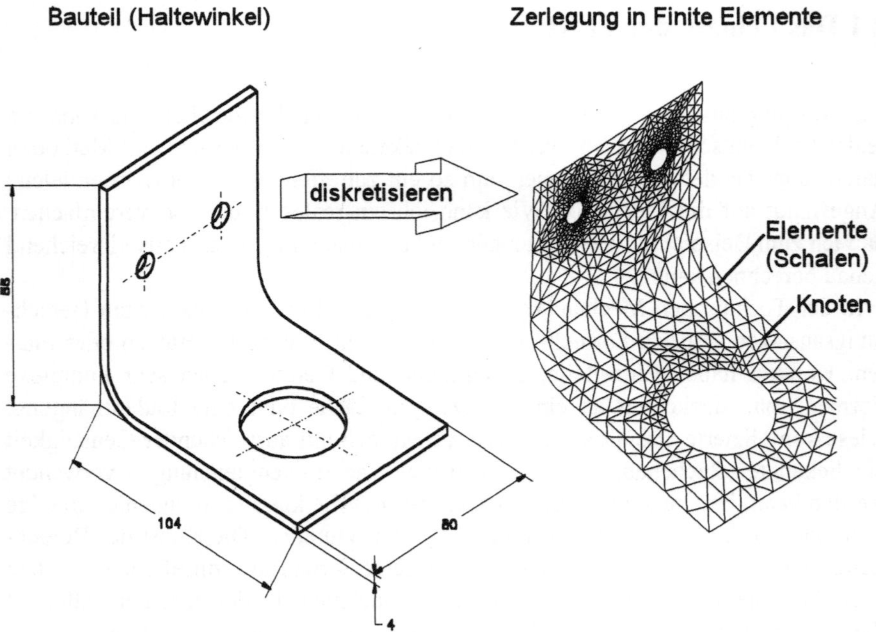

Abb. 2.1. Zerlegung eines Kontinuums / Sytems in Elemente

verständlichen Büchern für weitergehend interessierte Leser sind von Josef Adam die *Festigkeitslehre und FEM-Anwendungen* [Ad91] und von Müller/Rehfeld *FEM für Praktiker* [MR94].

Der Vollständigkeit halber sei an dieser Stelle kurz die *Boundary Elemente Methode (BEM)* erwähnt. Dieses Verfahren arbeitet ähnlich wie die FEM, beschreibt aber nur den Randbereich einer Struktur. Das ist für einige Problemstellungen – wie zum Beispiel Kerbspannungsuntersuchungen – völlig ausreichend. In Abbildung 2.2 ist die unterschiedliche Modellbildung für FEM und BEM an einem einfachen 2D-Beispiel dargestellt.

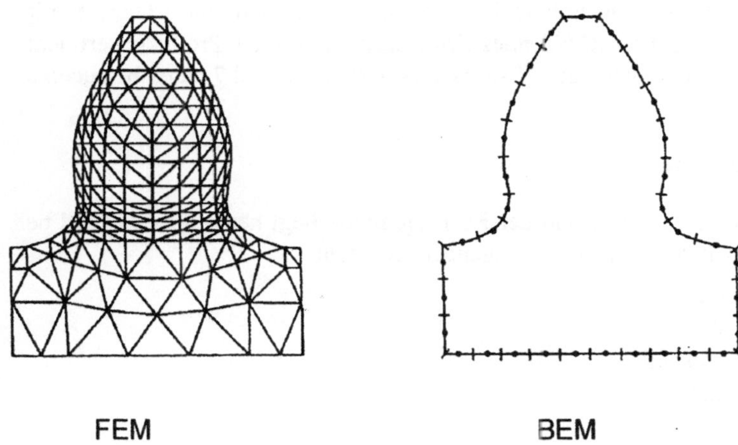

Abb. 2.2. Finite Elemente Methode (FEM) und Boundary Elemente Methode (BEM) im Vergleich - Modellierung eines Stirnradzahnes

Mathematisch basiert das Verfahren auf dem gleichen Grundgedanken und wurde ebenfalls schon in kommerzielle Programmsysteme umgesetzt (siehe z.B. Farbtafel 15 im Anhang). Die Verbreitung ist jedoch wegen einiger Schwächen und Einschränkungen sehr viel geringer als die der FE-Programme. Eine gute, knappe Übersicht zur BEM ist in [Sc89] zu finden, ausführlicher und gut verständlich ist die Beschreibung in [MT93].

Zusammenfassend kann man die Finite Elemente Methode – genauso die BEM – als ein mathematisch-numerisches Verfahren zur Beschreibung (und Lösung) von Struktur- und Kontinuumsproblemen bezeichnen. Der Schwerpunkt des vorliegenden Buches liegt nicht in der Erläuterung der theoretischen Hintergründe und der angewandten Lösungstechniken. Auf diese Themen wird in den nachfolgenden Kapiteln nur insoweit eingegangen, wie es für die Anwendung der FE-Programme von Bedeutung ist.

2.2 Die Anwendung

Vorreiter bei der Entwicklung und Anwendung der FEM waren die Hochschulen, dann bald die Luft- und Raumfahrt. Heute ist der Einsatz der FEM in allen großen Firmen üblich. Durch komfortable Programme wenden seit einigen Jahren auch verstärkt kleinere Betriebe und Ingenieurbüros die FEM an. Der Hauptgrund für die zunehmende Bedeutung der FE-Programme liegt in der Möglichkeit des teilweisen Ersatzes von Versuchen. Wie es der Begriff *Simulation* schon ausdrückt, wird das reale Bauteil oder Gerät und dessen Belastung am Computer nachgestellt. Bei richtiger Modellierung und der Verwendung von zuverlässiger Hard- und Software können vergleichbare Ergebnisse erzielt und viel Zeit und Geld eingespart werden. Somit werden Entwicklungszeiten verkürzt und eine frühere Markteinführung – heute ein entscheidendes Erfolgskriterium – des Produktes erreicht. Der Aufwand und der Nutzen des FE-Einsatzes wird in Kapitel 7 näher beleuchtet.

2.2.1 Einsatzbereiche

Der Einsatzbereich der FEM und der FE-Programme liegt heute überwiegend bei ingenieurtechnischen Analysen auf folgenden Gebieten:

* Strukturmechanik
* Thermodynamik
* Elektro-/Magnetostatik
* Strömungsmechanik
* Akustik

Klassische Branchen sind die Luft- und Raumfahrt, Hoch- und Tiefbau, die KFZ-Industrie, der Allgemeine Maschinenbau – wie zum Beispiel der Werkzeugmaschinenbau – und verwandte Industriezweige wie Stahlbau oder Schiffsbau. Hinzu kommen immer mehr die kunststoffverarbeitende Industrie, generell die Konsumgüterindustrie und die Elektronik. Natürlich arbeitet weiterhin die angewandte und die Grundlagenforschung mit der Methode, wobei sich auch hier aufgrund der benutzerfreundlichen Programme neue Disziplinen wie Medizin oder Biowissenschaften der FEM bedienen. Die Farbtafeln im Anhang zeigen Beispiele aus verschiedenen Anwendungsgebieten.

Die untenstehende, beispielhaft und nur auszugsweise wiedergegebene Themenliste des Anwenderforums [CF94] eines FE-Programmsystems – in diesem Fall des FE-Systems ANSYS der Fa.ANSYS Inc. – gibt eine Vorstellung von der Breite der Einsatzmöglichkeiten solch großer *Multi-purpose* Programme:

– Untersuchung zum Verhalten eines Salzstocks
– Beulberechnungen. Vergleich Versuch und FE-Analyse
– Optimierung von Tellerfedern
– Explosionsfeste Behälter und Apparate
– FE-Simulation für dentale Implantate
– Gründung von Hochhäusern auf engstehenden Pfahlgruppen

- Modellierung von Luft-Ultraschallwandlern
- Bruchmechanische Analysen von MEMS-Strukturen
- Nichtlineare Analyse einer Elastomerdichtung
- Wärmeübertragung in turbulenten Grenzschichten
- Lösung der Schrödinger-Gleichung zur Berechnung optischer Moden
- Prozeßsimulation von Laserstrahlanwendungen
- FEM-Analysen des Zeitverhaltens einer thermosensitiven Mikrostruktur
- Simulation elektromagnetischer Verkoppelungen von mikromechanischen Spiegelelementen
- Simulation eines Doppelhall-Drehzahl-Sensors
- Dynamische Kantenschlagfestigkeit keramischer Bauteile

2.2.2 Strukturmechanik – Strukturanalyse

Die wichtigste Anwendung der FEM ist zur Zeit die mechanische beziehungsweise thermisch/mechanische Strukturanalyse, d.h. die Ermittlung des Antwortverhaltens einer Struktur (= Bauteil) auf Belastungen. Belastungen sind statische beziehungsweise dynamische Kräfte oder Zwangsverschiebungen, die an einem Bauteil angreifen. Das Teil *antwortet* mit einer Verformung, woraus wiederum eine Beanspruchung (= Spannung) resultiert (siehe Abb.2.3).

Belastung: Kräfte, Zwangsverschiebungen (Temperaturen)

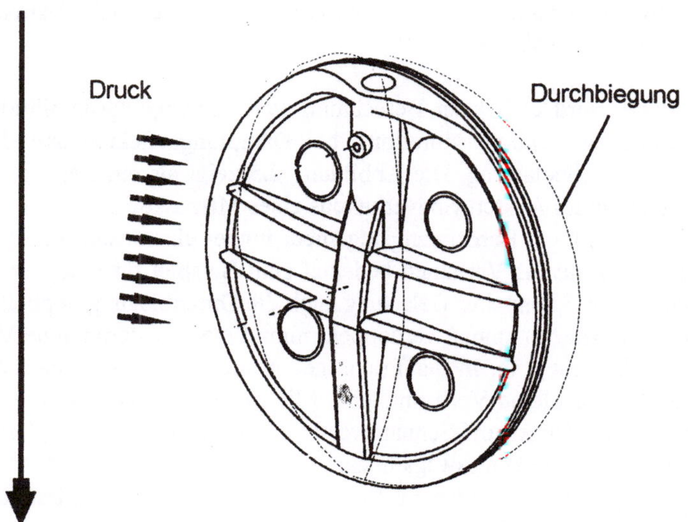

Antwort: Verformung, Beanspruchung (Spannung)

Abb. 2.3. Einfache Strukturanalyse (Beispiel einer druckbelasteten Ventilklappe)

Die einfachste und häufigste FE-Anwendung ist die **statische, lineare Struktur-analyse**, also die Berechnung von Verformungen und Spannungen aufgrund von Kräften, Drücken aber auch von Temperaturen.

Mit einer einfachen **dynamischen Analyse** kann man Eigenfrequenzen – das heißt das Resonanzverhalten von Bauteilen wie zum Beispiel einer Werkzeug-maschinenspindel – und Eigenschwingungsformen berechnen. In der Abbildung 2.4 ist die dritte Eigenschwingungsform eines Ventilrahmens zu sehen, wobei die Massen des Antriebs und der Elektronikboxen nur grob modelliert wurden.

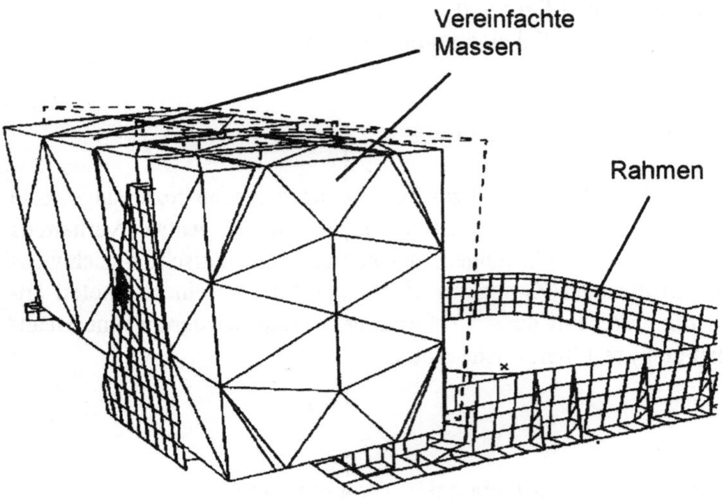

Abb. 2.4. Eigenschwingungsform eines Ventilrahmens mit Getriebe- und Elektronik-"Massen" (Fa.Nord-Micro, Frankfurt am Main)

Etwas komplizierter wird es bei der Berechnung von Schwingungsamplituden, bei regelloser Anregung (random vibration), bei Dämpfungseffekten und dem Abklingverhalten bei Stoßbelastung. Die Abbildung 2.5 zeigt als ein Beispiel die rechnerische Simulation des Ausschwingverhaltens eines Mikroskops.

Wenn möglich, versucht ein Berechnungsingenieur immer eine anstehende Auf-gabe zu *linearisieren*. Lineares Verhalten bedeutet zum Beispiel für eine Verfor-mungsberechnung, daß bei doppelter Belastung auch die Durchbiegung doppelt so groß wird. Wird die Last noch einmal verdoppelt, nimmt man wiederum eine Ver-doppelung der Durchbiegung an. In der Praxis gelten diese linearisierenden An-nahmen aber nur für sehr kleine Verformungen. Mit einem linearen Ansatz kann man zum Beispiel keinen Kunststoff-Schnappverschluß berechnen. Dessen Verfor-mungen sind viel zu groß und keineswegs linear! Alle mit einem linearen Ansatz – also auch mit einem linear rechnenden FE-Programm – erzielten Ergebnisse kön-nen einen beträchtlichen Fehler aufweisen. Es ist also wieder die Erfahrung des In-genieurs gefragt, der abgeschätzten muß, ob die lineare Vereinfachung eines an sich nichtlinearen Problems noch eine ausreichende Genauigkeit ergibt. Im Grunde sind alle Probleme nichtlinear, der Aufwand für solche Berechnungen, ob konven-

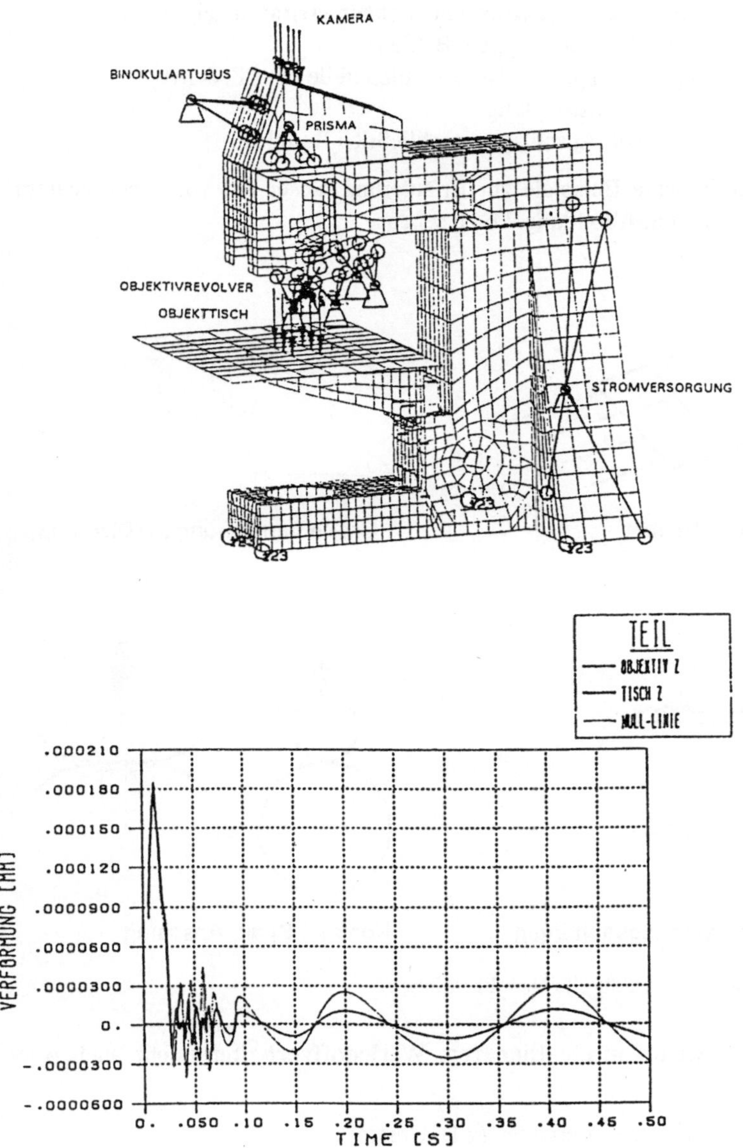

Abb. 2.5. Ausschwingverhalten eines Hochleistungsmikroskops (Fa.Carl Zeiss, Jena)

tionell oder mit einem FE-Programm bearbeitet, sind aber erheblich und kosten- und zeitmäßig oft nicht zu vertreten.

In der Strukturanalyse kann man zwei große Gruppen von **Nichtlinearitäten** unterscheiden: die geometrisch-strukturellen Nichtlinearitäten und die Werkstoff- nichtlinearitäten.

Zur Gruppe der **geometrisch-strukturellen Nichtlinearitäten** zählt man:
- Stabilitätsprobleme (Knicken, Kippen, Beulen)
- große Verformungen (beispielsweise Gummibauteile oder Federn)
- verformungsabhängige Lastrichtung
- Kontaktprobleme (Spalt, Anschlag) einschließlich Reibung

Einige sehr vereinfachte Beispiele zur Erläuterung dieser Art von nichtlinearem Bauteilverhalten sind in Abbildung 2.6 zu sehen.

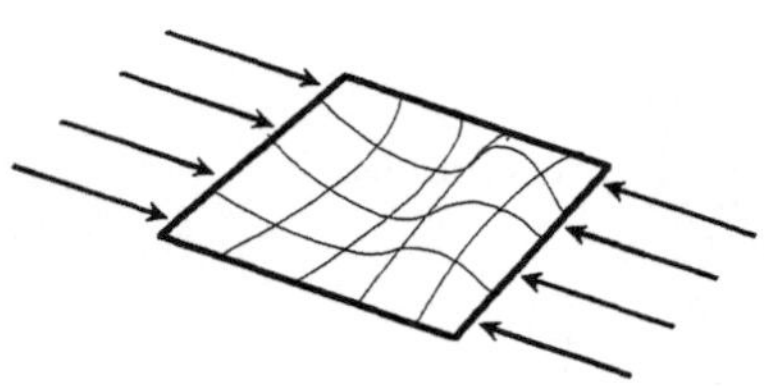

Knicken, Kippen, Beulen

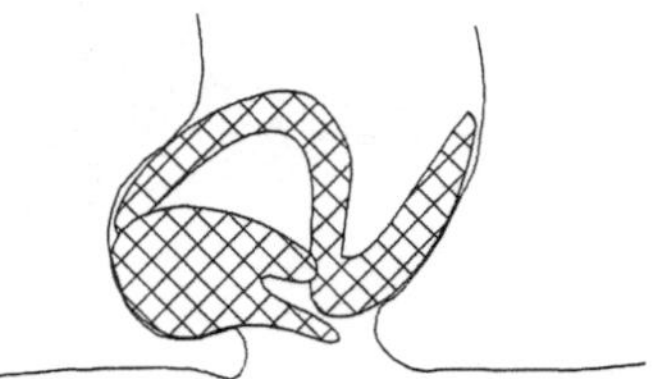

Große Verformungen (Dichtung)

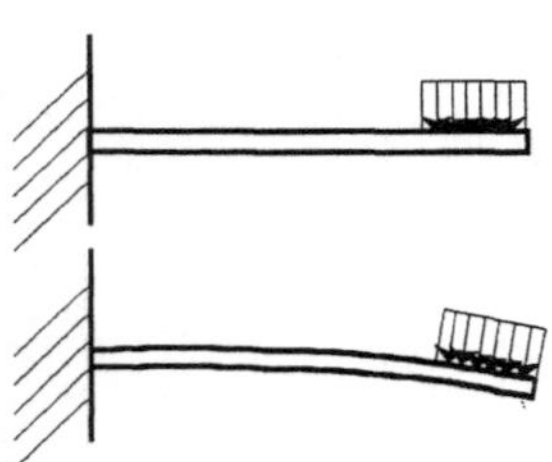

Lastrichtung verformungsabhängig

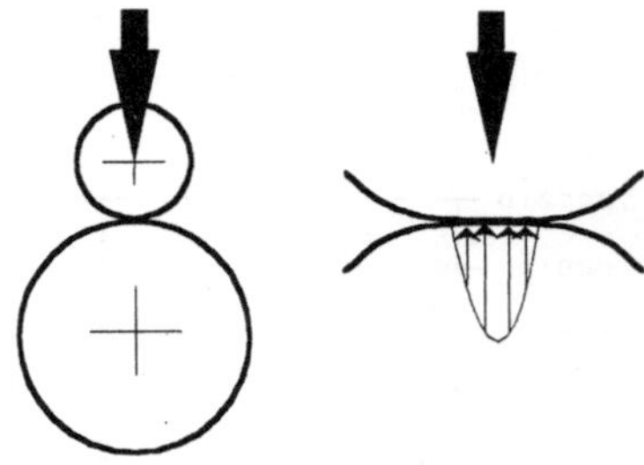

Kontakt, Spalt, Anschlag

Abb. 2.6. Geometrisch-strukturelle Nichtlinearitäten

Die wichtigsten Arten von **nichtlinearem Werkstoffverhalten** (siehe auch Abb. 2.7) sind:

- nichtlineares-elastisches Verhalten (z.B. Gummi)
- plastisches Verhalten (z.B. Stahl über der Streckgrenze)
- zeitabhängiges Verhalten (z.B. Kriechen von Kunststoffen)
- richtungsabhängiges Verhalten anisotroper Werkstoffe (unterschiedliche Dehnung in verschiedenen Richtungen, z.B. bei faserverstärkten Verbundwerkstoffe)
- Rißausbreitung (Lebensdauerberechnung)

Es ist durchaus nicht ungewöhnlich, daß mehrere Nichtlinearitäten gleichzeitig auftreten. Man denke zum Beispiel an eine Türdichtung, wo gleichzeitig große Verformungen, eine Änderung des Kraftangriffs, zunehmendes Anlegen der Dich-

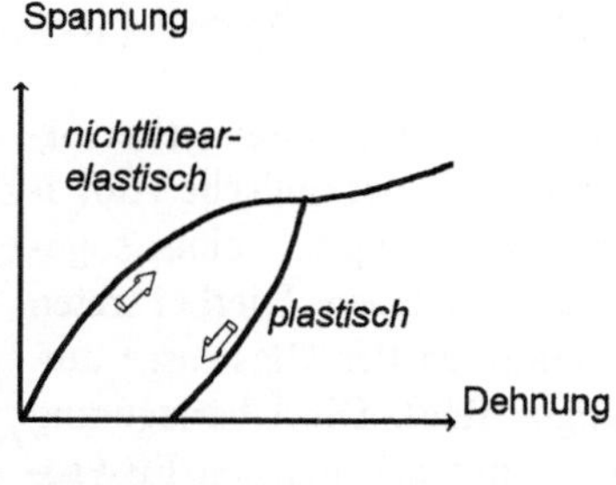

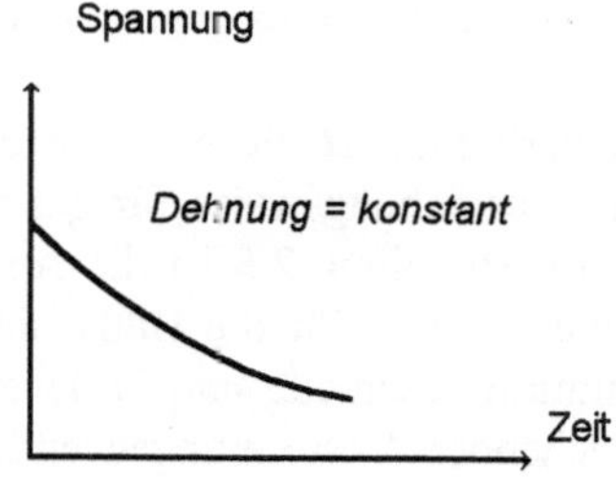

Verformung
- nichtlinear-elastisch
- plastisch

Zeitabhängiges Verhalten

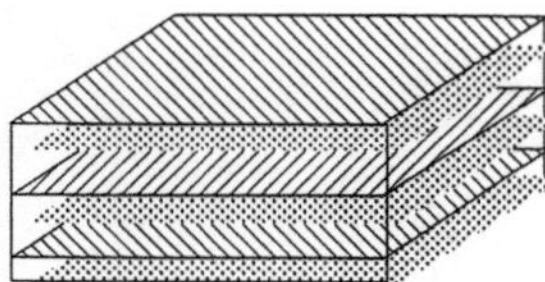

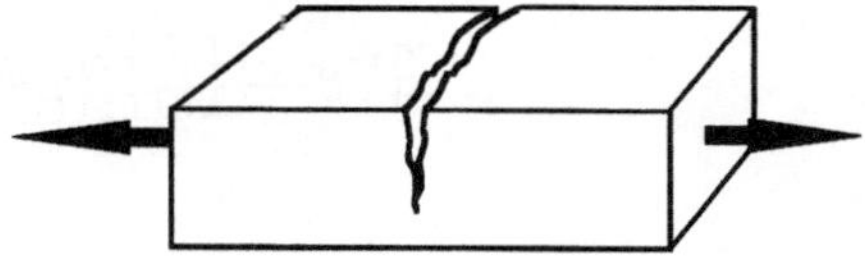

Richtungsabhängiges Verhalten
(anisotrope Werkstoffe)

Rißausbreitung
(Lebensdauer)

Abb. 2.7. Werkstoffnichtlinearitäten

tung an den Rahmen – mit Reibung – und ein starkes nichtlineares Spannungs-Dehnungs-Verhalten des Gummimaterials auftritt! Probleme dieser Art gehören zu den schwierigsten Aufgabenstellungen, die heute mit FE-Programmen simuliert werden können. Auch die allseits bekannten, hochgradig nichtlinearen Crash-Simulationen der Automobilhersteller gehören in diese Gruppe von FEM-Anwendungen in der Strukturmechanik (siehe Farbtafeln 3 und 4 im Anhang).

Im Bereich der Strukturanalyse gibt es weitere spezielle Problemstellungen und Möglichkeiten. Ein wichtiges Thema ist zum Beispiel die halb- oder vollautomatische Gestaltoptimierung. Mit den meisten der großen FE-Programmpakete können die oben geschilderten Aufgabenstellungen prinzipiell bearbeitet werden, meistens jedoch mit programmspezifischen Einschränkungen und Besonderheiten, auf die später noch eingegangen wird.

2.2.3 Weitere Anwendungen

Auf den Anwendertreffen der FE-Programmanbieter und in Fachartikeln werden oft sehr spezielle Fälle vorgestellt. Dies soll die universellen Möglichkeiten des jeweiligen FE-Programms unterstreichen. Nützlich sind solche Informationen vor allem deshalb, weil sich daraus auch für den eigenen Anwendungsbereich Ideen ergeben.

Relativ weit verbreitet ist die Nutzung der Methode zur Bearbeitung **thermischer Probleme**, beziehungsweise für gekoppelte thermisch-mechanische Aufgabenstellungen. In Abbildung 2.8 ist die Analyse eines Werkzeuges – eines sogenannten Formhalsringes – für die Bildschirmherstellung zu sehen. Hierbei treten starke Temperaturunterschiede und Drücke beim Einformen der Glasmasse auf, was zu entsprechenden Verformungen und Spannungen führt. Die Überlagerung von thermischen und mechanischen Belastungen kann mit den meisten FE-Programmen gut simuliert werden. Ein weiteres Beispiel zeigt Farbtafel 10 im Anhang.

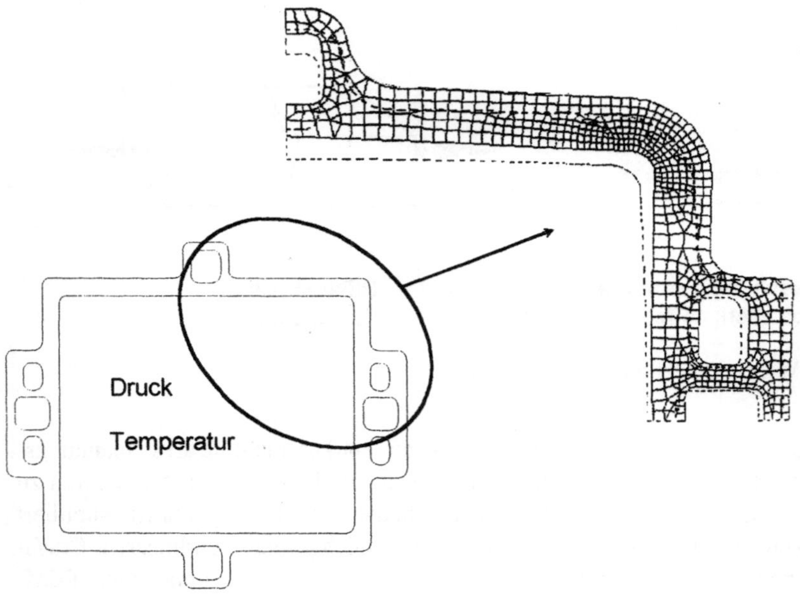

Abb. 2.8. Thermisch-mechanische Analyse eines Gußwerkzeuges (Fa.Schott, Mainz)

Zunehmende Bedeutung bekommen **elektromagnetische** Fragestellungen oder verwandte Anwendungen. Als Beispiel ist in Abbildung 2.9 das FE-Modell eines Elektromotors zu sehen. Zu dieser Thematik gehören beispielsweise auch die **elektrisch-mechanischen** Effekte bie Drucksensoren, die mit Piezo-Elementen arbeiten.

Ein relativ neues, sehr komplexes Gebiet ist das der **Akustik**. Hier können Lautsprecher, Fahrgastzellen oder auch Getriebe simuliert und auf ihre akustischen Eigenschaften hin untersucht werden (siehe Abb.2.10).

Manche FE-Programme bieten Module an, mit denen auch einfache **Strömungsberechnungen** durchgeführt werden können. Ein Beispiel für die Umströmung eines Windkanalmodells zeigt die Abbildung 2.11. Die meisten Probleme dieser

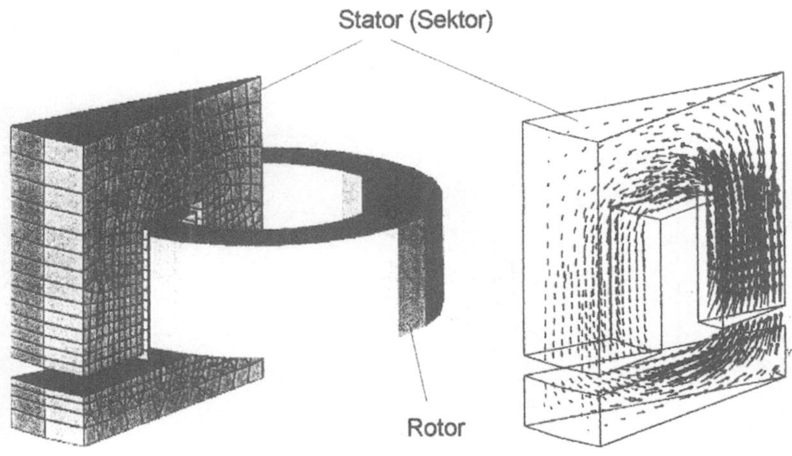

Abb. 2.9. FE-Simulation des Magnetfelds eines E-Motors (Sektor – Beispiel des FE-Systems ANSYS)

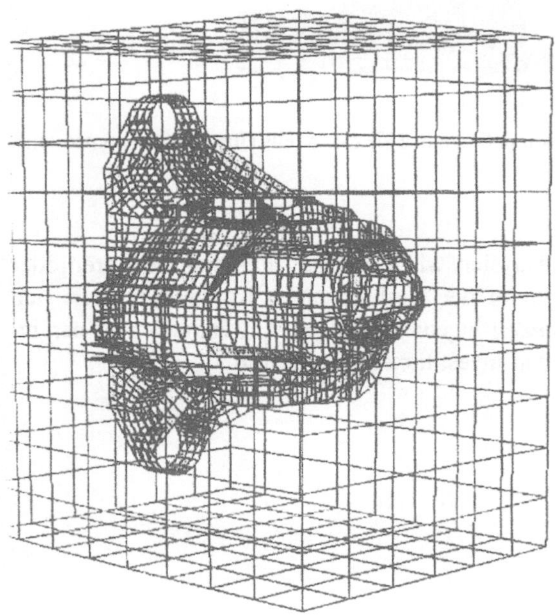

Abb. 2.10. Akustisches Simulationsmodell eines Hinterachsgetriebes (Beispiel der Fa. BMW/IABG, Programmsysteme NASTRAN der Fa. MSC und SYSNOISE der Fa. NIT)

Art sind jedoch so komplex, daß sie nur mit sehr großen, aufwendigen Spezialprogrammen – wie in Kapitel 1 beschrieben – bearbeitet werden können.

FE-Programme werden in sehr vielen Bereichen der **angewandten** und der **Grundlagenforschung** eingesetzt. Zahnschmelz- und Hüftgelenkbelastungen

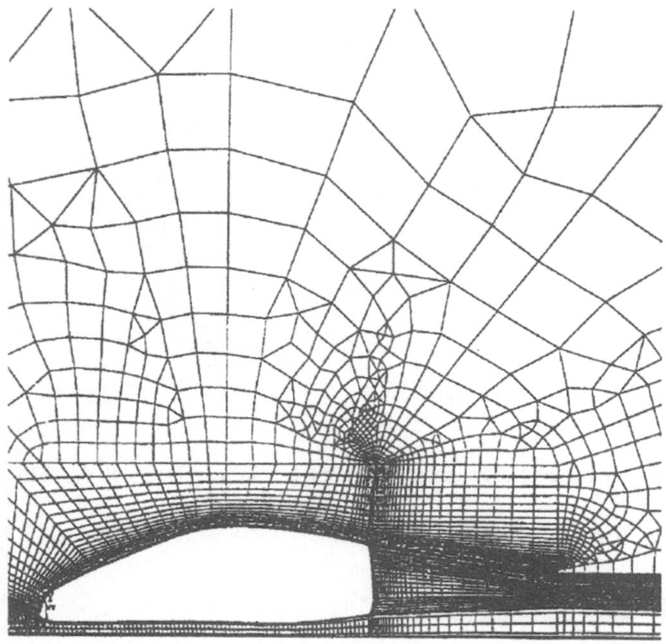

Abb. 2.11. FE-Netz zur Strömungssimulation eines KFZ-Modells (Institut für Biomedizinische Technik, St.Ingbert)

werden genauso simuliert und analysiert wie Vorgänge in Fusionsreaktoren oder bei Erdbeben. Die Ausführungen in den nachfolgenden Kapitel beziehen sich schwerpunktmäßig auf die *normalen* ingenieurmäßigen Anwendungen in der industriellen Praxis von Konsum- und Investitionsgüterindustrie.

3 Die FE-Analyse

Wie geht ein Berechnungsingenieur prinzipiell vor, wenn er versucht, ein Problem mit Hilfe eines FE-Programms zu lösen? Wie führt man eine FE-Analyse durch, welches sind die Unterschiede zur normalen Arbeitsweise, wo liegen die Besonderheiten? Oft gibt es übertriebene Vorstellungen davon, was eine FE-Analyse an Ergebnissen liefern kann und wie zuverlässig diese sind. Ingenieure sind es gewohnt, mit *exakten* Ansätzen und Methoden zu arbeiten. Besonders in Verbindung mit Computern herrscht bewußt oder unbewußt die Vorstellung, die Ergebnisse seien – im Gegensatz zu den normalen, ingenieurmäßigen Abschätzungen – hundertprozentig genau und absolut zuverlässig. Gerade im Zusammenhang mit FE-Analysen werden aber zwei Tatsachen allzuoft übersehen. Erstens erfordert auch der Einsatz eines FE-Programms ein *starkes Vereinfachen* und Abschätzen der Rand- und Eingangsbedingungen bei der Modellbildung, und zweitens ist die Finite Elemente Methode ihrem Wesen nach ein *Näherungsverfahren*, das niemals exakte Ergebnisse liefern kann.

In den folgenden Abschnitten dieses Kapitels werden die oben angesprochenen Fragen detailliert behandelt, wobei abschließend auf den wichtigen Aspekt des Zeit- und Arbeitsaufwandes für FE-Untersuchungen eingegangen wird.

3.1 Die prinzipielle Vorgehensweise

In der industriellen Praxis wird ein aufgetretenes Problem normalerweise von der damit zuerst befaßten Stelle des Unternehmens an die zuständige Abteilung beziehungsweise den entsprechenden Bearbeiter weitergeleitet. Wenn zum Beispiel vermehrt Fehlfunktionen oder Ausfälle einer Maschine beim Kunden auftreten, dann wird die Qualitätssicherungsabteilung diese Fälle registrieren, die Schäden lokalisieren und gegebenenfalls an die Konstruktion weitergeben, die eine entsprechende Verbesserung durchführen soll. Wenn es sich um ein rechnerisch zu bearbeitendes Problem handelt, wird der Bearbeiter den Fall genauer analysieren und dann zum Beispiel eine Festigkeitsberechnung anstellen.

Da es unmöglich ist, ein reales Problem rechnerisch-analytisch exakt zu bearbeiten, müssen zwangsläufig an den verschiedensten Stellen starke Vereinfachungen vorgenommen werden. Anhand dieses vereinfachten Modells wird versucht, die Aufgabe mit mathematisch-physikalischen Ansätzen und Methoden zu lösen. Oft ohne sich dessen bewußt zu sein, wird bei jeder Berechnung schon auf ein zu erwartendes Ergebnis gezielt. Die Ergebnisse – meistens irgendwelche Zahlenwerte – werden begutachtet, ihre Bedeutung abgeschätzt und Schlußfolgerungen gezogen. Die ingenieurmäßig wichtigste Kontrolle ist die Beantwortung der Frage, ob die Ergebnisse mit den eigenen Erfahrungen übereinstimmen. So wird überprüft, ob die vorgenommenen Vereinfachungen und Rechenansätze zutreffend und die Ergebnisse glaubwürdig sind.

Man sieht, daß auch bei den so objektiv erscheinenden Methoden der Ingenieurwissenschaften ein großer Anteil Subjektivität – man kann auch sagen: Erfahrung – mit hineinspielt.

Das Vorgehen bei einer FEM-Analyse unterscheidet sich grundsätzlich nicht von der normalen ingenieurmäßigen Vorgehensweise. Es gibt jedoch einige spezielle Bedingungen und Verfahrensweisen, die besonders zu beachten sind. In der Praxis geht der Ingenieur und Konstrukteur meistens induktiv vor: Das sehr spezielle Einzelproblem wird solange vereinfacht und verallgemeinert, bis es überschaubar und mit bekannten, allgemein gültigen und anerkannten Ansätzen bearbeitbar wird. Im einzelnen werden die folgenden Schritte und Überlegungen ausgeführt:

* Problem erkennen und formulieren
* Aufgabe genauer spezifizieren
* vereinfachtes Modell bilden
* Modell mit bekannten Methoden berechnen
* Ergebnisse darstellen
* Ergebnisse interpretieren und weiteres Vorgehen festlegen

Durch den Einsatz von FE-Programmen kann ein Teil dieser Aufgaben mit starker Rechnerunterstützung bearbeitet werden (siehe Abb. 3.1).Wichtige Abschnitte sind aber nach wie vor in völlig konventioneller Art und Weise durchzuführen.

Analyseschritt	Rechnerunterstützung
- Probleme erkennen und Aufgabenstellungen erarbeiten:	Ohne Rechnerhilfe
- Berechnungsmodell erstellen und testen:	Grundsätzliche Modellannahmen ohne Rechnerhilfen, Großteil der konkreten Modellerstellung mit Hilfe des Preprozessors
- Berechnung durchführen:	Mit dem FEM-Basisprogramm (Solver)
- Ergebnisse darstellen und überprüfen:	Großteil mit Hilfe des Postprozessors
- Ergebnisse interpretieren, Schlußfolgerungen ziehen:	Ohne Rechnerhilfe
- Rechenmodell ändern, optimieren:	Mit Hilfe des Preprozessors, Optimierung auch teilautomatisch möglich

Abb. 3.1. Unterstützung der Analyseschritte durch das FE-Programm

Nachfolgend wird aufgezeigt, in welchen Bereichen FE-spezifische Gegebenheiten berücksichtigt und welche besonderen Überlegungen angestellt werden müssen.

3.1.1 "FE-Eignung" der Aufgabenstellung

Die wichtigste Frage zu Beginn einer Analyse ist natürlich, ob die Aufgabe mit Hilfe eines FE-Programms überhaupt oder zumindest besser als mit anderen Methoden gelöst werden kann. Die Antwort ist oft nicht einfach. Dazu gehören seitens des Bearbeiters sowohl fundierte technische Grundkenntnisse als auch das Wissen und die Erfahrung, was *sein* FE-Programm leisten kann. Es besteht die Gefahr, daß generell die Arbeit mit dem Computerprogramm favorisiert wird. Das teure Programm ist ja vorhanden, also muß es auch genutzt werden, obwohl dies möglicherweise ineffektiv oder auch irrelevant ist! Vor Beginn der Analyse sollten sich die Verantwortlichen – Vorgesetzte und Bearbeiter – deshalb folgende Fragen beantworten (siehe auch Abb. 3.2):

* Welche Ergebnisse sollen geliefert werden ?
* Welche Genauigkeit ist wirklich erforderlich ?
* Welche Programme und Rechner stehen zur Verfügung ?
* Wer kann die Analyse durchführen ?
* Wann müssen die Ergebnisse vorliegen?
* Wieviel darf die Analyse kosten ?

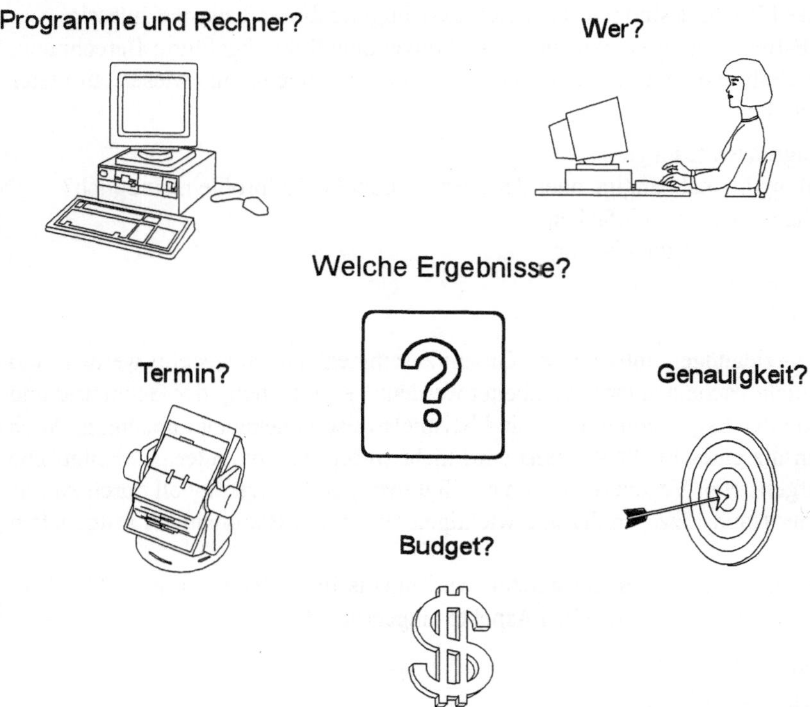

Abb. 3.2. Vorüberlegungen zum Einsatz eines FE-Programms

In einer offenen Diskussion zwischen dem Auftraggeber beziehungsweise dem Nutzer der Ergebnisse der FE-Analyse und dem FE-Spezialisten muß hier ein Konsens erreicht werden. Bei größeren Projekten ist das Aufstellen einer Anforderungsliste nach den Regeln des Methodischen Konstruierens nützlich und notwendig. Es kann sonst leicht passieren, daß die Erwartungen des mit Ablauf und Inhalt einer FE-Analyse nicht vertrauten zu hoch sind. Erst wenn geklärt ist, daß sich das Problem mit Hilfe der FEM effizient bearbeiten läßt, sollte mit der eigentlichen intensiven Arbeit an der Analyse begonnen werden.

3.1.2 Die Modellbildung

Genau wie die oben geschilderten Vorüberlegungen, muß auch der erste und sehr wichtige Teil der konkreten FE-Analyse ohne Rechnerhilfe durchgeführt werden: Die Vereinfachung des realen Bauteils, die der Fragestellung angemessene und geeignete Abstraktion – in der Mechanik spricht man vom *mechanischen Ersatzbild* – ist die alles entscheidende Voraussetzung für aussagefähige und richtige Analyseergebnisse.

Es kann nicht oft genug darauf hingewiesen werden, daß immer nur ein *Modell der Wirklichkeit* analysiert wird, niemals die Wirklichkeit selbst. Die logische Schlußfolgerung – die oft übersehen oder verdrängt wird – ist die, daß sich auch die Ergebnisse einer Berechnung auf das vereinfachte Modell beziehen: Wir berechnen immer nur Modelle! Rückschlüsse auf das reale Verhalten eines Bauteils oder einer Maschine sind nur unter Berücksichtigung dieser Tatsache zulässig.

Die FE-Berechnung ist, wie auch eine konventionell durchgeführte Berechnung, auf eine Reihe von Vereinfachungen und Vorüberlegungen angewiesen. In erster Linie sind dies:

* Systemgrenzen festlegen
* Aufteilung in unabhängige oder definiert gekoppelte Teilprobleme möglich?
* Bauteilgeometrie vereinfachen
* Randbedingungen idealisieren
* Belastungen idealisieren
* Werkstoffdaten

Diese Überlegungen müssen im Gesamtzusammenhang angestellt werden und können nicht nacheinander abgearbeitet werden: Vereinfachung der Geometrie und Definition der Lagerbedingungen sind beispielsweise voneinander abhängig. Auch beim Einsatz eines FE-Programms wird nicht sofort am Computer gearbeitet. Die oben aufgelisteten Vorüberlegungen erledigt man ganz konventionell durch Anfertigen einer Handskizze, in der alle wichtigen Daten und Bedingungen festgehalten werden.

Das eigentliche Berechnungsmodell wird interaktiv am Bildschirm erstellt. Hier werden auch die FE-spezifischen Aspekte eingearbeitet:

* Elementtyp auswählen
* Netzfeinheit festlegen
* Symmetrie ausnutzen

Wegen der zentralen Bedeutung der Modellierung sollen an einem industriellen Beispiel die in diesem Zusammenhang wichtigsten Fragen besprochen werden.

Beispiel: Motorlager

Das in Abbildung 3.3 zu sehende Motorlager dient als elastischer, schwingungsdämpfender Aufhängepunkt für ein PKW-Antriebsaggregat.

Der Fertigungsprozeß des Motorlagers, vor allem die Herstellung des Stahlbügels und das Einlegen und Vulkanisieren des Alu-Inserts, ist relativ aufwendig. Ziel der Analyse war es herauszufinden, ob der beidseitig umgebogene Rand des Stahlbügels ganz oder zumindest einseitig entfallen kann. Solche in Richtung Fertigungsoptimierung gehenden Überlegungen sind bei den in der KFZ-Branche üblichen, riesigen Stückzahlen – oft mehre tausend Teile pro Tag! – sehr bedeutsam. Selbst Einsparungen im Promillebereich rechtfertigen dann den Einsatz teurer Ingenieur- und Maschinenkapazitäten.

Abb. 3.3. PKW-Motorlager (Fa. GM-Services, Rüsselsheim)

*** Festlegung der Systemgrenzen**

Soll ein einzelnes Bauteil berechnet werden, können meistens die Verbindungsstellen zu den Nachbarteilen als Systemgrenzen festlegt werden. Gleichzeitig sind dort die Randbedingungen und Lasten zu definieren. Die Umgangssprache der Technischen Mechanik nennt das *Freimachen*. In dem gegebenen Beispiel sind die Systemgrenzen die beiden Befestigungsbohrungen (Lager) und die Bohrung des Alu-Inserts (Kraftangriff). In Abbildung 3.4 ist die vereinfachte technische Zeichnung des Motorlagers zu sehen.

Das Motorlager ist an einer dünnwandigen, tragenden Blechstruktur angeschraubt. Es ist also abzuschätzen, inwieweit diese Gegebenheit die Ergebnisse – sprich die Spannungen und Verformungen im Stahlbügel – beeinflußt. Wenn die Befestigungsbohrungen als Fixpunkte gewählt werden, spielt die Blechstruktur natürlich keine Rolle mehr. Bei dem geschilderten Beispiel wurde in einer Kontrollrechnung mit einem erweiterten Modell dieser Einfluß untersucht. Die angrenzende Struktur wurde mitmodelliert, das heißt die Systemgrenze wurde weiter nach außen verlagert (siehe Abb. 3.5).

Die Ergebnisse der Kontrollrechnung zeigten in diesem Fall nur sehr kleine Veränderungen, so daß die Befestigungsbohrungen als Systemgrenze beibehalten werden konnten. Dadurch ist das FE-Modell kleiner, die Berechnung schneller.

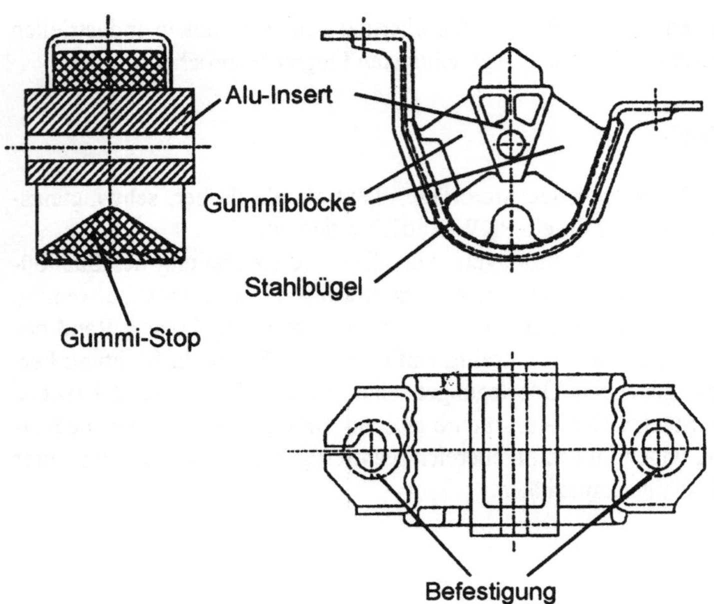

Abb. 3.4. Motorlager – Bestandteile und Systemgrenzen

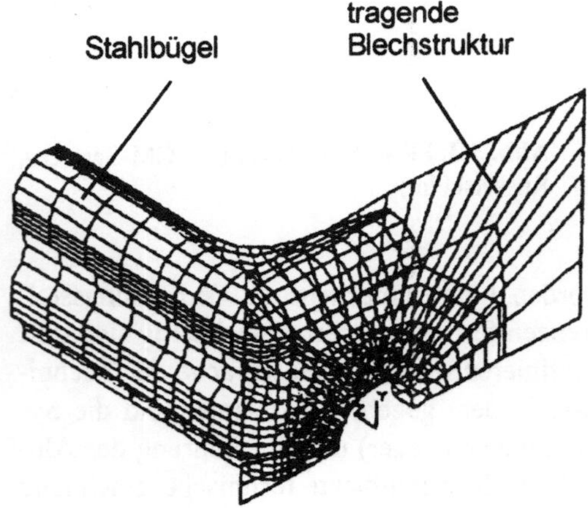

Abb. 3.5. Erweitere Systemgrenze (angrenzende Blechstruktur, Halbmodell – Teilansicht)

* Vereinfachung der Bauteilgeometrie – Wahl der Elementtypen

Die größte Bedeutung bei der Modellierung kommt der Vereinfachung der Bauteilgeometrie zu. Je nach Anspruch an die Genauigkeit der Berechnung muß mehr oder weniger abstrahiert, grob oder realitätsnäher modelliert werden. In diese Überlegungen muß bei der FE-Analyse gleichzeitig die Wahl der Elementtypen einfließen. Eine sinnvolle Vereinfachung der Geometrie bedingt das Wissen um die Umsetzung in ein FE-Modell mit den entsprechend geeigneten Finite Elementtypen. Erfahrene FE-Anwender versuchen gerade bei komplexen Problemstellungen zuerst ein extrem einfaches Modell aufzubauen, um das grundsätzliche Verhalten der Struktur abschätzen zu können. Erst danach wird das realitätsnähere Modell gebildet.

Prinzipiell ist es auch möglich, schon vorhandene Geometriedaten aus einem CAD-System für das FE-Modell zu nutzen. Diese Datenübernahme birgt jedoch einige grundsätzliche und datentechnische Probleme, auf die in Kapitel 6 ausführlich eingegangen wird.

Eine erste grobe Verformungsberechnung kann am Beispiel des Motorlagers durchaus mit einem einfachen Balkenmodell durchgeführt werden. Alle Bestandteile – Stahlbügel, Alu-Insert, Gummiblöcke und Gummi-Stop – wurden als Balkenelemente mit entsprechenden Querschnitten definiert (siehe Abb. 3.6a).

Eine höhere Stufe der Komplexität stellt die Modellierung des Motorlager als eine Kombination von Schalenelementen für den Stahlbügel mit Volumenelementen für die Gummiblöcke dar (siehe Abb. 3.6b). Dieses Modell ist trotz grober Vereinfachung des Gummiverhaltens und einer linearen Berechnung durchaus geeignet, die in diesem Fall gestellte Frage nach den Spannungen im Stahlbügel mit ausreichender Genauigkeit zu beantworten. Das Modell eignet sich jedoch nicht dazu, den genauen Verlauf der Absenkung des Lagerpunktes – einschließlich des Einflusses des Gummi-Stops – oder die Beanspruchung der Gummiblöcke zu simulieren. Hierzu wäre eine noch detailliertere Modellierung und eine Berechnung mit verschiedenen Nichtlinearitäten (große Verformung, nichtlineares Werkstoffverhalten) durchzuführen. An dieser Stelle wird deutlich, wie wichtig die Festlegung des erforderlichen Umfangs und der Genauigkeit einer FE-Analyse ist. Der Bearbeitungsaufwand für die beschriebenen Modelle erhöht sich jeweils um eine Größenordnung!

Wenn ein Bauteil symmetrisch ist, vereinfachen sich unter bestimmten Voraussetzungen die Modellierung und die Berechnung erheblich. Das Verhalten des

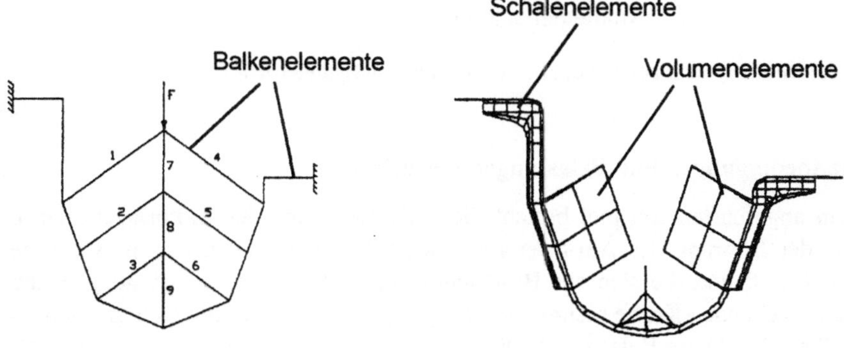

a) Einfaches Balkenmodell   b) Kombinieretes Schalen-Volumenmodell

Abb. 3.6. FE-Modelle des Motorlagers. **a** Balkenmodell, **b** Schalen-Volumenmodell

ganzen Teils kann dann durch Halb- oder Viertelmodelle, manchmal sogar durch schmale Sektoren, zutreffend simuliert werden, indem bestimmte Symmetriebedingungen – das sind geeignete Festlegungen der Knotenfreiheitsgrade an den Symmetrieebenen – an dem eigentlich unvollständigen Modell angebracht werden (siehe Abb. 3.7).

Bei rotationssymmetrischen Strukturen ist durch die Verwendung spezieller achsensymmetrischer Elementtypen auch eine Reduktion des an sich dreidimensionalen Sachverhaltes (3D) auf eine zweidimensionale Berechnung (2D) möglich. Man kann somit zuverlässige Ergebnisse mit weniger Modellier- und Rechenaufwand erzielen.

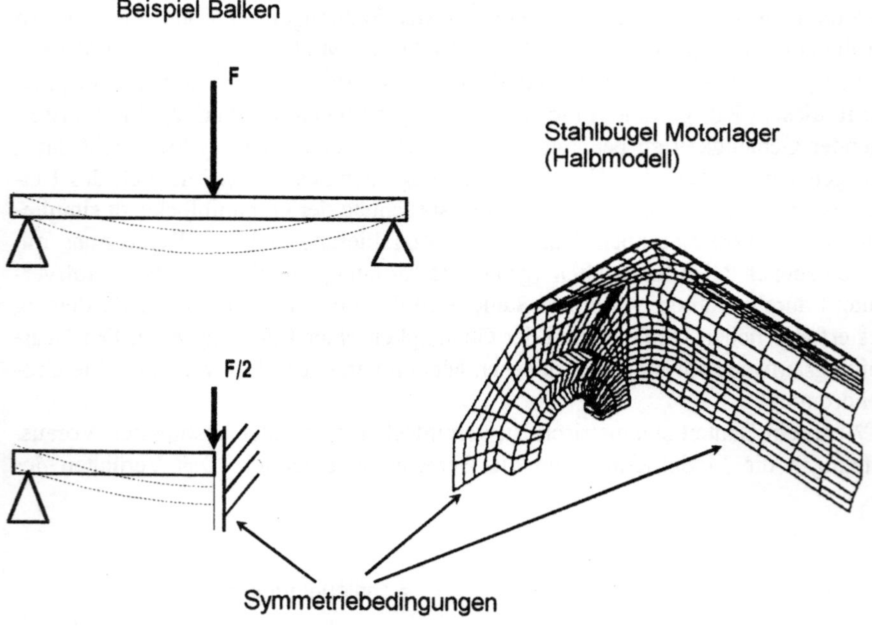

Abb. 3.7. Modellvereinfachung durch Ausnutzung von Symmetrien

*** Randbedingungen und Belastungen idealisieren**

In dem angeführten Beispiel besteht die reale Belastung des Motorlagers darin, daß in der Bohrung des Alu-Inserts ein Schraubenbolzen sitzt, der die statische Gewichtskraft und die sich aus Beschleunigungen, Bremsen, Schwingungen und Stößen ergebenden Kräfte mehr oder weniger gleichmäßig auf die Bohrungsinnenseite überträgt. Diese Belastung muß für die Analyse – auch bei der konventionellen Berechnung – stark vereinfacht werden. Bei FE-Analysen ist vor allem folgende Tatsache zu beachten: Die zwischen den Knoten befindlichen Elemente sind in Wahrheit nur mathematische Beziehungen, die das Verschiebungsverhalten der Knoten gegeneinander beschreiben. Elemente im körperlichen Sinne sind das nicht! Daraus folgt, daß auch keine Kraft als Strecken- oder Flächenlast angreifen kann. Jedes FE-Programm verlangt entweder die Anbringung von Einzelkräften beziehungsweise Momenten an einzelnen Knoten oder verteilt sie nach einem vorgegebenen Algorithmus selbständig auf die Knoten (siehe Abb. 3.8).

Man sollte diese interne Umverteilung immer im Auge behalten, auch wenn ein guter Preprozessor solche Belastungen meistens grafisch sehr ansprechend als Druck oder Streckenbelastung darstellt. Auch Massen werden auf diese Weise in den Knoten konzentriert. Wenn also eine gleichmäßige Lasteinleitung erreichen werden soll, muß das FE-Modell an diesen Stellen ausreichend fein *vernetzt* werden, damit es genügend Knoten aufweist.

Was für Kräfte und Momente gilt, trifft genauso für Verschiebungen zu. Ein Lagerpunkt stellt für ein FE-Modell die Zwangsverschiebung 0 dar. Das bedeutet, daß der entsprechende Knoten daran gehindert wird, sich bei Belastung in die bezeichnete Richtung zu verschieben. Auf diese Weise können verschiedene Lagerbedingungen simuliert werden. Im einfachsten Fall eines Loslagers in der x-y-Ebene wird zum Beispiel die Verschiebung in y-Richtung verhindert, indem diese als Zwangsverschiebung auf 0 gesetzt wird. Für einen Elementknoten können maximal drei translatorische und drei rotatorische Zwangsverschiebungen und Verdrehungen definiert werden, das heißt maximal sechs Freiheitsgrade – *degrees of freedom (DOF)* – unterdrückt werden. Eine feste Einspannung wird auf genau diese Weise simuliert.

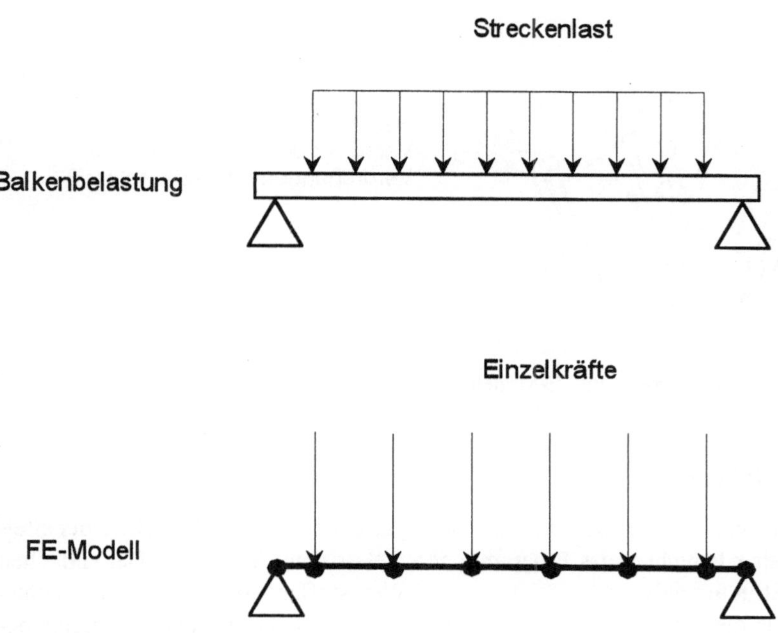

Abb. 3.8. FE-interne Lastumverteilung

Genau wie bei den Belastungen – meistens *loads* genannt – ermöglichen es moderne FE-Programme auch die Lager – *constraints* oder *restrains* genannt – direkt an der Geometrie des Modells anzubringen, das heißt zum Beispiel eine Linie oder eine Fläche *einzuspannen*. Das Programm überträgt diese Bedingungen dann automatisch auf die entsprechenden Knoten.

Da der Stahlbügel des als Beispiel verwendeten Motorlagers fest mit der Unterlage verschraubt ist, bedeutet dies eine feste Einspannung. Folglich müssen alle Bewegungsmöglichkeiten – Freiheitsgrade der Knoten – im Bereich der Befestigungsbohrungen unterdrückt werden (siehe Abb. 3.9).

Die richtige Umsetzung der realen Last- und Lagerbedingungen in das FE-Modell hat entscheidende Auswirkungen auf das Analyseergebnis. Eine unzureichende Modellierung dieser Randbedingungen kann zu völlig falschen Verformungs- und Spannungswerten führen.

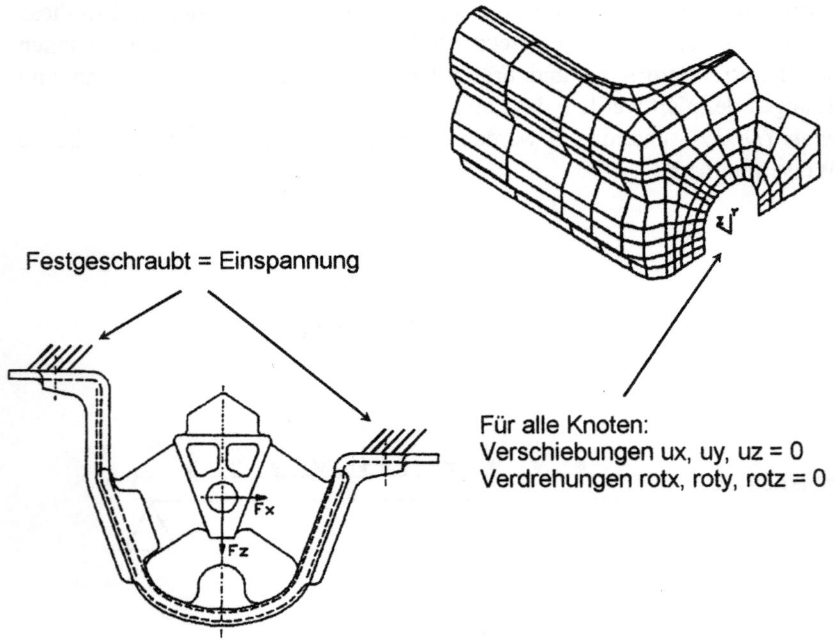

Abb. 3.9. Lagerdefinitionen im FE-Modell

* Werkstoffdaten

Grundlage der FE-Berechnung ist die Steifigkeit der Struktur. Mit Hilfe der Steifigkeitsmatrix berechnet das Programm deren elastisches Verhalten. Bei einfachen linearen Strukturanalysen benötigt man als Werkstoffangabe nur den Elastizitätsmodul, der die elastische Verformung des Materials unter einer Belastung beschreibt. Die Berücksichtigung der Querdehnung verlangt noch die Angabe der

Querdehnzahl. Tritt als Belastung eine Beschleunigung auf – so zum Beispiel die Erdbeschleunigung als Ursache der Gewichtskraft: $G = m * g$ – so ist auch die Dichte des Werkstoffs anzugeben. Mit dieser Größe und dem vom Programm berechenbaren Volumen des Teils werden die Belastungen durch das Bauteilgewicht ermittelt. Bei thermischen Berechnungen wird der Wärmeausdehnungskoeffizient benötigt. Alle diese Größen können meist als konstant angenommen werden und sind für die üblichen metallischen Werkstoffe bekannt.

Festigkeitskennwerte des eingesetzten Werkstoffs sind für FE-Analysen erst in der Auswertung der Spannungsergebnisse von Bedeutung; das FE-Programm benötigt diese nicht. Es wird keine Festigkeitsanalyse durchgeführt sondern nur eine Verformungs- und Spannungsanalyse, die keine Rücksicht auf Haltbarkeit oder Betriebsfestigkeit nimmt.

Soll auch nichtlineares Werkstoffverhalten simuliert werden – beispielsweise das Erreichen der Streckgrenze – so muß eine wesentlich umfangreichere, nichtlineare Berechnung durchgeführt werden. Dazu sind dann entsprechende Elementtypen, Lösungsalgorithmen und natürlich auch detailliertere Werkstoffangaben nötig.

In Abbildung 3.10 sind noch einmal die für die gesamte Modellerstellung notwendigen Festlegungen im einzelnen aufgelistet.

Grundsätzlich	Im Einzelnen
- vereinfachte Geometrie ("Träger" der Knoten und Elemente)	Linien-, Flächen- oder Volumenmodell
- idealisierte Auflagerbedingungen (vorgegebene Verschiebungen)	Loslager, Festlager, Einspannung (max. 6 Freiheitsgrade)
- idealisierte Lasten	Kraft, Moment, Streckenlast, Druck, Beschleunigung, Temperatur
- Elementtypen	Stab, Balken, Scheibe, Platte, Schale, Volumen, Sonderelemente (z.B. Spalt)
- Elementdaten	Querschnitt, Trägheitsmomente, Dicke, Vorspannungen, etc.
- Elementgröße (FE-Netz) und -verteilung	Knoten- und Elementpositionen (Netzfeinheit), Elementvorzugsform
- Werkstoffeigenschaften	Elastizitätsmodul, Querkontraktion, Dichte, nichtlineare Materialgesetze, Wärmeausdehnung, Dämpfung, etc.

Abb. 3.10. Festlegungen bei der FE-Modellerstellung

3.1.3 Die Berechnung

Die eigentliche Berechnung läuft meist ohne große Eingriffe des Anwenders ab. Die FE-Solver haben heute sinnvolle Algorithmen und Voreinstellungen, die für die normalen Analysemöglichkeiten optimiert sind.

Wichtig ist in diesem Zusammenhang, daß vor der Berechnungsdurchführung das Modell getestet wird. Es gibt eine Reihe von Fehlern, die man relativ schnell und mit Hilfe des Preprozessors oder des Solvers identifizieren kann. Logische Fehler wie eine statische Unbestimmtheit des Systems oder fehlende Angaben wie zum Beispiel Schalendicke oder E-Modulangabe gehören zu dieser Kategorie. Modellierungsfehler sind schwerer aufzuspüren. Falsche Lastannahmen oder Randbedingungen kann das Programm nicht als *Fehler* identifizieren! Zur Beurteilung der Vernetzungsgüte bieten die Programme in der Regel einige Hilfsmittel an. Einzelheiten dazu in Kapitel 4.

Es hängt natürlich in erster Linie von der Modellgröße ab, wie schnell man zu einem Ergebnis kommt. Hier zeigt sich dann, wie gut und sinnvoll die Modellierung vorgenommen wurde. Eine Rechenzeit von mehreren Stunden oder gar Tagen ist bei einer komplexen Analyse zwar machbar und in schwierigen Fällen auch notwendig, aber solch umfangreiche Berechnungen sollten möglichst nur mit dem endgültigen Modell durchgeführt werden. Bei nichtlinearen Analysen mit ihren iterativen Rechenlaufwiederholungen vervielfachen sich die Anforderungen an Hard- und Software. Deshalb sind Vorstudien mit einfachen Modellen wichtig, anhand derer alle grundsätzlichen Probleme analysiert und durchgetestet werden können. Die sonst wegen kleiner Fehler notwendigen Wiederholungsläufe an dem umfangreichen FE-Modell kosten viel Zeit und Geld.

3.1.4 Die Auswertung

Nach der Berechnung des FE-Modells liegt eine Fülle von Daten vor. Die frühen FE-Programme lieferten nur endlose Listen von Verschiebungskoordinaten der einzelnen Knoten. Damit war eine effiziente Auswertung der Berechnungsergebnisse unmöglich. Heute bereiten die Postprozessoren der Programme die Daten grafisch auf. Die Ergebnisse werden visualisiert und auf dem Bildschirm so dargestellt, daß eine schnelle und gründliche Beurteilung möglich wird.

Der erste Schritt bei der Auswertung der Ergebnisse sollte im Falle der mechanischen Strukturanalyse die Begutachtung der *Gesamtverformung* sein. Hier können am schnellsten und oft auf einen Blick die gröbsten Modellfehler erkannt werden. Vor allem bei großen Modellen ist eine sofortige Beurteilung der Spannungsergebnisse schwierig. In Abbildung 3.11 ist die Gesamtverformung eines Airbus-Druckregelventils zu sehen, wobei eine Berstdruckbelastung der beiden Ventilklappen (von oben) simuliert wurde.

Bei solch komplexen Bauteilen und -gruppen erkennt man sehr schnell die Notwendigkeit einer qualitativ guten, grafischen Ergebnisdarstellung. Hilfreich ist auch die Animation des Verformungsplots; die verformte Struktur wird in einer

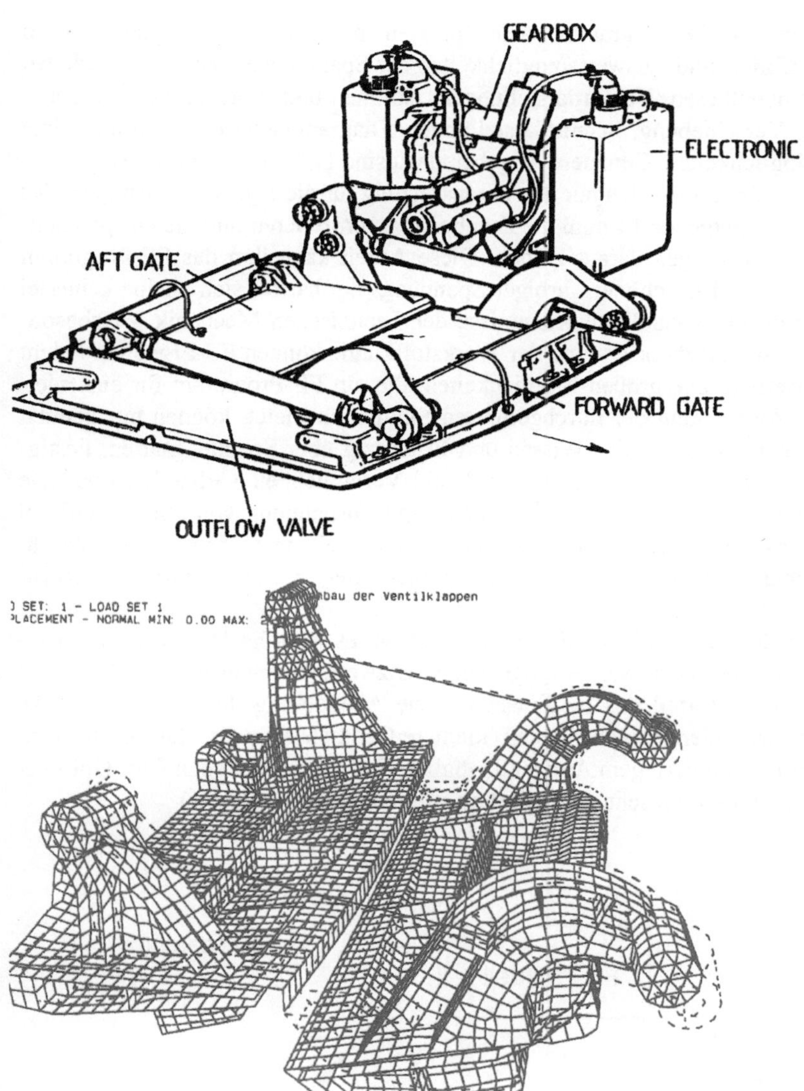

Abb. 3.11. Verformungsfigur eines Druckregelventils unter Berstdruck (Fa.NORD-MICRO, Frankfurt am Main)

scheinbaren zeitlichen Abfolge als ewegtes Bild dargestellt. Sofort können zum Beispiel die Richtigkeit der Belastungsrichtung oder die Lager – diese dürfen bei der Animation keine Relativbewegung zeigen – überprüft werden. Ingenieure haben meist ein gutes Gefühl dafür, wie sich ein Bauteil unter den angenommenen Lasten verformt. Auch der Zahlenwert für die größte auftretende Verschiebung sollte sofort begutachtet und mit einer groben Handrechnung verglichen werden.

Nachdem auf diese Weise die grundsätzliche Richtigkeit des Modells gecheckt ist, kann mit der detaillierten Auswertung begonnen werden. Hier bieten die Postprozessoren guter FE-Programme viele Optionen an (siehe auch Farbtafel 6 u.a. im Anhang). Üblich sind Auswertemöglichkeiten der Spannungen nach verschiedenen Festigkeitshypothesen, Vektordarstellungen, Isolinien und -flächen gleicher Spannung oder Verschiebung, Schnittdarstellungen, Diagrammauswertungen und viele weitere Möglichkeiten. Genauere Angaben dazu sind in Kapitel 4 zu finden.

Das alles schafft natürlich nur die Voraussetzung für die eigentliche Aufgabe des Berechnungsingenieurs: Er muß die Ergebnisse interpretieren und die entsprechenden Schlußfolgerungen daraus ziehen. Diese Arbeit kann ihm das FE-Programm nicht abnehmen. Ein schöner, farbiger Spannungsplot hat für sich alleine keinerlei Aussagekraft. Ohne fundierte Kenntnisse der Technischen Mechanik – insbesondere der Elastizitätstheorie – und der Werkstoffkunde können FE-Ergebnisse nicht beurteilt werden. Die großen Möglichkeiten, die ein FE-Programm für eine vielschichtige Auswertung der durchgeführten Simulation bietet, können nur genutzt werden, wenn ausreichendes Wissen und Erfahrung über Spannungsarten, Festigkeitshypothesen und deren Aussagekraft und Verläßlichkeit vorhanden sind. Die Beurteilung, ob zum Beispiel eine örtliche Spitzenspannung von 200 N/mm² bei einer geforderten Anzahl von Lastwechseln und bei einem bestimmten Vergütungszustand des Materials zulässig ist oder nicht, liegt nach wie vor beim Berechnungsingenieur.

Sind die Ergebnisse nicht zufriedenstellend, sei es weil die Modellierung unzureichend war oder auch weil vorgegebene Grenzwerte überschritten wurden, zeigt sich der große Vorteil des FE-Einsatzes: Die Abänderung des FE-Modells, die Anpassung an andere Gegebenheiten, kleinere Geometrie- oder Materialänderungen sind meist mit geringem Aufwand möglich. Ein neuer Rechenlauf zur Optimierung des Bauteils kann schnell wiederholt werden (siehe Abb. 3.12).

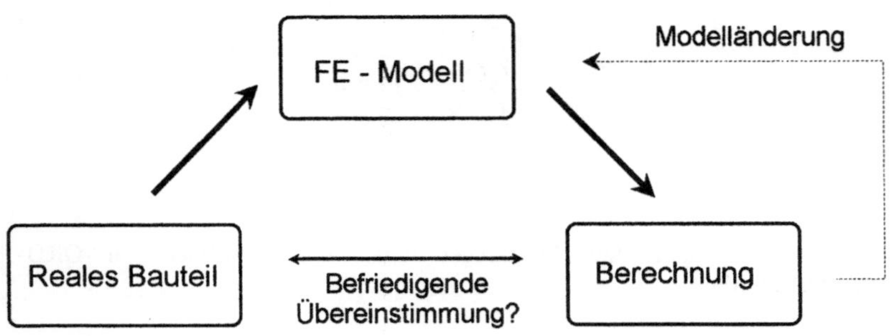

Abb. 3.12. Abgleich und Optimierung von Bauteil und FE-Modell

In Abbildung 3.13 ist noch einmal zusammenfassend dargestellt, in welcher Abfolge eine FE-Analyse prinzipiell durchgeführt wird. Daneben sind die speziellen, auf den Einsatz eines FE-Programms bezogenen Überlegungen und Fragestellungen aufgelistet.

Analyseschritte	FE - Spezifika
Aufgabenstellung erarbeiten, Berechnungsmodell erstellen	* Systemgrenzen festlegen * Bauteilgeometrie vereinfachen, Symmetrie ausnutzen, Aufteilung inTeilprobleme möglich? * Finite Elemente Typen auswählen * Netzfeinheit festlegen * Belastungen idealisieren * Randbedingungen idealisieren * Werkstoffdaten auswählen
Berechnungsmodell testen	* logische Fehler * physikalisch/mechanische Fehler * formale Fehler
Berechnung durchführen	* Analysetyp festlegen * Algorithmus auswählen * Bandbreite/Wavefront optimieren * Mehrere Lastfälle rechnen?
Ergebnisse darstellen und überprüfen	* Reaktionskräfte, Verformungen, Spannungen * graphische Darstellung, Vectorplots, Isolinien, Isoflächen * Zahlenergebnisse, Tabellen, Diagramme * Plausibilitätskontrolle, Kontrollrechnungen
Ergebnisse interpretieren	* Ergebnisse begutachten und verstehen * Modell und Wirklichkeit vergleichen * Schlußfolgerungen ziehen
Optimieren	* Rechenmodell ändern * neuer Durchlauf

Abb. 3.13. Ablauf einer Analyse mit Hilfe eines FE-Programms

3.2 Was liefert eine FE-Analyse und was nicht?

In der Regel wird eine FE-Analyse dann ins Auge gefaßt, wenn entweder schon ein Schaden eingetreten ist, oder wenn eine Neuentwicklung oder eine Änderungskonstruktion gewisse Risiken birgt. Nachfolgend wird exemplarisch dargestellt, welche Möglichkeiten die FEM bietet und welche Ergebnisse sie liefern kann.

Auf dem Anwendungsgebiet der mechanischen Strukturanalyse möchte man in der Regel das tatsächliche oder mögliche Versagen eines Bauteils untersuchen beziehungsweise das Verhalten der noch nicht gebauten Maschine verstehen, um gegebenenfalls entsprechende Verbesserungen durchführen zu können. Wie kann ein Teil versagen, welche Versagenskriterien gibt es? Von Versagen spricht man dann, wenn ein Gerät oder ein Bauteil seine Funktion nicht mehr erfüllt. Dafür kann es die unterschiedlichsten Gründe geben:

- Bruch (Gewaltbruch oder Ermüdungsbruch)
- große elastische Verformung
- plastische (bleibende) Verformung
- Instabilität (Knicken, Kippen, Beulen)
- übermäßiger Verschleiß

Mit einer FE-Berechnung können mit Ausnahme des Verschleißproblems alle diese Versagensarten grundsätzlich untersucht werden.

Nach einer Analyse der Allianz-Versicherung und des Vereins Deutscher Eisenhüttenleute ergaben sich aus Schadensstatistiken folgende Erkenntnisse [Ha89]:

- Die häufigsten Brüche sind *Schwingbrüche*, Gewaltbrüche sind selten.
- Die wichtigsten Ursachen dafür sind
  * mangelhafte Bauteilgestaltung (Kerben)
  * nicht berücksichtigte dynamische Beanspruchungen
  * zu hohe Spannungen durch falsche Dimensionierung und Berechnung
  * Zwangsverformungen durch überbestimmte Systeme
  * Zusatz-Biegebeanspruchungen nicht berücksichtigt
- Häufig sind Verbindungen und umlaufende Teile betroffen.
- Seltener sind Fertigungsfehler oder Fremdeinflüsse primäre Schadensursachen.

Aus dieser Aufstellung kann man schlußfolgern, daß eine genauere Spannungsberechnung sehr hilfreich ist, um die Schadenswahrscheinlichkeit zu reduzieren. Weiter kann man daraus aber auch ersehen, daß es entscheidende Einflußfaktoren gibt, die durch eine FE-Analyse nicht oder nur schwer erfaßbar sind. Natürlich ist eine möglichst exakte Spannungs- und Verformungsberechnung zwingende Voraussetzung für eine sinnvolle Festigkeitsanalyse, und hier liegt auch die entscheidende Bedeutung der FE-Strukturanalyse.

Es gibt bei Auftraggebern von FE-Analysen und bei FEM-Einsteigern sehr oft falsche und übertriebene Vorstellungen davon, was ein FE-Programm leisten kann. Bei einer Strukturanalyse wird zum Beispiel oft ein Festigkeitsnachweis – also eine Sicherheitsaussage – erwartet. Was die FE-Analyse aber nur leisten kann, ist eine Spannungsanalyse. Zur Erläuterung sind in Abbildung 3.14 die wichtigsten Faktoren und Einflußgrößen eines konventionellen, allgemeinen Festigkeitsnachweises dargestellt.

Die eigentliche Sicherheitsaussage ist in ihrem Kern sehr einfach: Die Beanspruchung des Bauteils muß an jeder Stelle kleiner als die Bauteilfestigkeit sein. Durch eine FE-Simulation sind aber im Normalfall von den oben dargestellten Größen nur die Nenn- und Vergleichsspannungen in Verbindung mit der Kerbwirkung erfaßbar. Mit einer geeigneten Vernetzung und richtiger Geometrie, Lagerung und Belastung können somit die Spannungen an jeder Stelle des Bauteils mit guter Genauigkeit ermittelt werden.

Die Problematik der Festigkeitsanalyse, die nicht durch die FE-Berechnung gelöst werden kann, liegt zum großen Teil in den unsicheren Festigkeitswerten. Es

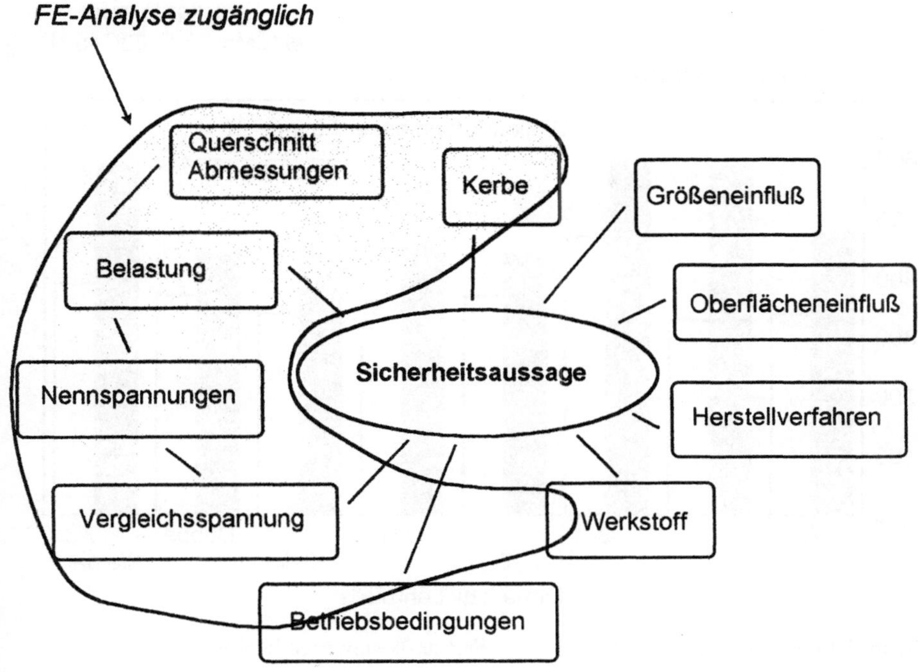

Abb. 3.14. Faktoren und Einflußgrößen beim Allgemeinen Festigkeitsnachweis

gibt große Schwierigkeiten, selbst bei häufig eingesetzten Werkstoffen, exakte und zuverlässige Kennwerte zu erhalten. Die Grafik in Abbildung 3.15 zeigt zum Beispiel eine Zusammenstellung von Streckgrenzenangaben aus der Literatur und den von Firmen verwendeten Werten.

Die Streubreite ist selbst bei diesem relativ einfach zu ermittelnden Festigkeitswert sehr groß. Die Unsicherheiten erhöhen sich überproportional bei der Ermittlung von Dauerfestigkeits- oder noch mehr bei Betriebsfestigkeitswerten. Ein weiteres Beispiel für Einflüsse, die nur sehr begrenzt durch eine FE-Berechnung simuliert und erfaßt werden können, sind die Auswirkungen der Oberflächeneigenschaften auf die Haltbarkeit eines Bauteils. Hier spielen Oberflächengüte, Beanspruchungsart – Zug, Biegung oder Torsion – Werkstoffzähigkeit, Kerbschärfe, Herstellverfahren, Oberflächenverfestigung und andere Dinge eine große Rolle. Die festigkeitsmindernde oder -erhöhende Wirkung der Bauteiloberfläche kann leicht 50% und mehr betragen! Obwohl es inzwischen einige Programmsysteme gibt, die in Ansätzen auch die Festigkeit des Werkstoffs und die Betriebsbedingungen in die Analyse miteinbeziehen, können diese Einflüsse in der Regel von einer FE-Analyse nicht erfaßt werden.

Die Aufzählung von maßgebenden Sachverhalten und Problemstellungen allein auf dem Gebiet der Haltbarkeit und Betriebssicherheit läßt sich fast beliebig fortsetzen: Kurzzeitfestigkeit, Rißausbreitung, Lastkollektive, Zeitstandfestigkeit; das alles sind Größen, die bei einer detaillierten Festigkeitsbetrachtung möglicherwei-

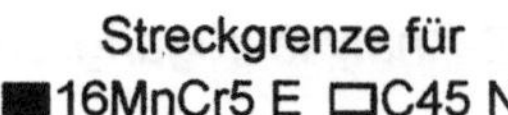

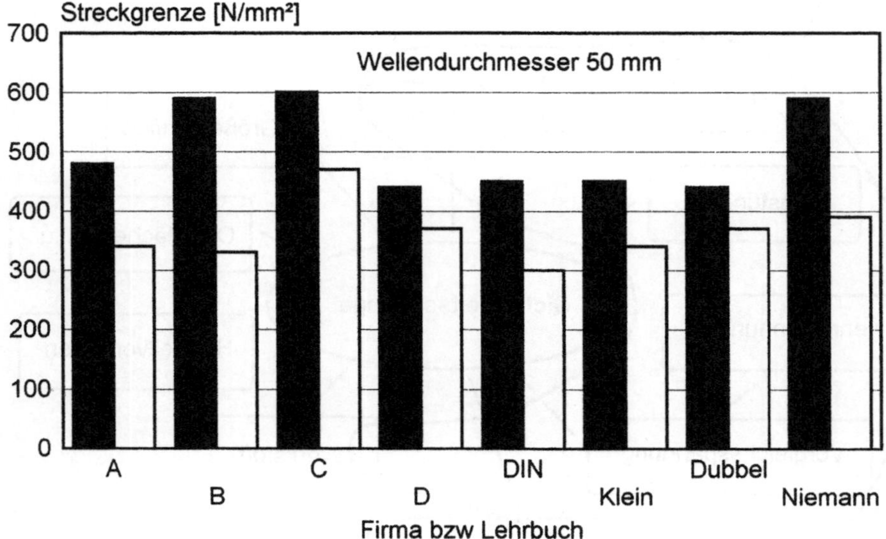

Abb. 3.15. Beispiel für die Streubreite von Werkstoffkennwerten [Ki90]

se beachtet werden müssen. Ein noch so gutes FE-Programm kann für solche Aufgabenstellungen nur die Basisberechnungen liefern, zur weiteren Problemlösung aber wenig beitragen.

Anhand dieses Beispiels aus der Festigkeitsberechnung kann man ermessen, wie wichtig neben einer zuverlässigen Spannungsberechnung die Kenntnisse und Erfahrungen des Berechnungsingenieurs hinsichtlich Werkstoffverhalten und Betriebsbedingungen sind.

Schwingungsanalysen können mittels der FEM relativ einfach und zuverlässig in Form von Modalanalysen durchgeführt werden. Eigenfrequenzen und Eigenschwingungsformen von Strukturen sind berechenbar und lassen sich gut darstellen. Der interessanteste Aspekt bei Schwingungs- und Stoßbelastungen – zum Beispiel bei umlaufenden Werkzeuspindeln, bei Rotoren, bei gleichförmiger oder schockartiger Anregung von Aggregaten und Maschinen – ist die Erfassung der *Schwingungsamplituden* und des Abklingverhaltens. Nur so kann festgestellt werden, ob die Struktur der Belastung und der daraus resultierenden Beanspruchung standhält. In Abbildung 3.16 ist ein großes Spiegelteleskop dargestellt, das auf sein Schwingungsverhalten untersucht wurde (siehe auch Farbtafel 11 im Anhang).

Kritisch sind hier die Belastungen, die durch mögliche Erdbeben entstehen können. Die reine Modalanalyse kann nur die Eigenfrequenzen berechnen und die Eigenschwingungsformen in einer normierten Darstellung zeigen. Was in der Abbildung wie ein echter, maßstäbliche Ausschlag des Teleskops aussieht, hat keinerlei Bezug zur tatsächlichen Größe der Verformung. Diese Amplitude und

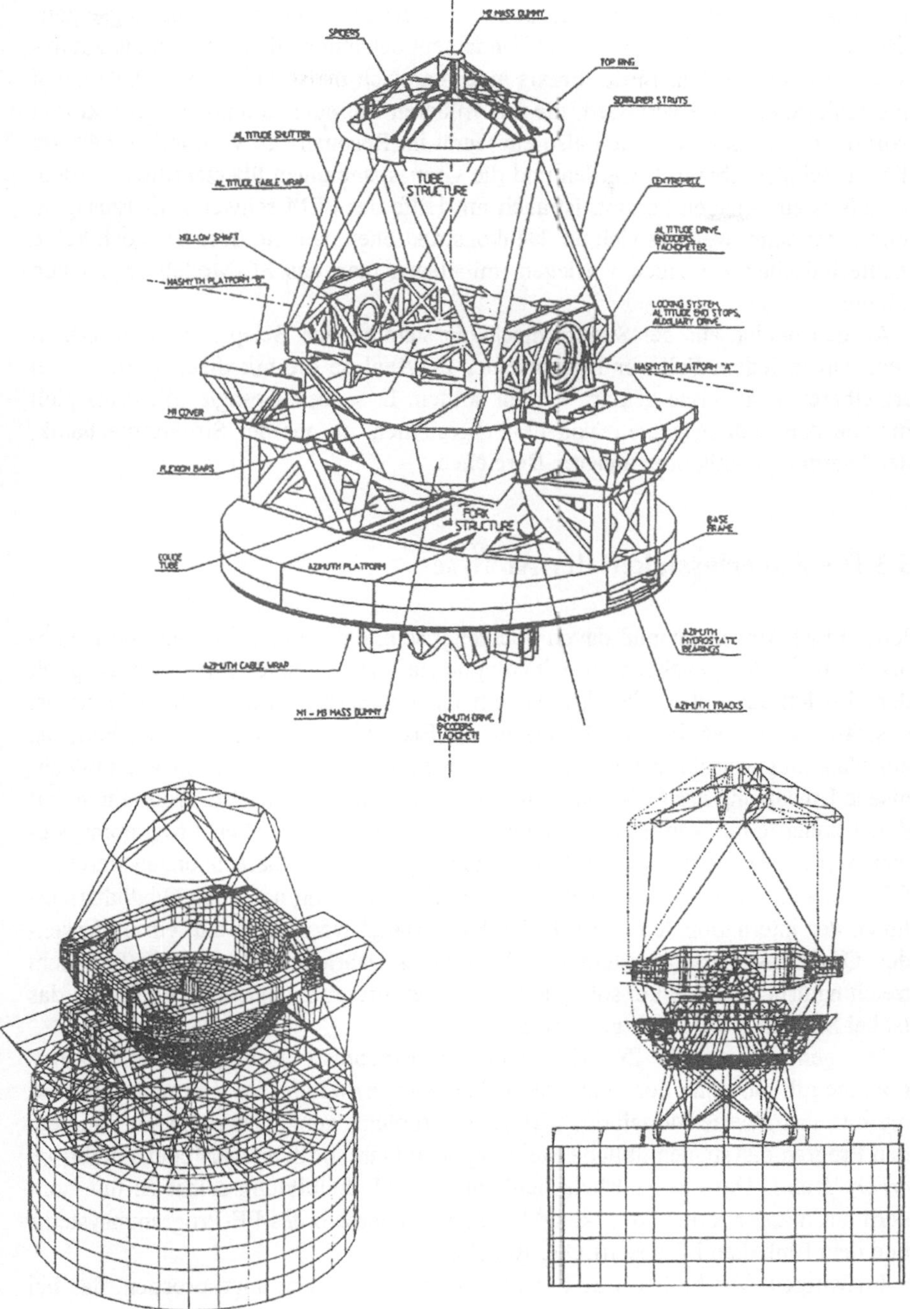

Abb. 3.16. Schwingungsuntersuchungen an einem großen Spiegelteleskop (ESO, Garching)

das Abklingverhalten können nur simuliert werden, wenn die Dämpfungseigenschaften von Material, Struktur und Fundament bekannt sind und mit in die Analyse einbezogen werden. In der Praxis muß man sich meist auf grobe Schätzungen und Erfahrungswerte verlassen, die aus früheren Messungen ähnlicher Strukturen extrapoliert werden. Wie sich also ein Gerät im Resonanzfall wirklich verhält, ob die Ausschläge übergroß werden und die Grenzspannungen überschritten werden, so daß es zu Schäden kommt, ist auch mit Hilfe der FEM schwer vorherzusagen. Vor allem dann, wenn es sich um Neukonstruktionen handelt, über die noch keine meßtechnischen Aussagen vorliegen, mit denen man das FE-Modell abgleichen könnte.

An den beiden aus der Strukturmechanik stammenden Beispielen ist zu erkennen, daß in jedem Fall vor Beginn einer FE-Analyse die mit diesem Hilfsmittel erzielbaren Ergebnisse geklärt werden sollten. Das oben Gesagte gilt prinzipiell für alle Anwendungsgebiete von FE-Programmen, ob aus der Strukturmechanik, der Thermodynamik oder anderen Bereichen.

3.3 Die Zuverlässigkeit der Analyse

Jeder FEM-Anwender muß davon überzeugt sein, daß seine Analysen und Ergebnisse – unter den gegebenen Randbedingungen – richtig sind. Die Zuverlässigkeit der FE-Methode selbst, also des mathematisch-numerischen Rechenverfahrens, ist unstrittig, wenn man bei der Bewertung der Ergebnisse die Natur der Methode als ein Näherungsverfahren nicht aus den Augen verliert. Auch die programmtechnische Umsetzung der FEM, das heißt die Gleichungslöser der FE-Programme, hat einen hohen Grad von Zuverlässigkeit erreicht. Bei den großen Programmsystemen werden bei jedem neuen *Release* umfangreiche Testberechnungen durchgeführt. In Zukunft wird mehr und mehr eine Zertifizierung nach den Qualitätsrichtlinien der internationalen Norm ISO 9000 verlangt werden, so daß ein umfassendes Qualitätssicherungssystem der Anbieter gewährleistet sein wird. Trotzdem treten natürlich gerade bei solch umfangreichen Programmpaketen Fehler auf; das ist bei Softwareprodukten unvermeidbar.

Die generelle, große Zuverlässigkeit der Ergebnisse professioneller FE-Programme gilt nur unter der Prämisse, daß sich der Anwender im Klaren darüber ist, nur das abstrahierte Modell des wirklichen Problems gerechnet zu haben. Eine bei den Programmsystemen übliche Meldung beim Durchprüfen des Modells heißt: *no errors found!* Das hat natürlich nichts mit der Modellbildung selbst zu tun, sondern nur mit der formal korrekten Umsetzung innerhalb des FE-Programmsystems und dem Einhalten FE-spezifischer Regeln.

Im vorigen Abschnitt wurde bereits das größte Problem angesprochen, das bei Auswertung und Interpretation von FE-Analyseergebnissen auftritt. Dies ist nicht der Umgang mit dem Postprozessor des Programms. Die Fähigkeit, sich die verschiedenen Ergebnisdarstellungen auf den Bildschirm zu *zaubern*, die Fertigkeiten im Bedienen des Programmsystems, kann sich jeder technisch versierte Anwender bei den meisten der heutigen FE-Programme in angemessener Zeit aneignen. Die

Problematik liegt vielmehr in der Beurteilung der Ergebnisse. Bezogen auf eine mechanische Strukturanalyse heißt das unter anderem: Welche funktionellen Auswirkungen haben die berechneten Verformungen? Ist die Betriebsfestigkeit mit dem gewählten Werkstoff gewährleistet? Welche Bruchhypothese trifft am besten zu? Muß die größere Druckfestigkeit von Grauguß gegenüber der Zugfestigkeit beachtet werden, und wie sollte in diesem Fall die Auswertung vorgenommen werden? Sind die Spannungen im Krafteinleitungsbereich von Bedeutung? Wie ist eine große Spannungsänderung – der Spannungsgradient – innerhalb eines einzelnen Elementes zu beurteilen? Diese und ähnliche Fragen, die nur zum Teil durch die Anwendung der Finite Elemente Methode entstehen, zum größten Teil jedoch aus konstruktiven, mechanischen, festigkeits- und werkstoffmäßigen Gegebenheiten resultieren, müssen vom Benutzer beantwortet werden können. Nur so kann er vernünftig beurteilen, ob Simulation und Wirklichkeit, ob Modell und reales Bauteil sich ausreichend ähneln und die gezogenen Schlußfolgerungen zulässig sind.

Neben einem Berechnungsingenieurs mit guten Kenntnissen und entsprechender Erfahrungen und der Verwendung eines zuverlässigen FE-Programms gehört zum Aspekt der Zuverlässigkeit von FE-Analysen die Frage der spezifischen Programmkenntnisse des Anwenders. Viele große Programme sind sehr komplex, und der korrekte Umgang mit dem System erfordert viel Übung. Diese kann man nur durch die ständige Nutzung des Programms und Schulungen beim Programmanbieter erreichen und erhalten.

3.3.1 Die Genauigkeit einer FE-Berechnung

Eine Finite Elemente Berechnung ist bis auf wenige Ausnahmen immer eine Näherungsrechnung. Im Prinzip läßt sich durch eine geeignete Modellierung das exakte Ergebnis sehr gut erreichen. Bei Standardproblemen, die von den FE-Programmen oft als sogenannte *Bench-mark* Tests durchgeführt werden, kann die Genauigkeit beziehungsweise die Abweichung vom exakten Ergebnis bestimmt werden. Die Durchbiegung eines Balkens mit konstantem Querschnitt zum Beispiel oder die Formzahlen einiger Kerbfälle lassen sich explizit berechnen. Ein Vergleich mit der FE-Berechnung zeigt dann schnell die Güte der Simulation. Heutige FE-Programme erreichen für solche Problemstellungen Genauigkeiten bis in den Promillebereich.

Schwieriger wird die Sache bei FE-Berechnungen realer Bauteile. Da es keine exakten analytischen Lösungen gibe, kann man prinzipiell auch nicht die Abweichung der FE-Berechnung vom theoretische richtigen Wert feststellen. Prinzipiell liefert die Finite Elemente Methode bei korrekter Anwendung immer Lösungen, die sich der – nicht bekannten – exakten Lösung nähern; die Lösungen konvergieren normalerweise monoton, theoretisch ist eine beliebig genaue Berechnung möglich.

Was heißt nun: Die Lösungen konvergieren? Dazu muß man wissen, daß die Genauigkeit einer FE-Berechnung hauptsächlich von drei Faktoren abhängt:

* Elementgröße und Anordnung
* Elementtyp
* Elementform

Führt man zwei Berechnungen durch und vernetzt das Modell beim zweiten Rechenlauf mit mehr und damit kleineren Elementen, dann ist das Ergebnis in der Regel genauer (siehe Abb. 3.17).

In Ausnahmefällen, bei extremer Steigerung der Netzverfeinerung, kann der numerische Fehler allerdings ansteigen, so daß es ab einer bestimmten Elementzahl zu einer Vergrößerung des Gesamtfehlers, also zu einem divergierenden statt konvergierenden Verhalten kommen kann; das ist aber nicht die Regel. Bezahlen muß man die feinere Vernetzung mit längeren Vernetzungs- und Rechenzeiten sowie größerem Speicherbedarf.

Eine Genauigkeitssteigerung kann man auch dadurch erreichen, daß ein Elementtyp mit einer höheren Ansatz- und Formfunktion gewählt wird. Diese Elemente haben – ohne daß das dem Anwender auf dem Bildschirm direkt angezeigt wird – Zwischenknoten, die zu einem genaueren Ergebnis der Verformungs- und Spannungsberechnung führen. Elemente mit einem Zwischenknoten nennt man quadratisch; das hat nichts mit deren äußerer Form zu tun, sondern bezieht sich auf die mathematischen Elementansätze (siehe auch Abb. 3.17). Bei der sogenannten *p-Methode* wird die Genauigkeit der Berechnung durch ein automatische, konvergenzgesteuerte Erhöhung der Zahl der Zwischenknoten gesteigert. Einzelheiten dazu in Kapitel 4. Natürlich wirken sich die komplexeren Elementansätze wieder in einer längeren Rechenzeit aus.

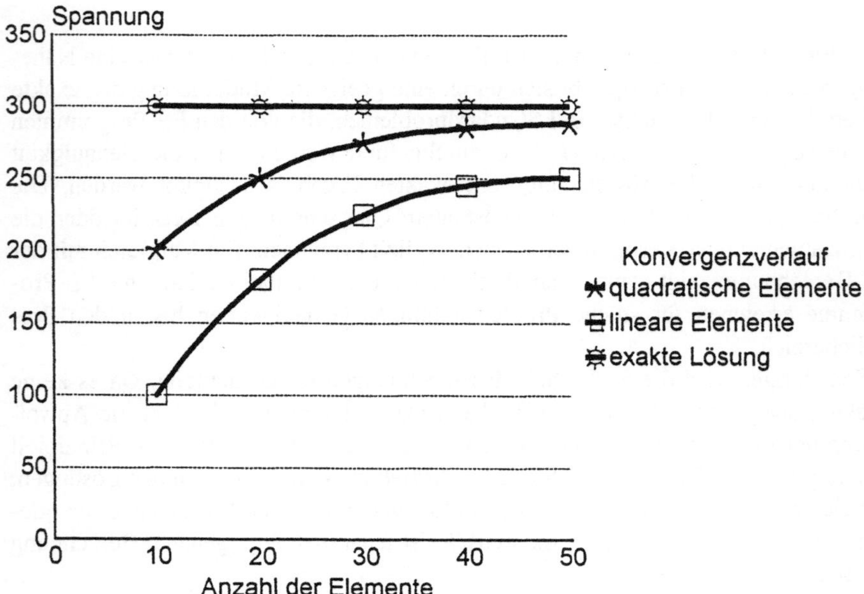

Abb. 3.17. Konvergezverhalten von FE-Berechnungen

Je besser die Form der Elemente ist – wenn möglich etwa gleiche Kantenlängen – und je feiner das Netz im Bereich großer Spannungsänderungen ist, um so genauer sind die Ergebnisse. Sprünge in der Elementgröße sollten vermieden werden. Eine alte Anwenderregel besagt, daß *ästhetische* Netze auch gute Ergebnisse liefern.

Knotenverschiebungen, also die Bauteilverformung, werden meist schon durch verhältnismäßig grobe Netze und einfache, lineare Elemente ausreichend genau berechnet. Das gilt auch für Modalanalysen zur Bestimmung von Eigenfrequenzen und Eigenschwingungsformen. Die Spannungsberechnung, die meistens wichtiger ist, erfordert eine gezielte, feine Vernetzung in Bereichen hoher Spannungskonzentration. Zu diesem Zweck bieten einige Programme eine selbsttätige, sogenannte *adaptive Netzverfeinerung* an. Näheres hierzu in Kapitel 4. Wichtig sind außerdem, daß an diesen Stellen die Elementformen nicht zu stark verzerrt sind und möglichst Viereck- statt Dreieckselemente, beziehungsweise würfelförmige statt pyramidenförmige Elemente (Hexaeder statt Tetraeder) verwendet werden. In der Regel liefern diese Elementformen genauere Ergebnisse. Zusammenfassend sind in Abbildung 3.18 noch einmal die wichtigsten Faustregeln zur Erhöhung der Genauigkeit einer FE-Berechnung dargestellt.

Es muß an dieser Stelle noch einmal auf drei wichtige Tatsachen hingewiesen werden:

1) Eine Genauigkeitssteigerung bedeutet nicht, daß man ein völlig exaktes Ergebnis erzielen kann – was normalerweise auch nicht notwendig ist.

2) Die Verbesserung der Genauigkeit der FE-Berechnung durch Netzverfeinerung oder Erhöhung des Elementansatzes hat ihre Grenzen. Auch bei den heutigen großen Rechnerleistungen und Speicherkapazitäten führt zum Beispiel eine feine Volumenvernetzung mit Tetraederelementen schnell zu riesenhaften, kaum mehr handhabbaren Modellen.

3) Die Genauigkeit der FE-Ergebnisse bezieht sich nur auf das FE-Modell und die FE-Berechnung. Modellierungsfehler führen trotzdem zu völlig falschen und wertlosen Ergebnissen.

Generell lassen sich keine Zahlenwerte für die erreichbare Genauigkeit von FE-Berechnungen angeben. Bei einem vernünftig modellierten einfachen Bauteil kann man sich, was die Verformungen betrifft, durchaus im 5%-Bereich bewegen, bei den Spannungen ist der Fehler etwas größer. Für komplexe Bauteile ist bei Spannungsberechnungen eine Genauigkeit von 20% durchaus realisierbar und zufriedenstellend (Einzelheiten zur Fehlerabschätzung siehe Kapitel 4.2.9).

3.3.2 Die häufigsten Fehler

Die FE-Analyse birgt viele Fehlermöglichkeiten. Grob unterscheiden kann man zwei Gruppen von Fehlern: Zum einen sind das Dinge, die mit Mechanik- und Konstruktionswissen zu tun haben, und zum zweiten sind es Aspekte, die direkt

Netzverfeinerung, besonders bei hohen Spannungsgradienten

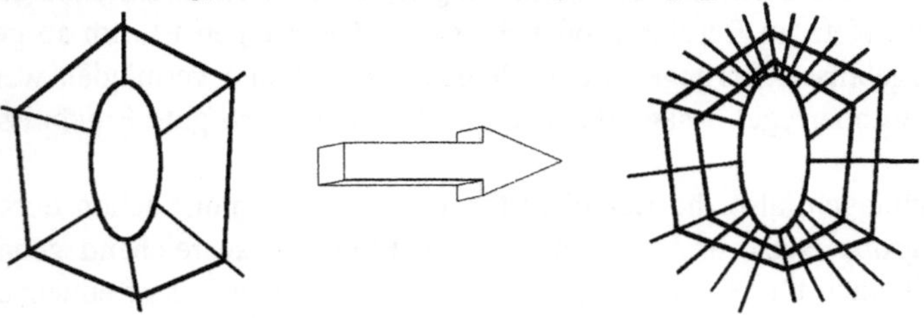

ästhetische Vernetzung, möglichst gleiche Elementkantenlängen

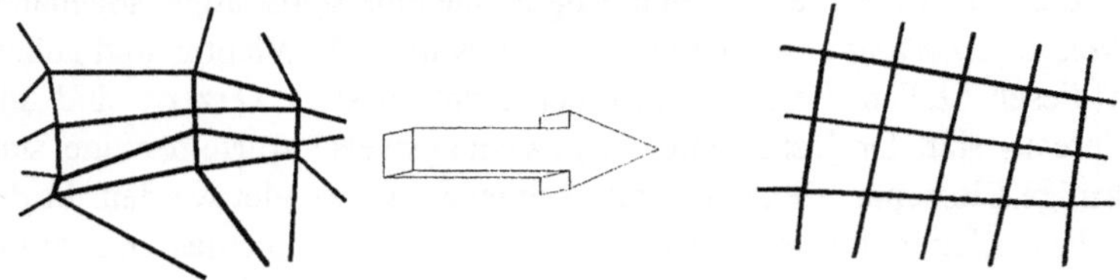

Viereck- statt Dreieckselemente, Hexaeder- statt Tetraederelemente

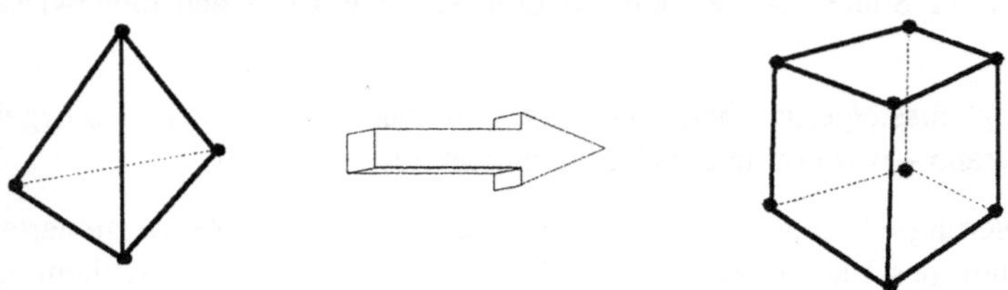

Verwendung von Elementtypen mit höherer Ansatz- und Formfunktion

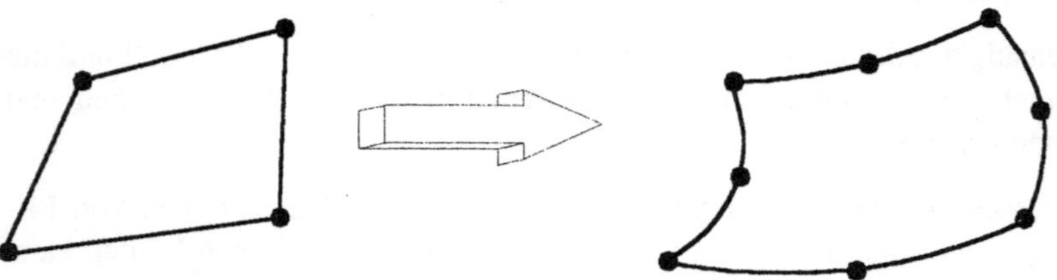

Abb. 3.18. Möglichkeiten der Genauigkeitssteigerung von FE-Analysen

mit der Anwendung des FE-Programms zusammenhängen. Entsprechend dem grundsätzlichen Ablauf jeder Analyse, können bei jedem Schritt Fehler auftreten:

* Fehler beim Abstrahieren und Vereinfachen der Problemstellung
* Fehler bei den Modellannahmen
* Fehler bei der Modellierung
* Fehler beim Berechnen
* Fehler bei der Auswertung und Interpretation der Ergebnisse

Die schwerwiegendsten und am schwierigsten zu erkennenden Fehler treten im ersten Teil einer Analyse, während der Erarbeitung der Aufgabenstellung und der Modellbildung auf (siehe auch Abb. 3.19). Die Systemgrenzen werden zu flüchtig überdacht, die Lagerungsbedingungen zu grob vereinfacht oder falsch eingeschätzt, oder die Aufgabe wird unzulässigerweise linearisiert, obwohl ein stark nichtlineares Verhalten vorliegt. Die Gründe für diese Fehler liegen meist in unzureichenden Grundkenntnissen der Mechanik und mangelnder konstruktiver Erfahrung bei der Abschätzung und Beurteilung des Bauteilverhaltens.

Bei der eigentlichen Modellierung mit dem Preprozessor des FE-Programms passieren vor allem Anfängern natürlich Eingabefehler, die manchmal schwer zu entdecken sind (zum Beispiel falsche Zahleneingabe für den E-Modul oder die Schalendicke). Massive Fehlresultate ergeben sich bei einer falschen Elementwahl – zum Beispiel der Wahl von Schalenelementen mit sehr großem Wanddicken im Verhältnis zu ihrer Länge und Breite – oder einer der Spannungsverteilung nicht angemessenen Vernetzung. So können sehr leicht Kerbspannungsprobleme übersehen oder falsch interpretiert werden. In diese Kategorie gehören auch Fehler, die mit mangelhaften Kenntnissen der mathematisch-numerischen Grundlagen und Algorithmen der Finite Elemente Methode zusammenhängen, zum Beispiel das Wissen um mögliche Singularitäten im Kerbgrund oder der Bedeutung des Spannungsgradienten innerhalb eines Elementes.

Selbst bei richtiger, das heißt angemessener Modellierung des Bauteils können auch bei der Auswertung der Ergebnisse noch grobe Fehlinterpretationen vorkommen. Die FE-Programmpakete bieten eine Vielzahl von Auswertungsmöglichkeiten, die der geübte Berechnungsingenieur zur Kontrolle der Ergebnisse nutzen

Abb. 3.19. Häufige Fehlerursachen bei der FE-Analyse

kann. Allerdings setzt das gerade bei den großen Softwarepaketen einen ständigen Umgang mit dem Postprozessor voraus. Entscheidender sind aber Fehleinschätzungen, die sich aus mangelnden theoretischen Kenntnissen der Mechanik und Festigkeitslehre oder der entsprechenden anderen Anwendungsgebiete, für die die FE-Analyse eingesetzt wird, ergeben. Wird zum Beispiel eine Graugußstruktur mit Hilfe der von-Mises-Vergleichsspannung ausgewertet, so können Druck- und Zugspannungen nicht mehr unterschieden werden. Auch eine Auswertung nach der größten Hauptspannung kann zu Fehlinterpretation führen, da für das FE-Programm eine Druckspannung von -300 N/mm² kleiner ist als eine Zugspannung von +50 N/mm²!

Die meisten Berechnungsingenieure und Abteilungen stehen heute unter massivem Termindruck, der natürlich zu einer Fehlerhäufung führt. Daran ändert auch nichts der Einsatz zuverlässiger Programmsysteme, da die Fehlerquellen zumeist beim Menschen und nicht bei der Software liegen.

Die größte Gefahr der Fehleinschätzung geht von der psychologischen Seite aus: Die mit Hilfe des Computers dargestellten Ergebnisse sind heute grafisch so hervorragend aufbereitet, daß es schwerfällt an Fehler zu denken. Selbst die mit diesem Medium umgehenden Ingenieure erliegen oft der Faszination der bunten Bilder.

3.3.3 Kontrollmöglichkeiten

Aus FE-Analysen werden oft weitreichende Schlußfolgerungen gezogen, es werden Aktionen veranlaßt, die große Auswirkungen auf Kosten und Termine haben können. Ein Bauteil, das aufgrund einer FE-Berechnung seine endgültige konstruktive Detaillierung erfährt, führt im weiteren zum Bau von teuren Werkzeugen oder Gußformen, und das ist oft mit hohen Kosten und Lieferzeiten verbunden. Nachträgliche Änderungen sind sehr teuer und können die geplanten Liefertermine stark beeinträchtigen. Demzufolge stellt sich die Frage, wie man die Risiken mindern kann, die sich durch ungenaue oder möglicherweise fehlerhafte FE-Analysen ergeben.

Wie lassen sich die Ergebnisse von FE-Berechnungen kontrollieren und verifizieren? Eine Überprüfung komplexer FE-Berechnungen ist schwierig und zeitaufwendig. Grundsätzlich gibt es dazu mehrere Möglichkeiten und Verfahren:

a) Plausibilitätskontrolle nach Erfahrung

Ein Berechnungsingenieur weiß in etwa, wie sich ein Bauteil unter einer angenommenen Belastung qualitativ und quantitativ verformt. Deshalb sollte zuerst das prinzipielle Verformungsverhalten unter Berücksichtigung der Lagerstellen, der Lasten und der Lastrichtungen beurteilt werden. Auch der Zahlenwert der maximalen Verformung sollte in der erwarteten Größenordnung liegen. Anhand eigener Erfahrungen können auf diese Weise sehr schnell grobe Modellfehler erkannt werden.

Die Beurteilung der Bauteilbeanspruchung – vor allem bei komplizierten Formen – ist schwieriger. Dennoch können auch Spannungsverläufe, am besten anhand von Vektordarstellungen der Hauptspannungen, und Spannungskonzentrationen zumindest qualitativ beurteilt werden.

b) Fehlerkontrolle mit Hilfe des FE-Programms

Es gibt eine Reihe von Kontrollmöglichkeiten innerhalb der FE-Programme. Preprozessor und Solver führen Modellchecks durch, mit denen grobe Fehler und Unterlassungen aufgedeckt werden können. Höherwertige FE-Systeme sind in der Lage, ungenaue Berechnungsergebnisse, meist verursacht durch ungünstige Elementgrößen und -formen, zu erkennen und zu melden (siehe auch Farbtafel 7 im Anhang). Einzelheiten zu den FE-internen Möglichkeiten werden in Kapitel 4.2.9 erläutert.

c) Überprüfung der FEM-Ergebnisse von Hand

Das Hauptproblem der Kontrolle einer FE-Berechnung besteht darin, daß es in der Regel keine expliziten analytischen Lösungen gibt. Das ist ja meist der Grund für die Anwendung der Finite Elemente Methode. Ein einfaches Balkenproblem, für das eine konkrete Berechnungsgleichung existiert, braucht man nicht mit der FEM zu bearbeiten.

Trotzdem kann man jede FE-Berechnung zumindest grob überprüfen. Dazu ist eine noch stärkere Vereinfachung des an sich schon vereinfachten FE-Modells nötig. In Abbildung 3.20 ist zur Erläuterung dieser Kontrollmöglichkeit das Modell einer Ventilklappe dargestellt.

Das Teil hat eine komplizierte Gußgestalt und ist einer konventionellen Spannungs- und Verformungsberechnung nicht zugänglich. Deshalb wurde eine FE-Analyse durchgeführt (siehe auch Farbtafel 6 im Anhang). Zur Kontrollrechnung von Hand muß ein Bereich ausgewählt werden, der sich leicht mit Standardansätzen überprüfen läßt. Bei der Strukturanalyse ist das oft über die Berechnung der Biegespannung an einer signifikanten Stelle möglich. Im Falle der abgebildeten Ventilklappe kann man sehen, daß durch die Krafteinleitung am oberen Gußauge ein Biegemoment entsteht. Dieses führt zu einer Biegespannung am Übergang der Gußflanke zur eigentlichen Klappe. Die Gußflanke hat eine Querschnittsform ähnlich einem Doppel-T-Profil. Somit läßt sich überschlägig die maximale Biegespannung am Fußpunkt der Gußflanke berechnen:

$$s_b = M_b/W_b \quad \text{mit } M_b = F * l \quad \text{und } W_b = (BH^3 - (B\text{-}t) * h^3) / 6H$$

Wenn für diesen konkreten Fall die Spannungswerte der FE-Analyse und der Handrechnung um nicht mehr als 20% voneinander abweichen, kann man mit genügender Sicherheit davon ausgehen, daß keine groben Fehler im Modell sind und der FE-Berechnung zu trauen ist. Natürlich sind Spannungsspitzen durch Kerben in der Handrechnung nicht, in der FE-Analyse nur bei entsprechend feiner Vernetzung und richtiger Elementwahl berücksichtigt.

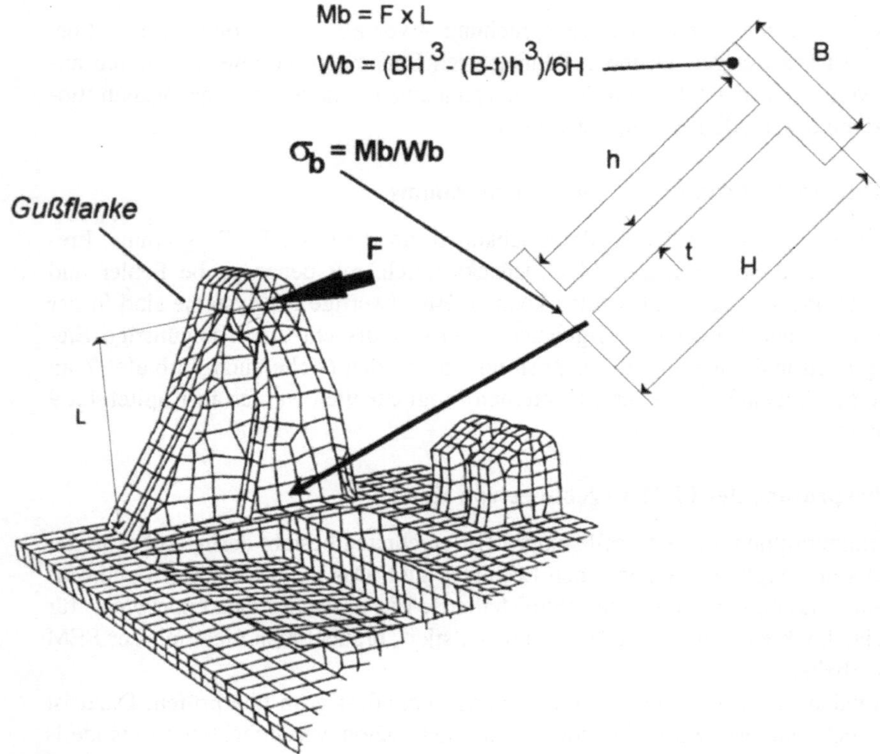

Abb. 3.20. Grobe Kontrollrechnung von Hand

Dieses kleine Beispiel zeigt, daß eine überschlägige Kontrollrechnung in fast allen Fällen möglich ist. Man sollte in keinem Fall darauf verzichten. Es ist der einfachste Weg zur Entdeckung grober Eingabe- und Modellfehler.

d) Unterschiedliche Modellierung für das gleiche Bauteil

FE-Analysen lassen sich mit unterschiedlichem Abstraktionsgrad der Modelle durchführen. Üblicherweise versucht man die ersten Analyseschritte mit einem sehr einfachen Modell durchzuführen. Sind allerdings sehr genaue Aussagen gefordert – zum Beispiel über lokale Spannungsverläufe – muß man die Geometrie des Bauteils relativ genau abbilden. Aber auch dann sind die Ergebnisse des einfachen Modells von großem Nutzen, da man schon hier zumindest die Größenordnung der Ergebnisse erhält (siehe auch Abb. 3.21).

Der qualitative Spannungsverlauf und die Verformung lassen sich oft mit einem um eine Stufe einfacheren Modell überprüfen, also zum Beispiel mit einem Schalen- statt einem Volumenmodell, oder einem Balken- anstelle eines Schalenmodells.

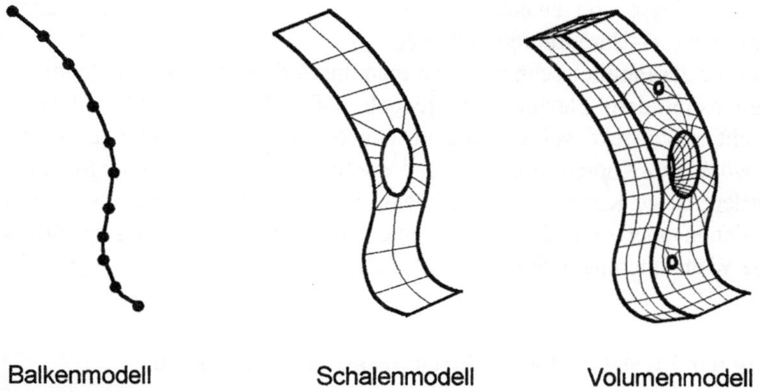

Abb. 3.21. Kontrolle durch Vergleich unterschiedlicher Modelle

e) Rechenläufe mit anderen FE-Programmen

Eine gute Kontrollmöglichkeit stellt eine Parallelrechnung mit einem völlig neu
aufgebauten Modell in einem zweiten FE-Programm dar (siehe Abb. 3.22). Diese
Kontrollrechnung ist noch wirksamer, wenn sie von einem zweiten, unabhängigen
Bearbeiter durchgeführt werden kann. Vermeiden sollte man dabei, daß die Mo-
dellvorgaben wie Randbedingungen und Elementtyp direkt übertragen werden.
Wenn hier eine Fehlerquelle liegt, so läßt sie sich so nicht aufdecken.

In der Praxis gibt es nur wenig Unternehmen, die sich einen solchen doppelten
Aufwand leisten können. Oft stehen auch nur ein FE-System und die darauf ge-
schulten Mitarbeiter zur Verfügung. Bei sehr wichtigen Aufgabenstellungen, die
weitreichende Auswirkungen auf Kosten und Termine haben, besteht die Möglich-

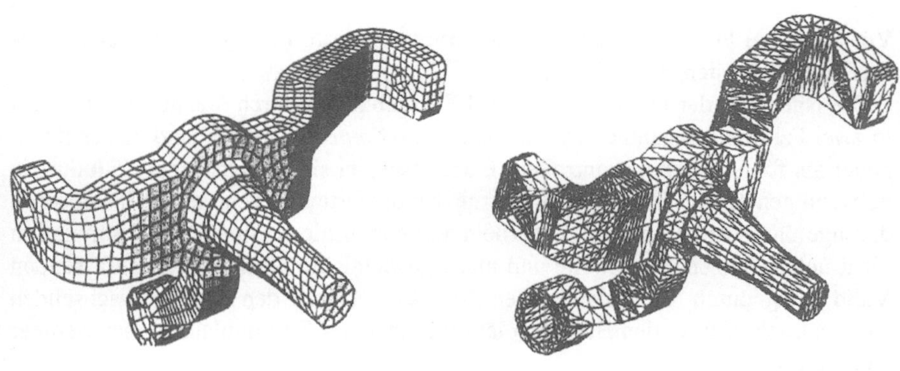

Abb. 3.22. Kontrolle durch Parallelmodellierung und -berechnung mit zwei FE-Systemen
(Beispiel ALGOR)

keit, eine zweite Analyse von einem Dienstleister – einem Ingenieurbüro oder einem Hochschulinstitut – durchführen zu lassen.

Den Aufwand für die Parallelrechnung kann man durch den Einsatz von Geometrieschnittstellen vermindern. Nachteilig ist jedoch, daß Fehler in der Modellgeometrie dann nicht aufgedeckt werden können. Die Nutzung sogenannter direkter Schnittstellen, wobei nur Knoten, Elemente und eventuell einige Randbedingungen übertragen werden, ist zu Kontrollzwecken wenig sinnvoll. Die Programme rechnen oft mit gleichen oder sehr ähnlichen Elementansätzen und Lösungsalgorithmen, so daß die Wahrscheinlichkeit einer Fehlererkennung gering ist.

f) Überprüfung der FEM-Ergebnisse durch praktische Messungen

Die zuverlässigste Kontrolle einer Simulation ist immer die Erprobung des realen Bauteils. Die Abbildung 3.23 zeigt das FE-Modell und das mit Dehnungsmeßstreifen präparierte Lagergehäuse eines Eisenbahn-Radsatzes; beispielhaft sind die Rechen- und Meßergebnisse gegenübergestellt.

Die Abweichungen zwischen Rechnung und Versuch bewegen sich in diesem Fall bei den Spannungswerten je nach Lastfall zwischen 2 – 20%. Das sind Größenordnungen, mit denen man bei FE-Analysen realistischerweise rechnen muß, mit denen man aber leben kann.

Von allen Kontrollmöglichkeiten ist der Versuch aus folgenden Gründen die aufwendigste:

* Bauteil oft noch nicht verfügbar
* Hohe Kosten für den Versuchsmusterbau
* Hohe Kosten für die Versuchsplanung, -durchführung und Auswertung
* Kritische Stellen meßtechnisch oft schwer erfaßbar oder nicht zugänglich (z.B.kleine Kerben)
* Großer Zeitbedarf

Vor allem bei Fragestellungen, die Dauerversuche erfordern, wachsen der Zeitbedarf und die Kosten stark an.

Die Nachteile der Überprüfung von FE-Ergebnissen durch Versuche kann man in zwei Faktoren zusammenfassen: *Kosten für Kontrollversuche* sind in der Regel höher als für Simulationskontrollen. Extrembeispiel sind die in der KFZ-Industrie notwendigen Crash-Tests, die ja oft mit handgefertigten, sehr teuren Prototypen durchgeführt werden müssen. Trotzdem sollte man die Kosten für die Simulation nicht unterschätzen. Der zweite und meist gewichtigere Nachteil der umfassenden Validierung durch Versuche ist der *Zeitfaktor*. Durch den ständig wachsenden Termindruck in fast allen Branchen läßt die Enge des Terminplans immer weniger Versuche zu.

Trotz der aufgeführten Nachteile ist die meßtechnische Bestätigung der Simulationsergebnisse dringend notwendig und sollte immer vorgesehen werden. Auch der Berechnungsingenieur braucht die Bestätigung seiner Simulationsergebnisse, um die FEM, das eingesetzte FE-Programm sowie die Realitätsnähe seiner Modellierung richtig einschätzen zu können. In Abbildung 3.24 sind noch einmal die

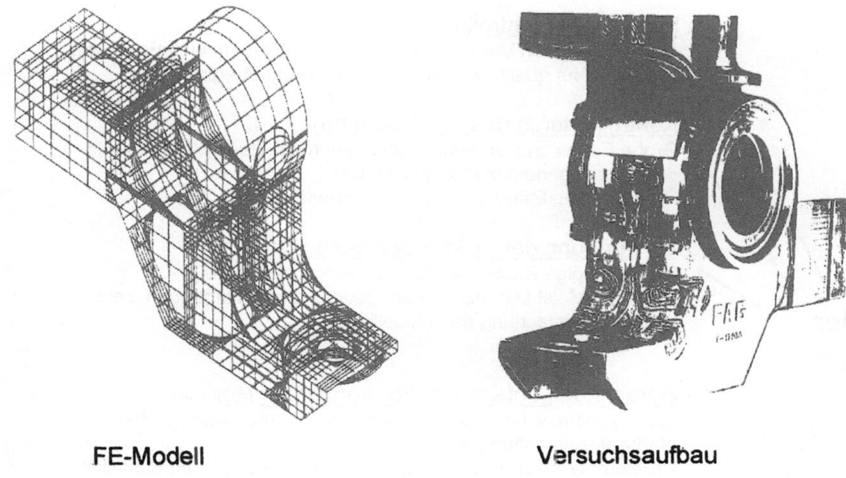

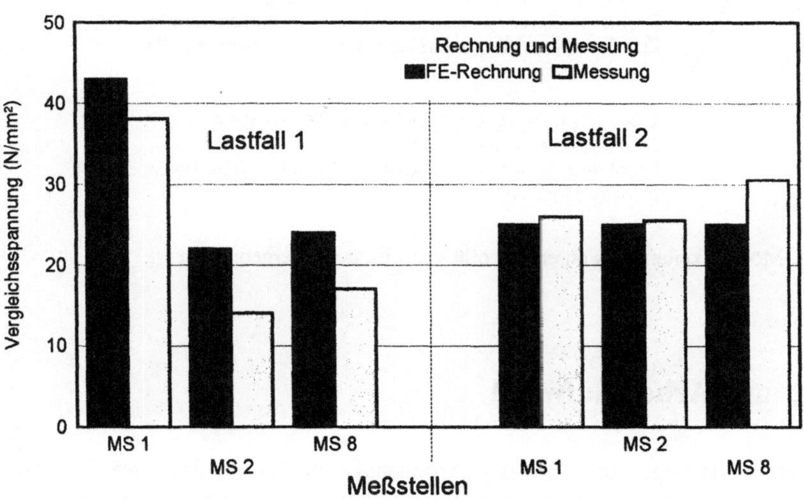

Abb. 3.23. Verifizierung der Simulation durch Versuche (Radsatzlagergehäuse der Fa. FAG, Schweinfurt)

wichtigsten Kontrollmöglichkeiten von FE-Analysen sowie deren Vor- und Nachteile gegenübergestellt.

Leonardo da Vinci meinte vor fast fünfhundert Jahren: *"Eitel und voller Irrtümer ist alle Wissenschaft, die nicht von der Erfahrung, der Mutter aller Gewißheit getragen wird, die nicht geprüft wird durch Erfahrung."* Das gilt auch heute noch, und ganz besonders für FE-Analyseergebnisse!

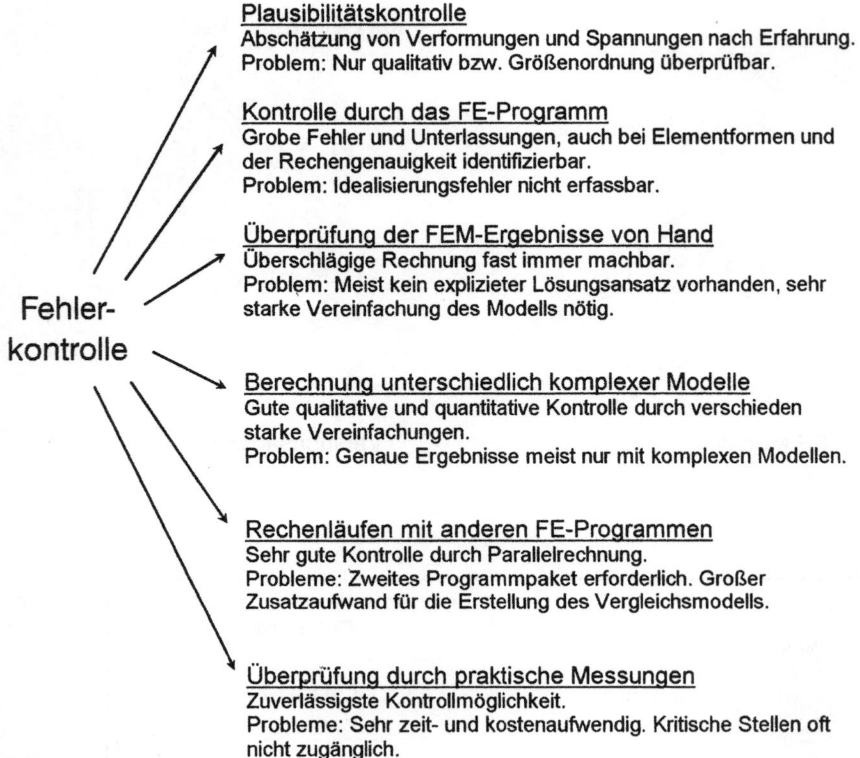

Abb. 3.24. Möglichkeiten zur Fehlerkontrolle von FE-Analyseergebnissen

3.4 Zeit- und Arbeitsaufwand

Eine generelle Aussage zum Zeit- und Arbeitsaufwand für FE-Analysen ist nicht möglich. Es gibt Problemstellungen in einer frühen Entwurfsphase, die mit einer einfachen FE-Berechnung innerhalb weniger Stunden gelöst werden können. Der überwiegende Teil von FE-Analysen wird jedoch wegen spezieller Schwierigkeiten an konkreten, auskonstruierten Bauteilen oder an Neukonstruktionen durchgeführt. Dann sind Bearbeitungszeiten von mehreren Monaten keine Seltenheit. Beispielsweise sind bei Crash-Berechnungen ca. sechs Mannmonate eines hochqualifizierten Spezialisten mit den entsprechenden Stundensätzen zur Modellierung eines Crash-Simulationsmodells anzusetzen. Demgegenüber stehen beim realen Crash-Test jedoch alleine schon Prototyp-Herstellkosten von etwa einer Million Mark, ganz abgesehen von der benötigten Zeit und weiterer Kosten.

Wenn man den gesamten Zeitbedarf für eine FE-Analyse betrachtet, so ergibt sich für die *Modellierung* ein Anteil von mehr als 70%. Je nach Problemstellung kann dieser grobe Schätzwert schwanken, in den meisten Fällen liegt er aber eher noch höher. Der Modellierung muß demzufolge große Aufmerksamkeit geschenkt werden. Neben dem theoretischen Wissen, den praktischen Erfahrungen und der Motivation des Berechnungsingenieurs ist die Funktionalität des Preprozessors des eingesetzten FE-Programms von entscheidender Bedeutung. Mit Funktionalität sind vor allem die gute Benutzungsoberfläche, eine der Denkweise des Ingenieurs und nicht der des Informatikers angemessene Syntax und eine große Flexibilität bezüglich Modellmodifikationen gemeint. Kein FE-Modell ist auf Anhieb richtig und fehlerfrei, Änderungen am Modell beanspruchen oft viel mehr Zeit als die eigentliche Neuerstellung.

Bei großen Modellen spielen natürlich auch die Hardwareausstattung und die daraus resultierenden *Vernetzungs- und Rechenzeiten* eine erhebliche Rolle. Das gilt besonders für hochgradig nichtlineare Analysen – Beispiele sind Crash-Simulationen oder Analysen von Metallumformprozessen – und für fein vernetzte, große Modelle.

Bei *Auswertung und Ergebnisinterpretation* ist zuerst einmal das Wissen des Analyseingenieurs entscheidend. Je mehr Erfahrungen mit ähnlichen Bauteilen und FE-Analysen vorliegen, um so effektiver und schneller kann die Bewertung erfolgen. Ein guter Postprozessor ist dazu eine wichtige Voraussetzung.

Die in den Fachpublikationen und in Werbeschriften der FE-Programmanbieter beschriebenen Beispiele führen auch hier wieder zu übertriebenen Erwartungen. Die gezeigten Projekte und die fantastischen Ergebnisplots sind oft das Produkt intensiver, monatelanger Studien und Analysen. In Kapitel 7 wird noch ausführlich auf den Aufwand und den Nutzen des Einsatzes von FE-Programmen eingegangen.

4 FE-Programme

Die Finite Elemente Methode ist zuerst einmal nur ein rein mathematisch-numerisches Näherungsverfahren zur Beschreibung von Feldproblemen. Ihre überragende Bedeutung begründet sich heute vor allem durch ihren konkreten Einsatz in den angewandten Ingenieurwissenschaften, wobei die Verbreitung in der industriellen Praxis durch eine rasante Rechner- und Softwareentwicklung ermöglicht wurde. Obwohl selbstverständlich weiterhin intensiv Grundlagenforschung bezüglich der Finite Elemente Methode selbst betrieben wird, liegt das Hauptgewicht auf der Weiterentwicklung der FE-Software. Die oft sehr großen Programmsysteme werden von den Anbietern – meist Softwarehäusern von erheblicher Größe – ständig verbessert und fortentwickelt.

Nachfolgend werden der grundsätzliche Aufbau dieser Programme sowie deren wichtigsten Funktionalitäten beschrieben, wobei die mathematisch-numerischen und programmiertechnischen Grundlagen und Ansätze gegenüber den anwendungsspezifischen Eigenschaften und Besonderheiten in den Hintergrund treten. Abschließend wird auf die größten und am weitesten verbreiteten FE-Programme eingegangen.

4.1 Grundsätzlicher Aufbau eines FE-Programms

Alle FE-Programme bestehen aus mindestens drei Teilen: dem Preprozessor, dem Solver und dem Postprozessor. Diese Dreiteilung ist bei einigen FE-Programmen sehr strikt, oft handelt es sich um völlig voneinander unabhängige Programme mit entsprechenden Datenschnittstellen. Es gibt Anbieter, die nur Pre- oder Postprozessoren entwickeln oder andererseits spezielle, selbständige Solver, die dann fremde Pre- und Postprozessoren benötigen (siehe Abb. 4.1).

Die meisten FE-Programme sind heute jedoch relativ vollständig und ohne andere, fremde Programmodule einsetzbar. Die starke Modularisierung der Vergan-

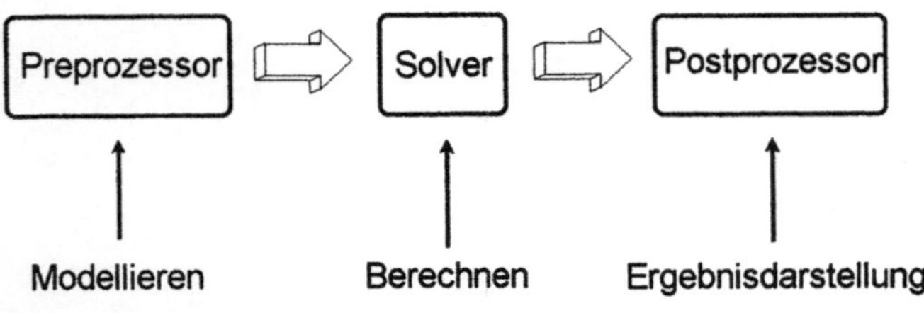

Abb. 4.1. Module eines FE-Programms

genheit wird mehr und mehr zugunsten einer stärkeren Integration aufgehoben. Bedingt durch die historische Entwicklung, gibt es aber noch viele Anwender, die ihre FE-Analysen mit Hilfe mehrerer hintereinandergeschalteter Softwarepakete durchführen. Ein typisches Beispiel ist die Verwendung von I-DEAS oder PATRAN als Pre- und Postprozessor und ANSYS, NASTRAN oder ABAQUS als Solver. Der Grund dafür liegt in der gewachsenen, unterschiedlichen Leistungsfähigkeit dieser Programme und den auf eine bestimmte Software eingespielten Berechnungsingenieuren. Nicht ungewöhnlich ist auch eine weitere Verlängerung der Verknüpfungskette durch ein vorgeschaltetes CAD-Programm zur Geometrieerzeugung. Beispiel: CATIA zur Geometrieerzeugung – meist weil die Konstruktion damit arbeitet – MEDINA zum Preprozessing, ANSYS zur Berechnung, DISCO für das Postprozessing.

4.1.1 Preprozessor

Der Preprozessor ist ein Programm oder Programmteil (Modul) mit dessen Hilfe der Berechnungsingenieur das FE-Modell erstellt. Hier werden meist interaktiv, das heißt im Dialog mit dem Rechner, alle für die FE-Berechnung notwendigen Daten eingegeben und in ein für den Solver verarbeitbares Format umgewandelt.

Das FE-Modell für eine Strukturanalyse baut sich aus den folgenden Festlegungen auf:

Grundsätzlich	**Im Detail**
– vereinfachte Geometrie (*Träger* der Knoten und Elemente)	– Linien-, Flächen- oder Volumenmodell
– idealisierte Auflagerbedingungen	– Loslager, Festlager, Einspannung (vorgegebene Verschiebungen, max. 6 Freiheitsgrade)
– idealisierte Lasten	– Kraft, Moment, Streckenlast, Druck, Beschleunigung, Temperatur
– Elementtyp	– Stab, Balken, Scheibe, Platte, Schale, Volumen, Sonderelemente (z.B. Spalt, Composite etc.)
– Elementdaten	– Querschnitt, Trägheitsmomente, Dicke, Vordehnung etc.
– Elementgröße und -verteilung	– Knotenpositionen (Netzfeinheit), Elementform
– Werkstoffeigenschaften	– Elastizitätsmodul, Querdehnzahl, Dichte, Wärmeausdehnungskoeffizient, Dämpfungszahlen, nichtlineare Materialgesetze etc.

Ein guter Preprozessor hilft bei dieser Modellerstellung durch:

* interaktive Arbeitsweise, gute Benutzerführung (z.B. Wiederholeingaben, sinvolle Voreinstellungen, flache Menuehierarchie, Icons etc.)
* grafische und alphanumerische Kontrollanzeigen und -möglichkeiten für alle eingegebenen Daten (Benennen, benummern, selektieren, Blickrichtung ändern, zoomen, schrumpfen, hidden-line etc. Auf Farbtafel 5 im Anhang ist z.B. die farbliche Kennung der verschiedenen Wandstärken eines Bauteils zu sehen.)
* einfache Geometriemodelliermöglichkeiten
* Geometrieschnittstellen (direkte, neutrale)
* variable Definitionsmöglichkeiten für Lasten und Lager (direkt an der Geometrie oder am FE-Modell)
* halbautomatische bis automatische Knoten- und Elementpositionierung – Vernetzung – durch einen leistungsfähigen Netzgenerator
* komfortable Modellmanipulation und Veränderungsmöglichkeiten (z.B. Netzmanipulation)
* automatische Plausibilitätskontrollen des Modells
* Vernetzungs- und Rechenzeitoptimierung

Die Leistungsfähigkeit des Preprozessors ist für den Arbeitsaufwand zur Durchführung einer FE-Analyse entscheidend. Nur mit einer leistungsfähigen Soft- und Hardware kann die FE-Modellierung in der Praxis effektiv durchgeführt werden. Für die meisten Aufgabenstellungen entfallen auf das Preprozessing weit mehr als die Hälfte des gesamten Aufwandes, wobei die Einfachheit der Geometrieerstellung und -veränderung sowie die Güte der Netzgenerierung neben den Möglichkeiten der grafischen Kontrolle und Manipulation des Modells die wichtigsten Funktionen darstellen.

Die Preprozessoren sind heute oft Programmodule, die umfangreicher sind als die eigentlichen FE-Solver. Auf einige wichtige Eigenschaften und Funktionen von Preprozessoren wird in den nachfolgenden Abschnitten über besondere Funktionalitäten noch genauer eingegangen.

4.1.2 Solver

Betrachtet man die Anwendung der FE-Methode auf die Strukturmechanik, so geht es im Grunde immer um die Berechnung von Verschiebungen oder Verformungen, die durch äußere Belastungen verursacht werden. Das FEM-Rechenprogramm – der *Solver* – ist der eigentliche Gleichungslöser des Gleichungssystems, das sich aus der in viele Elemente zerlegten und wieder zusammengesetzten Struktur ergibt. Um das Gesamtsystem möglichst effektiv, das heißt möglichst schnell und mit möglichst wenig Speicherbedarf zu berechnen, werden die verschiedensten Algorithmen angewendet. Grundsätzlich löst ein Solver das Gesamtproblem meist in folgenden Schritten (siehe auch Abb. 4.2):

– Erstellung der Elementsteifigkeitsmatrizen
– Erstellung der Gesamtsteifigkeitsmatrix

– Aufstellen des Gleichungssystems mit Lastvektor und Randbedingungen
– Lösung des Gleichungssystems und Ermittlung aller Knotenverschiebungen
  (und -verdrehungen)
– Berechnung aller Dehnungen und Spannungen

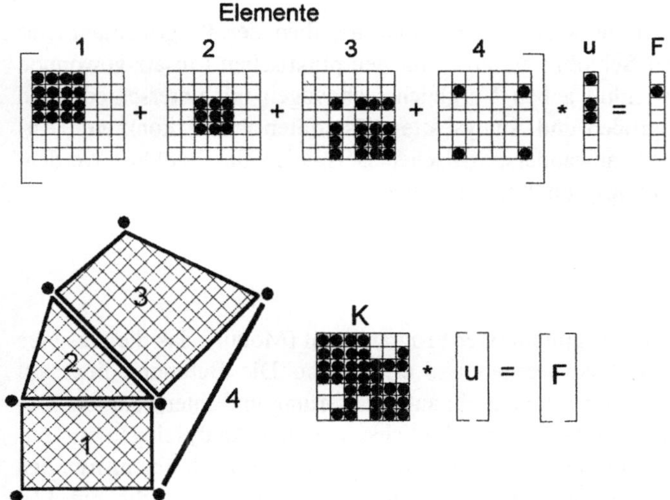

Abb. 4.2. Arbeitsweise des FE-Solvers

Weitere Berechnungen (z.B. Eigenfrequenzen, verschiedene Lastfälle, Zeitverhalten, nichtlineare Berechnungen etc.) können sich anschließen.

Zu Einzelheiten der verschiedenen Verfahren, zum Beispiel den Vor- und Nachteilen von Eliminationsverfahren oder iterativen Lösungsalgorithmen, sei auf die detaillierten Darstellungen in der theoriebezogenen FEM-Fachliteratur hingewiesen (siehe Literaturliste im Anhang, z.B. [MT93] oder [KW91]).

Die Bedeutung leistungsfähiger Solver hat durch die Bearbeitung immer komplexerer und größerer Modelle sowie die zunehmende Zahl nichtlinearer Analysen mit ihren um Größenordnungen höheren Rechenzeit- und Hauptspeicherbedarf stark zugenommen. Gerade im Hinblick auf den Einsatz automatischer Tetraedervernetzer ist die Lösungsstrategie wegen der damit zusammenhängenden Lösungsgeschwindigkeit sehr wichtig geworden. Große Volumenmodelle mit ihren riesigen Matrizen sind ohne geeignete Algorithmen nicht mehr handhabbar. Das bedeutet, daß der Solver über die *Machbarkeit* einer Analyse entscheiden kann. Große Programme bieten verschiedene Gleichungslöser an, die je nach Art und Größe des FE-Modells und des Analysetyps angewählt werden können. Dabei sind nach Herstellerangaben Unterschiede in Rechenzeit und Speicherbedarf um den Faktor 10 und mehr möglich.

Eine objektive Beurteilung der Solverqualitäten ist jedoch für den Anwender sehr schwierig. Sehr wichtige Gesichtspunkte sind:

* Elementbibliothek und Elementvielfalt
* Analysemöglichkeiten (statisch, dynamisch, transient, nichtlinear, thermisch etc.)
* Haupt- und Plattenspeicherbedarf
* Rechengeschwindigkeit

Aus den theoretischen Funktions- und Leistungsangaben der Programmanbieter können nur sehr schwer Schlußfolgerungen für den praktischen Einsatz gewonnen werden. Besseren Aufschluß geben Vergleichsrechnungen mit unterschiedlichen Elementtypen, Modellgrößen und Analysearten. Es sollten immer konkrete Testrechnungen mit eigenen, anwenderspezifischen Beispielen durchgeführt werden, da sie die beste Beurteilungsgrundlage darstellen.

4.1.3 Postprozessor

Der Postprozessor ist ein Programm oder Programmteil (Modul), das die Ausgabe und Darstellung der FE-Analyseergebnisse ermöglicht. Die Betonung liegt auf *Ausgabe* und *Darstellung* der Daten, nicht auf Auswertung und Interpretation. Der Preprozessor kann durch seine vielen Möglichkeiten den Analyseingenieur nur unterstützen. Das Programm greift auf die vom eigenen oder auch einem fremden Solver produzierten Ergebnisse zu. Die riesigen Ergebnisdateien, die ein FE-Solver liefert und die weiteren, von Solver oder Postprozessor abgeleiteten Ergebnisse, können nur mit Hilfe eines leistungsfähigen Postprozessors effektiv ausgewertet und interpretiert werden.

Das Analyseresultat besteht aus vielen verschiedenen Einzelergebnissen, die unterschiedlich dargestellt und interpretiert werden können (siehe auch Abb. 4.3).
Das häufigste Ziel der Strukturanalyse sind die Verformungs- und Spannungsberechnung. Der Schwerpunkt der Auswertung liegt wegen der großen Datenmengen auf der grafischen Ausgabe; für genauere Analysen kann natürlich auch auf die einzelnen Zahlenwerte zurückgegriffen werden.

Ein guter Postprozessor hilft bei dieser Auswertung und Ergebnisinterpretation (ähnlich wie der Preprozessor) durch:

* interaktive Arbeitsweise, gute Benutzerführung (flache Menuehierarchie, Icons etc.)
* komfortable und vielfältige Möglichkeiten der Ergebnisdarstellung und Kontrolle (auch sinnvolle Auswahlmöglichkeiten und Voreinstellungen)
* grafische und alphanumerische Kontrollanzeigen und -möglichkeiten für alle Rechenergebnisse (z.B. selektieren, Blickrichtung ändern, zoomen, skalieren, Schnitt, Animation, Pfaddarstellung, x-y-Diagramme etc.)
* Ergebnisnachbearbeitung, Verknüpfungs- und Überlagerungsmöglichkeiten
* Ergebnisgegenüberstellung in verschiedenen Fenstern
* Möglichkeit für Schwarz/Weiß- und Farbausdrucke (sogenannte *Bildschirmdumps* oder *Hardcopies*)
* Ausschreiben von Plotfiles in verschiedenen Datenformaten

<u>Kräfte und Momente</u>

- Knotenkräfte,- momente
- Reaktionskräfte, -momente
- Listen
- grafisch (Vektoren)

<u>Verschiebungen</u>

- Verformung der Gesamtstruktur
- Überlagerung mit unverformter Struktur
- Listen
- Farbdarstellung, Vektordarstellung
- Bezogen auf verschiedene Koordinatenachsen
- Animation

<u>Spannungen, Dehnungen</u>

- Isoklinen (Linien gleicher Spannung/Dehnung)
- Farbdarstellung, Vektordarstellung, Listen
- Bezogen auf verschiedene Koordinatenachsen
- Hauptspannungen
- Vergleichsspannungen nach verschiedenen Festigkeitshypothesen
- Spannungsverläufe in Bauteilschnitten
- Diagrammdarstellungen

<u>Verschiedenes</u>

- Fehlerabschätzung
- Konvergenzverhalten
- Elementverzerrung
- Eigenfrequenzen, Eigenformen
- Antwortverhalten
- Zeitverläufe (Temperatur, Last etc.)

Abb. 4.3. Analyseergebnisse (Strukturanalyse) und Auswertungsmöglichkeiten

Einige Möglichkeiten der Ergebnisdarstellung sind beispielhaft in Abbildung 4.4 gegenübergestellt.

Schwarzweißbilder sind bei der Ergebnisauswertung meistens nicht ausreichend.; viele Ergebnisse können nur durch Farbdarstellungen verdeutlicht werden. Wie in Abbildung 4.5 gezeigt, gibt es zwar Umsetzungsmöglichkeiten von Farben in ein gerastertes Graustufenbild, meist ist die Qualität jedoch schlecht, und eine genaue Zuordnung zur Legende fällt schwer.

Im Anhang dieses Buches befinden sich einige charakteristische Farbausdrucke, die die vielfältigen Möglichkeiten der Darstellung von Analyseergebnissen anhand einiger Industrieanwendungen verschiedener FE-Programme und Postprozessoren zeigen.

Die Leistungsfähigkeit des Postprozessors hat für Auswertung, Interpretation und Dokumentation von FE-Analysen eine große Bedeutung. Die Postprozessoren sind oft sehr umfangreicher Programmodule. Auf einige wichtige Eigenschaften und Funktionen wird in den nachfolgenden Abschnitten noch eingegangen.

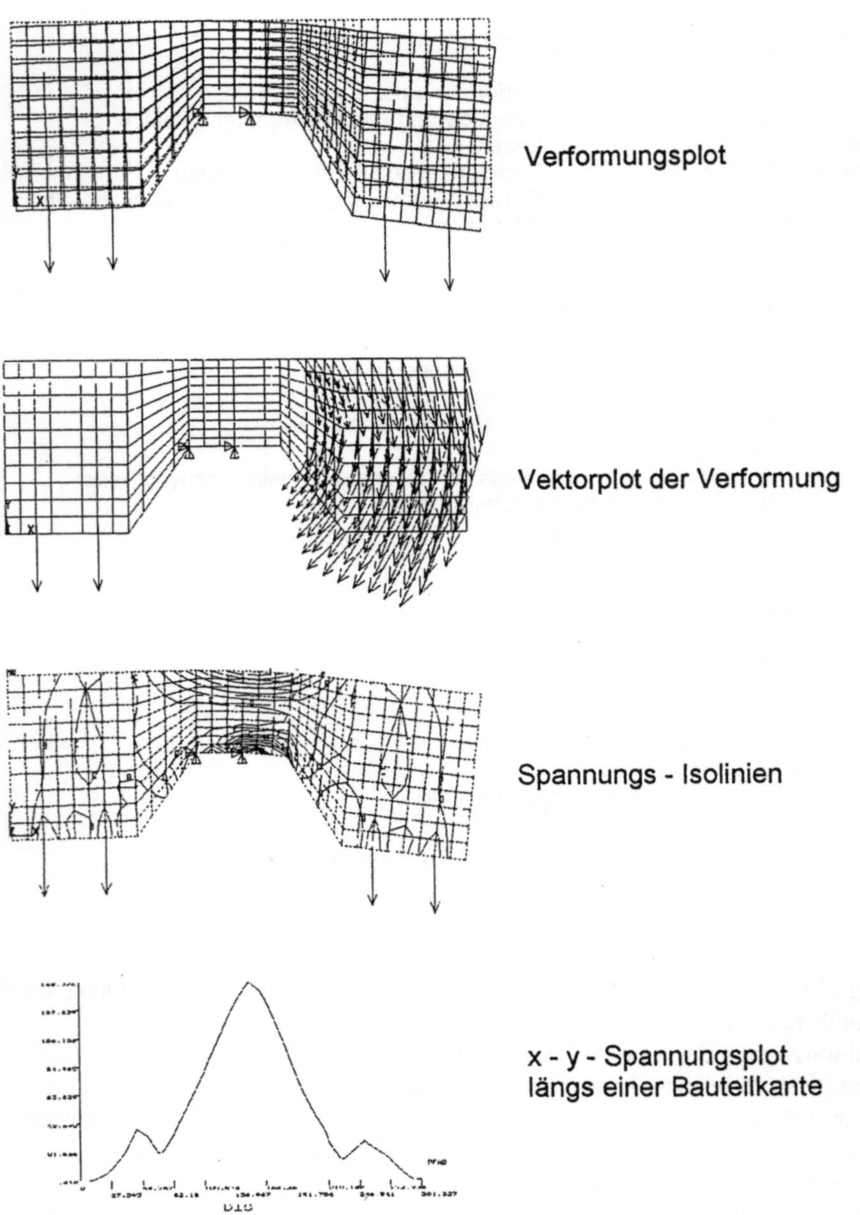

Abb. 4.4. Einige Möglichkeiten der Ergebnisdarstellung mit einem Postprozessor (2D-Modell eines Pressenoberjochs)

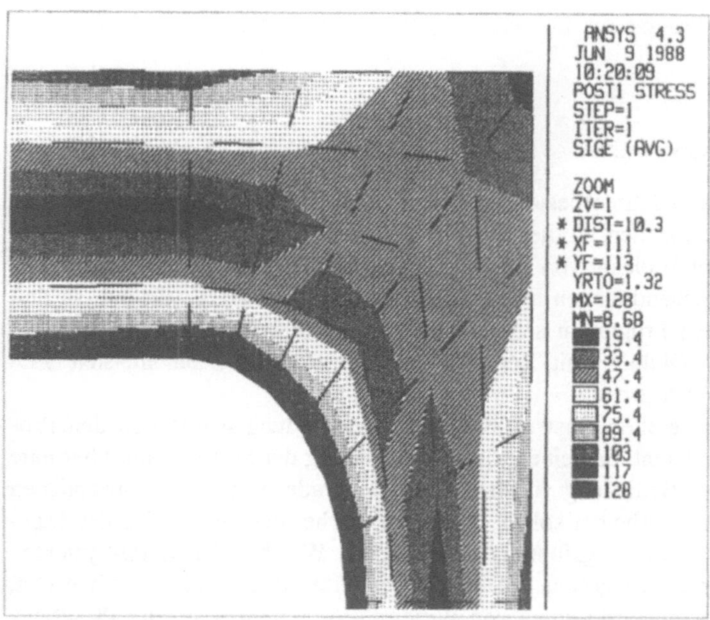

Abb. 4.5. Graustufendarstellung von Spannungen

4.2 Besondere Funktionalitäten von FE-Programmen

Die spezifischen Eigenschaften eines FE-Programms sind je nach Anwendungsfall – Branche, Produkt, Zweck des Einsatzes, Abteilung, Benutzer etc. – von unterschiedlich großer Bedeutung. So kann zum Beispiel die Möglichkeit von thermischen oder elektrischen Analysen für das eine Unternehmen sehr wichtig, für einen anderes aber nebensächlich sein. Stand noch vor einigen Jahren das eigentliche FE-Basisprogramm im Blickpunkt, so hat sich seit einiger Zeit der Schwerpunkt in Richtung Benutzungsfreundlichkeit verlagert.

In den nachfolgenden Abschnitten wird auf die aus der Sicht des Autors wichtigsten Eigenschaften von FE-Programmen eingegangen. Sie betreffen sowohl das Preprozessing, den Solver als auch das Postprozessing. Die Bedeutung der einzelnen Programmeigenschaften und -fähigkeiten hängt sehr stark davon ab, ob der jeweilige Anwender des FE-Programms *Anfänger* oder *geübter Nutzer* ist, beziehungsweise *permanent* oder nur *gelegentlich* mit dem Programm arbeitet. Ist er ein theoretisch *hochqualifizierter* Berechnungsingenieur oder eher ein *praktisch orientierter* Projektingenieur? Als Orientierungshilfe werden nachfolgend die Funktionalitäten näher erläutert, die für den normalen Berechnungs- und Entwurfsingenieur aus der mechanischen Strukturanalyse wichtig sind. Auf Sonderfunktionen, die vor allem die sehr spezialisierten Berechnungsexperten berühren, wird nur in Ausnahmefällen eingegangen. Diese Detailinformationen sollen dem Anwender helfen, selbst über die Notwendigkeit und Wichtigkeit der entsprechenden Funktionalität des FE-Programms für seine eigenen, speziellen Berechnungsaufgaben zu entscheiden.

4.2.1 Benutzungsoberfläche

Noch vor etwa zehn Jahren bestand die Benutzungsoberfläche von FE-Programmen aus Kommandozeilen, in die verschlüsselte Befehlskürzel eingetippt werden mußten. Mit dieser Vielzahl von Kommandos waren die Berechnungsspezialisten nach einer entsprechend langen und intensiven Einarbeitungszeit vertraut, so daß die Arbeit mit dem Programm sehr effektiv durchgeführt werden konnte. Diese Möglichkeit des Dialogs mit dem Rechner besteht bei den meisten FE-Programmen auch heute noch.

Im Zuge der generellen Ausweitung der FE-Anwendung wurde von den Programmanbietern erkannt, daß eine größere Verbreitung der Software nur über eine Vereinfachung der Bedienung zu erreichen ist. Gerade wenn Nicht-Spezialisten mit FE-Programmen arbeiten sollen, ist eine einfache, der Denkweise des Ingenieurs angepaßte Benutzungsführung unabdingbar. Wie bei den CAD-Systemen hat sich heute eine mausgesteuerte, dialogorientierte Arbeitsweise durchgesetzt. Auch durch die weite Verbreitung von Windows-Programmen auf der PC-Ebene geht der Trend eindeutig in diese Richtung.

Die modernsten FE-Programme arbeiten in einer X-Window-Umgebung. Das ist ein Softwarestandard, der für Arbeitsplatzrechner – *workstation* – üblich geworden ist, und der es ermöglicht, verschiedene Programme und Anwendungen in Fenstern nebeneinander zu benutzen. So kann man zum Beispiel in einem Fenster ein FE-Modell erstellen und in einem anderen Fenster eine Berechnung ablaufen lassen oder eine benötigte Datei aufrufen.

Die eigentliche Benutzungsoberfläche – *user interface* – der FE-Programme wird heute meist nach OSF (Open Software Foundation) / Motif-Standard programmiert. Wie bei allen Normen strebt man damit eine Vereinheitlichung zum Nutzen von Anwendern und Anbietern an, was aber alleine durch diesen Programmierstandard nicht erreicht wird.

Es gibt einen starker Trend zu Benutzungsoberflächen, die in ihrem Erscheinungsbild den auf PC-Ebene üblichen Windows-Programmen – wie zum Beispiel WINWORD oder EXCEL – entsprechen. Ganz grob gesehen kann man zwei Varianten unterscheiden: Die eine hat eine mit *sprachlichen Schaltflächen* ausgestattete Menueleiste, bei deren Betätigung mit der Maus *Pull-down-Menues* und Eingabefenster aufgezogen werden. In Abbildung 4.6 ist eine solche Benutzungsoberfläche zu sehen, die stark an PC-Windows-Programme erinnert.

Das relativ neue Programmsystem MECHANICA der Fa.RASNA ist im FE-Bereich Vorreiter solcher bedienerfreundlichen Menues gewesen. PATRAN der Fa.MSC ist ein weiteres gutes Beispiel. Eine Schwierigkeit liegt dabei in der Fremdsprachlichkeit der Kommandos und Erläuterungen.

Eine andere Gruppe von Anbietern stattet ihre Menueleiste mit *Icons* – also Symbolen – aus. Abbildung 4.7 zeigt den Ausschnitt der Benutzungsoberfläche einer FE-Software mit überwiegend iconisierten Bedienelementen.

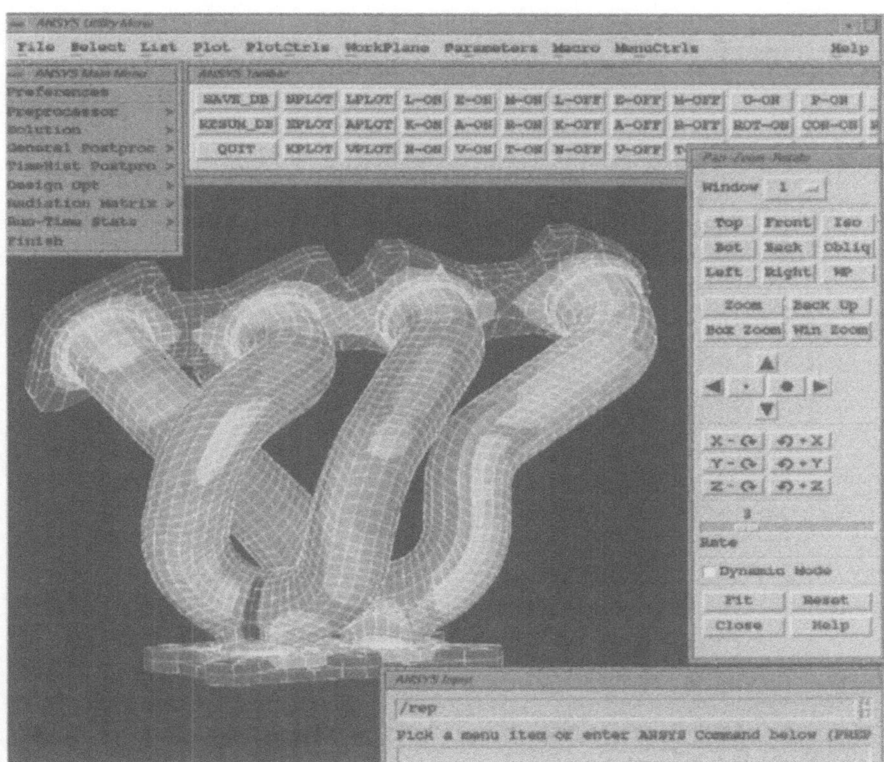

Abb. 4.6. Benutzungsoberfläche nach OSF/Motif des Programmsystems ANSYS 5.1 der Fa.ANSYS Inc., Beispielanwendung der Fa.Schmitz und Brill, Finnentrop)

Obwohl es ein unbestreitbarer Vorteil der Symbolsprache ist, daß die Programmbefehle ohne Übersetzung verständlich sind, ist es unter den Herstellern und Anwendern strittig, ob die Funktionen und Programmbefehle mehr oder weniger iconisiert werden sollten. Gut gestaltete Iconen sind zwar schneller erfaßbar, aber wegen des großen Funktionsumfangs der Programme hat die Iconisierung schnell die Grenze der Verständlichkeit erreicht. Auch hier müssen dann sprachliche Schalter und kaskadierende Fenster zum Daten- oder Kommandoeintrag vorgesehen werden.

Welche der beiden Möglichkeiten sich durchsetzen wird, läßt sich noch nicht absehen; wahrscheinlich wird es zu einer Mischung von verschiedenen Bedienelementen kommen. Die Anpreisungen der Softwarefirmen sprühen geradezu vor Ausdrücken wie *intuitive Benutzerführung, Navigator, dialog boxes, selector boxes, toolbar, push buttons, slide bars, hot keys, Akronym, undo/redo-functions,* etc. etc. Auch werden *engineering helper* oder *adviser* angeboten, die die Bedienung erleichtern sollen. Die Qualität all dieser Elemente und ihre Bedeutung für den Anwender sind sehr unterschiedlich. Nachfolgend einige Bedingungen und Funktionen, auf die man besonders achten sollte.

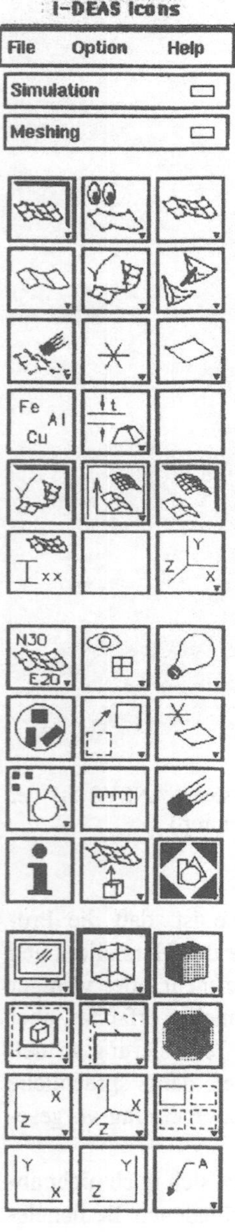

Abb. 4.7. Iconisierte Benutzungsoberfläche (Hauptmenue) des Programmsystems I-DEAS Master Series, Fa. SDRC

Wichtige Gesichtspunkte für die Beurteilung einer Benutzungsoberfläche:

– Menuestruktur entsprechend der *Denk- und Vorgehensweise des Anwenders*
  und nicht nach programmtechnischen Regeln oder den Präferenzen des Pro-
  grammierers
– *eindeutige und griffige Icons* und Schalterbezeichnungen
– Verwendung *einfacher, eindeutiger Begriffe* aus der Sprach- und Gedankenwelt
  des Anwenders
– weitgehende, sinnvolle *Voreinstellungen* (defaults) für Standardanalysen (z.B.
  für Geometrieerzeugung, Ansichten, Arbeitsebenen etc.)
– gleichwertige Eingabemöglichkeit über *Menue und Maus* und direkt über die
  Tastatur (kombinierte Eingaben am schnellsten)
– immer *gleiche Wirkung* gleicher Tastatur- und Maustasten
– immer gleiche, *logische Eingabeabfolge* (z.B.: Funktion – Option – Bestätigung), *kalkulierbare Reaktion* des Systems
– möglichst flache *Menuestruktur* (sonst Orientierungsschwierigkeiten)
– Möglichkeit der *Einheitenauswahl* (große Fehlermöglichkeit!)
– *Vorschau der Wirkung* eines Befehls vor der Ausführung (z.B. beim Selektieren)
– gut funktionierender *Undo-Befehl* (meist nur für bestimmte Aktionen realisiert)
– leicht erreichbare, *kontextsensitive Hilfefunktion* (also Erläuterungen für den
  gerade angewählten Befehl) mit grafischen Elementen
– einfache *Manipulation der Modell- und Ergebnisgrafiken* (schnelles Arbeiten
  verlangt häufige Darstellungsänderungen, wichtig: dynamisches Drehen)
– sinnvolle *Statusanzeigen* und *Systemmeldungen*
– leicht bedienbares *Informationssystem* zur Modellkontrolle (z.B. Schalendicke,
  Anzahl der Flächen, zugewiesene Elementeigenschaften etc.)
– Möglichkeit der *Befehlszusammenfassung* von sich häufig wiederholenden
  Kommandofolgen (z.B. für eine bestimmte Auswertungs- und Darstellungsart)
– einfaches *Dateimanagement* (abspeichern, anwählen aus Liste, umbenennen,
  zum Plotter schicken etc.), man sollte nicht mit dem Betriebssystem arbeiten
  müssen
– hinterlegte, vom Nutzer erweiterbare *Datenbanken* für Werkstoffe, Querschnitte
  etc.

Auch FE-Anbieter gehen dazu über, zumindest Teile ihrer Programme in deutsch
zu übersetzen. Einige Übersetzungen und übersetzte Begriffe verwirren jedoch
mehr als sie helfen, da die englischen Ausdrücke sich sehr eingebürgert haben und
die Übersetzungen oft sehr schlecht sind. Der erhebliche Aufwand für die Übersetzung der Benutzungsoberfläche, der Handbücher und weiterer Begleitmaterials
wird noch verschärft durch die kurzen *Release-Zyklen*, also die Programm-Updates, die inzwischen bei vielen Anbietern schneller als einmal pro Jahr kommen.

Da sehr viele FE-Programme mit einer englischen Benutzerführung arbeiten,
und auch sehr viel Fachliteratur in Englisch erscheint, befindet sich im Anhang des
Buches eine Liste von englischen Fachbegriffen aus dem FEM-Bereich mit der
deutschen Übersetzung.

4.2.2 Geometrieerzeugung im FE-System

Jedes Bauteil hat in der Realität eine bestimmte geometrische Gestalt. Zur Berechnung muß das der Aufgabenstellung entsprechend vereinfachte Bauteil (siehe Kapitel 3.1.2) mit seinen konkreten Abmessungen in den Rechner eingegeben werden. Zum Zweck einer FE-Analyse gibt es dazu grundsätzlich zwei Möglichkeiten: die *direkte Erzeugung*, eine singuläre oder halbautomatische Generierung von *Knoten und Elementen*, oder die *indirekte Methode* durch Erstellung einer *Trägergeometrie* mit nachfolgender halb- oder vollautomatischer *Vernetzung* (siehe Abb. 4.8). Auf die Frage der Geometrieübernahme aus CAD-Systemen wird in Kapitel 6 ausführlich eingegangen. In diesem Abschnitt werden nur die Möglichkeiten innerhalb eines FE-Systems betrachtet.

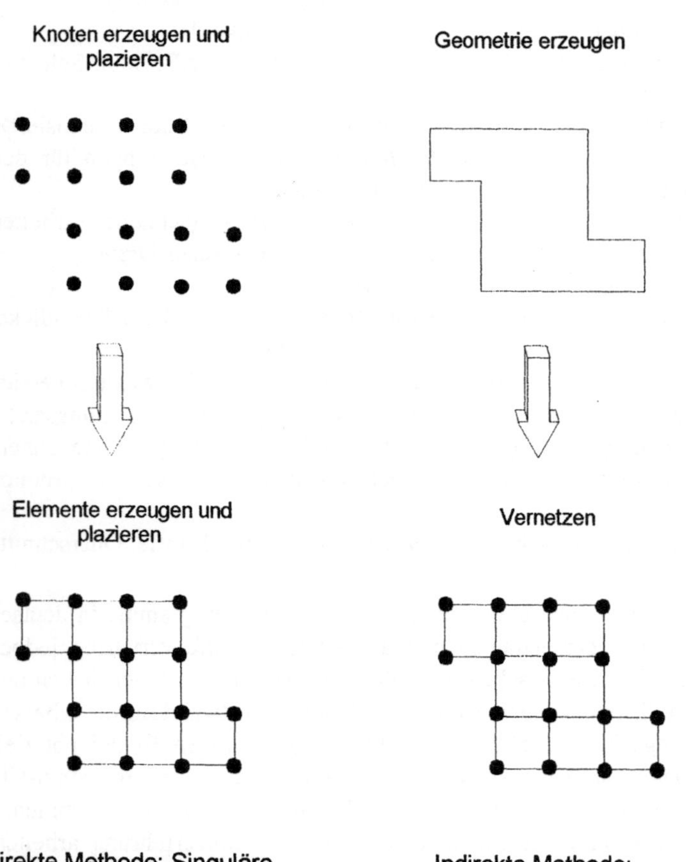

Abb. 4.8. Methoden zur Erstellung eines FE-Modells

Für sehr regelmäßige Bauteile hat die *direkte Methode* durchaus ihre Vorteile und auch heute noch eine wichtige Bedeutung. Die mit Hilfe des Preprozessors erzeugten Knoten und Elemente können sehr gleichmäßig positioniert werden, so daß gut überschaubare, regelmäßige Netze entstehen. Der große Nachteil liegt darin, daß Modelländerungen nur an Knoten und Elementen vorgenommen werden können. Man kann also zum Beispiel nicht so leicht alle Knoten einer Bauteilseite selektieren oder ein Maß ändern, da es keine Assoziativität zu geometrischen Bezugsgrößen gibt.

In der Praxis wird meist die *Methode der Erzeugung einer Trägergeometrie* mit anschließender *Vernetzung* bevorzugt, in der Fachsprache und von Programmanbietern oft als *solid modeling* bezeichnet. Zur Vervollständigung des FE-Modells müssen gegebenenfalls noch Knoten und Elemente direkt angefügt werden. Insgesamt geht der Trend eindeutig zu den automatischen Vernetzern, die eine entsprechende Trägergeometrie erfordern.

Für die Erstellung dieser Geometrie mit Hilfe des Preprozessors eines FE-Systems gibt es wiederum verschiedene Vorgehensweisen. Es handelt sich hierbei um die gleichen Möglichkeiten, die auch CAD-Systeme bieten, meist jedoch in einem etwas eingeschränkten Umfang.

Bottom-up Geometrieerzeugung

Die Methode des *bottom-up* Aufbaus bieten alle FE-Programme (siehe Abb. 4.9).

Je nach benötigter Trägergeometrie werden zuerst Punkte erzeugt, Linien zwischen Punkte gesetzt, zwischen Punkten oder Linien können Flächen oder mit Punkten, Linien oder Flächen können schrittweise Volumina erzeugt werden. Nicht immer handelt es sich bei FE-Modellen um Volumen-Geometrien. Viele Bauteile können mit Schalen oder Scheibenelementen modelliert und vernetzt werden, so daß dementsprechend nur eine Flächengeometrie – durchaus auch räumlich – benötigt wird. Es gibt je nach Preprozessorqualität sehr vielfältige Möglichkeiten für diese Art der Modellierung: Mantelflächen können durch Rotieren einer Linie erzeugt werden, Ausrundungen durch *fillets*. Volumen erzeugt man durch Extrudieren, symmetrische Teilgeometrien durch Spiegeln und Kopieren.

Bauteilgeometrie aus Punkten, Linen, Flächen und Volumen aufbauen

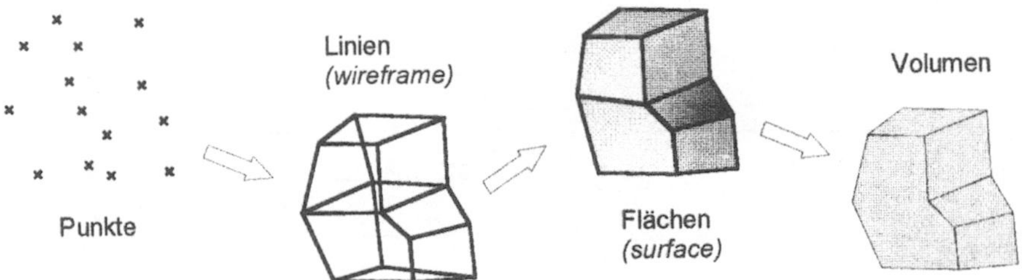

Abb. 4.9. Geometrieerstellung *bottom-up*

Oft sind mehrere Wege zur endgültigen Geometrie gangbar; die effizientesten stellen sich bei zunehmender Übung am System durch die selbst gemachten Erfahrungen ein.

Top-down Geometrieerzeugung

Die zweite Methode des *solid modeling* nennt sich *top-down*. Hierbei entsteht die endgültige Form durch die Kombination einfacher Grundkörper, sogenannter *primitives* oder *solids* (siehe Abb. 4.10).

Nicht alle Preprozessoren bieten diese Möglichkeit. Rechentechnisch ist die Methode aufwendig, denn die endgültige Gestalt muß mit Hilfe Boole'scher Operationen, d.h. geometrischer Addition, Subtraktion, Verschmelzung etc. der Grundkörper erzeugt werden. Die Methode ist besonders bei voluminösen, blockhaften Formen sehr vorteilhaft. Aber auch das *Stanzen* eines Ausschnittes in eine Fläche ist z.B. wesentlich einfacher als das Modellieren der Fläche um den Ausschnitt herum, wie man das bei der Bottom-up-Methode anwenden muß.

Gute Preprozessoren – *Hybridmodellierer* – bieten beide Möglichkeiten der Geometrieerzeugung, wobei die Kombination innerhalb eines Modells manchmal Schwierigkeiten bereiten kann. Dies hängt mit der oft unterschiedlichen mathematischen Beschreibung der Geometrieelemente zusammen. Besonders schwierig wird es bei Freiformflächen. Ein völlig problemloses Erzeugen und Kombinieren aller möglichen Geometrieelemente zu einem hochgradig hybriden Modell ist praktisch nicht möglich. Hier stoßen auch die besten Preprozessoren – wie auch die CAD-Systeme – an ihre Grenzen.

Mathematisch-programmtechnisch gibt es unterschiedliche Arten der Geometriebeschreibung und Darstellung: *NURBS* (non uniform rational B-splines) oder *B-REP* (boundary representation) sind nur zwei Beispiele für Begriffe, deren Bedeutung für die konkrete Modellierarbeit der normale Anwender nicht abschätzen kann. Da sich die Vernetzer stark auf die unterlegte Geometrie beziehen, oft auf Gegebenheiten und Datenstrukturen, die der Ersteller nicht durchschauen kann,

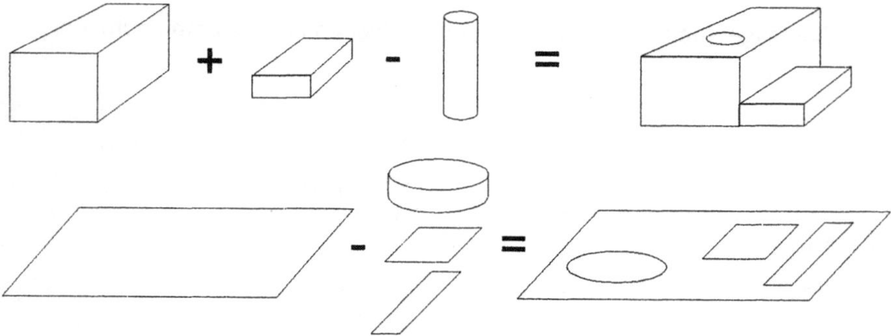

Abb. 4.10. Geometrieerstellung *top-down*

sollte man gerade bei FE-Modellen eine möglichst einfache, einheitlich aufgebaute Geometrie anstreben. Nachfolgend einige Funktionalitäten, deren Wichtigkeit natürlich von der Komplexität der konkret zu modellierenden Bauteile abhängt.

Wichtige Gesichtspunkte für die Beurteilung der Geometrieerzeugung:

- einfache *Erzeugung* von Geometrieelementen auf *unterschiedliche* Arten
- leichte *Editierbarkeit* wie trimmen, ziehen, ausrichten, kopieren, etc.
- Möglichkeit des *top-down* Designs
- *Kombination* von top-down und bottom-up Geometrien
- einfache Nutzung von *Werkzeugen* wie Arbeitsebenen, lokalen Koordinatensystemen etc.
- Möglichkeiten der Weiterbearbeitung *importierter* Geometrien

Auf die stark zunehmende Bedeutung des Imports von Geometrien wird in Kapitel 6 näher eingegangen.

4.2.3 Parametrisierung

Bei den CAD-Systemen ist das parametrische Konstruieren hochaktuell. Damit ist gemeint, daß die Maße der Konstruktion im nachhinein verändert werden können, und zwar meistens durch einfaches Überschreiben der augenblicklichen Maßzahl. Der Rechner ändert dann nicht nur das betreffende Maß, sondern alle anderen damit assoziierten Gegebenheiten: als rechte Winkel konstruierte Ecken bleiben rechtwinklig, Parallelen bleiben parallel etc. Nachteilig wirkt sich manchmal aus, daß der Konstrukteur gezwungen wird, alles zu parametrisieren, also Festlegungen zu treffen, worüber er sich normalerweise keine Gedanken zu machen braucht. Der große Vorteil ist natürlich die große Flexibilität parametrisch konstruierter Bauteile. Bei komplexen Bauteilen kann es allerdings durch die Fülle von Verknüpfungsbedingungen zu programmtechnischen Schwierigkeiten kommen.

Die Parametrisierung hat für den FEM-Anwender zwei Aspekte. Zum einen ist die parametrische Geometrie Voraussetzung für die *bidirektionale Geometriedatenübertragung* zwischen einem FE- und einem CAD-System. Bei parametrischen Optimierungen von Bauteilen – zum Beispiel der Minimierung einer Spannung im Kerbradius – kann der durch das FE-System veränderte Radius an das CAD-System zurückgegeben werden. Die praktische Anwendung dieses Vorgehens ist jedoch noch sehr eingeschränkt. Einige Erläuterungen zu Optimierungsmöglichkeiten werden in Kapitel 4.2.8 gegeben.

Wichtiger für die tägliche Arbeit ist die Möglichkeit, eine Bauteilgeometrie in der Weise parametrisieren zu können, daß anstelle fester Koordinaten, Materialdaten oder sonstiger Angaben *Variablen* verwendet werden können. Das heißt, daß zum Beispiel ein Kreis nicht mit 20 mm Radius fest definiert wird, sondern mit der Größe R, wobei dieser Variablen ein Wert zugewiesen werden kann. Oder die Elementgröße wird nicht mit 10 mm Kantenlänge fest eingegeben, sondern als Variable definiert, der dann nach Wunsch ein entsprechender Zahlenwert zugewiesen werden kann.

Ein kleines Beispiel aus dem FE-Programm ANSYS soll erläutern, wie eine solche Parametrisierung aussehen kann. Zur Erzeugung einer viereckigen Fläche benötigt man vier *keypoints*, die mit ihrer Nummer und ihren Raumkoordinaten x, y, z definiert werden, also z.B.:

```
K,1,0,0,0
K,2,100,0,0
K,3,100,50,0
K,4,0,50,0
A,1,2,3,4
```
        erzeugt dann eine Rechteckfläche zwischen den Keypoints 1, 2, 3 und 4 mit der Breite 100 und der Höhe 50.

Parametrisiert könnte die Eingabe folgendermaßen aussehen:

```
B = 100
H = 50
K,1,0,0,0
K,2,B,0,0
K,3,B,H,0
K,4,0,H,0
A,1,2,3,4
```

Es entstünde das gleiche Rechteck. Soll aber ein neues oder anderes Modell mit der Breite 500 und der Höhe 20 erzeugt werden, genügt es, den Variablen B und H neue Werte zuzuweisen:

```
B = 500
H = 20
```

und die restliche Befehlsfolge noch einmal ablaufen zu lassen. Über einfache mathematische Funktionen können auch Verknüpfungen zwischen den Variablen hergestellt werden, z.B. H = B/3. Auf diese Art und Weise können gleichartige Bauteile sehr leicht generiert und variiert werden.

Eine spezielle Form der Parametrisierung stellt die sogenannte *Sensitivity Studie* dar. Einige FE-Programme erlauben es, mehr oder weniger automatisch, mehrere Geometrievarianten nacheinander durchzurechnen. Damit kann man zum Beispiel den Einfluß einer schrittweisen Bohrungsvergrößerung auf die Spannung analysieren (siehe auch Kapitel 4.2.10, Abb. 4.33). Weitere Einzelheiten zu dieser Methode werden in dem Abschnitt über die verschiedenen Analyseoptionen beschrieben.

Die Möglichkeiten der Parametrisierung, oben nur an einem sehr einfachen Beispiel gezeigt, sind je nach FE-Programm sehr unterschiedlich und vielfältig. Vor allem in Verbindung mit der Makrotechnik – darauf wird später noch eingegangen – kann diese Funktionalität für den Nutzer eines FE-Programms sehr wichtig sein.

4.2.4 Vernetzung

Einer der wichtigsten Arbeitsschritte beim Aufbau eines FE-Modells ist die Diskretisierung der eigentlich kontinuierlichen Bauteilgeometrie durch Finite Elemente. Die Güte dieser Diskretisierung, das heißt die geometrie- und beanspruchungsgerechte *Vernetzung* des Teils, ist entscheidend für die Qualität und Zuverlässigkeit der Berechnungsergebnisse. Elementtyp, -form, -größe und -verteilung hängen voneinander ab und beeinflussen in unterschiedlichster Weise die Analyse. In den folgenden Abschnitten wird auf die wichtigsten Faktoren und Gegebenheiten wie Elementtypen, Netzgeneratoren, Netzverfeinerung und die damit zusammenhängenden Probleme eingegangen.

4.2.4.1 Elemente

Welcher Elementtyp ist für den Aufbau eines konkreten FE-Modells am besten geeignet? Diese Festlegung bestimmt weitgehend die Genauigkeit und Schnelligkeit der Analyse und ist von der Problemstellung und der Gestalt des Bauteils abhängig. Die großen *multi-purpose* Programme stellen viele verschiedene Elementtypen für die unterschiedlichen FE-Analysen zu Verfügung:

— Elemente für statische und dynamische Strukturanalysen
— thermische Elemente
— elektromagnetische Elemente
— Fluidelemente
— gekoppelte Elemente
— Sonderelemente

Je nach Umfang und Anwendungsschwerpunkt des jeweiligen FE-Programms haben die Elemente nur die üblichen Standardansätze, oder sie sind mit besonderen *features* – das sind spezielle Eigenschaften – ausgestattet. Auf den mathematisch-theoretischen Hintergrund für die Formulierung der Ansatzfunktionen der Elementtypen wird hier nicht eingegangen. Dazu sei auf die FEM-Fachliteratur verwiesen (siehe Literaturliste im Anhang, z.B. [Zi84] und [Ba86]). Die folgenden Erläuterungen beschränken sich auf die anwendungsspezifischen Aspekte mit Schwerpunkt auf den strukturmechanischen Aufgaben.

Elemente für statische und dynamische Strukturanalysen

Da jedes Bauteil in Wirklichkeit dreidimensional ist und sich im dreidimensionalen Raum befindet, könnte man theoretisch jede Struktur mit Volumenelementen abbilden. Wie schon in den vorigen Abschnitten erläutert, ist dieses Vorgehen wegen hard- und softwareseitiger Begrenzungen nicht möglich. Deshalb gibt es, je nach geometrischer Ausprägung des Modells, für die mechanische Strukturanalyse drei Grundklassen von Elementen: *Linienelemente, Flächenelemente* und *Volumenelemente*. Diese drei Klassen beinhalten wiederum mehrere, für die FE-Analyse sehr wichtige Varianten. Beim Linienelement sind das der Stab und der Balken, beim Flächenelement die Scheibe oder Membran und die Schale oder Platte (siehe Abb. 4.11).
Der Unterschied zwischen einem Stab und einem Balken besteht darin, daß ein Stab – englisch *spar, rod* oder *truss* – nur Längskräfte aufnehmen und übertragen kann. Eine Sonderform des Stabelementes kann nur Zug- oder nur Druckkräfte

Linienelemente: Stab   Balken

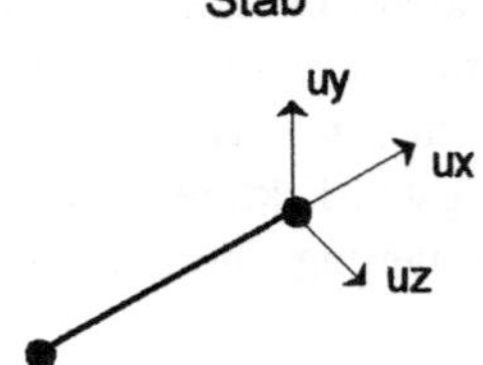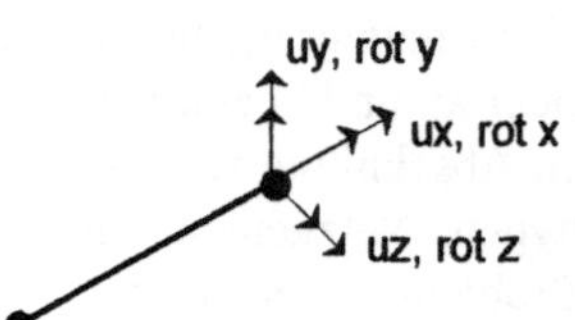

Knoten-Freiheitsgrade: Knoten-Freiheitsgrade:
nur Verschiebungen   Verschiebungen und
                                 Verdrehungen

Flächenelemente: Scheibe (= Membran)   Platte / Schale

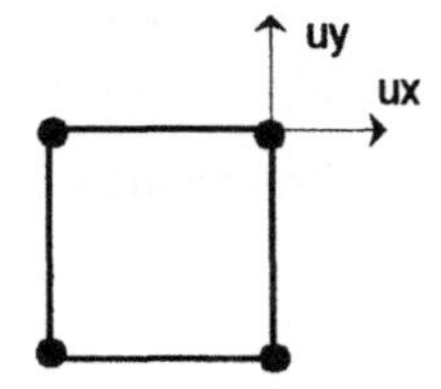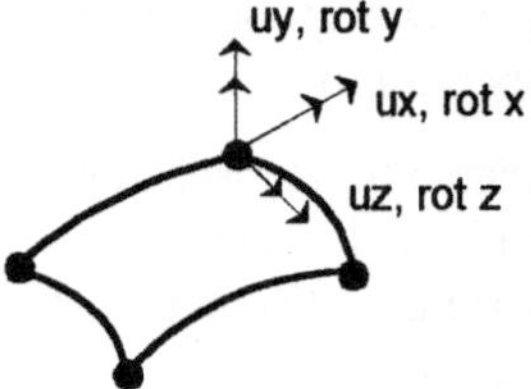

Knoten-Freiheitsgrade: Knoten-Freiheitsgrade:
nur Verschiebungen   Verschiebungen und
in der Scheibenebene   Verdrehungen

Volumenelemente:

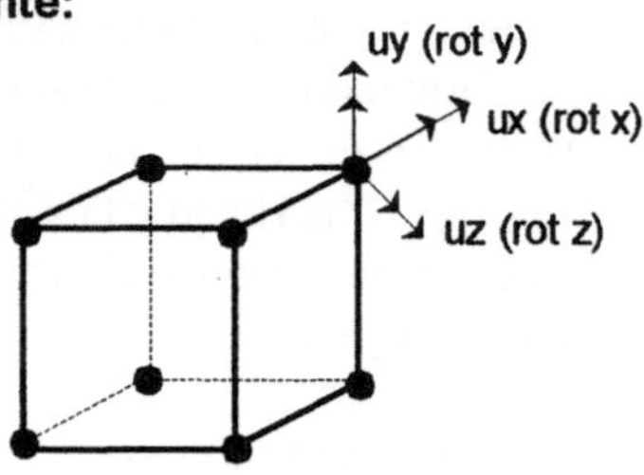

Knoten-Freiheitsgrade:
Verschiebungen
(und Verdrehungen)

Abb. 4.11. Elementklassen

aufnehmen und wirkt dann zum Beispiel wie ein Seil. Ein Balkenelement – englisch *beam* – kann dagegen auch Querkräfte und Biegemomente übertragen. In der FE-Terminologie heißt das: Die Knoten eines Stabes haben nur *translatorische Freiheitsgrade*, die Balkenknoten haben auch *rotatorische Freiheitsgrade*. Ein Balkenende kann man also zum Beispiel fest einspannen, ein Stabende nicht, es ist immer gelenkig gelagert!

FE-Modelle nur aus *Stäben* sind in der Praxis relativ selten. Sie eignen sich aber gut für Fachwerke (gitterartige Konstruktionen, Kräne, Masten etc.) oder auch für stark vereinfachende Auslegungsberechnungen. Außerdem werden Stäbe bei

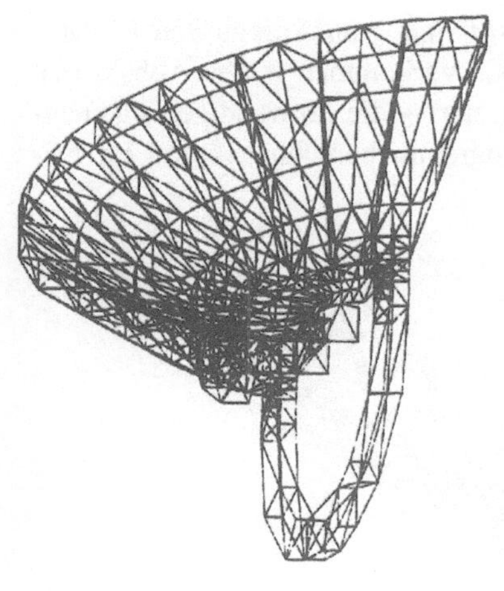

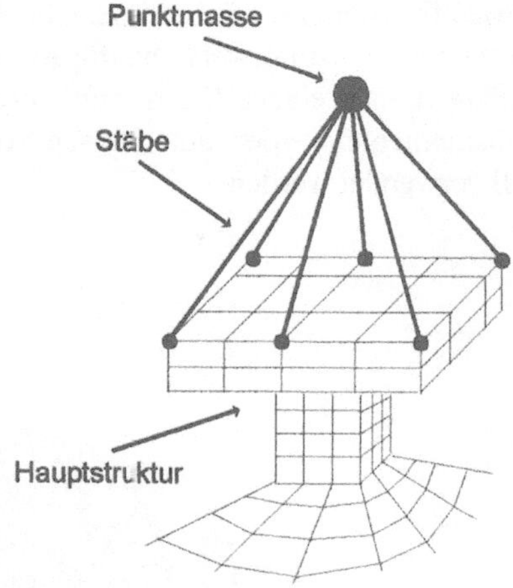

FE-Halbmodell eines Radioteleskops
(FE-Programm ANTRAS)

Simulation einer Masse durch
Anbindung einer Punktmasse mit
Stabelementen

Abb. 4.12. Verwendung von Stabelementen

Schalen- oder Volumenmodellen eingesetzt, um Bereiche, die nicht im einzelnen interessieren, nachzubilden oder Verbindungen herzustellen (siehe Abb. 4.12).

Den Elementtyp *Balken* gibt es in vielen Sonderformen: veränderlicher Querschnitt, unsymmetrisch-außermittig, dünnwandig, gekrümmt oder sogar schon vordefiniert mit Standardquerschnittsformen wie U- oder T-Profilen (siehe Abb. 4.13).

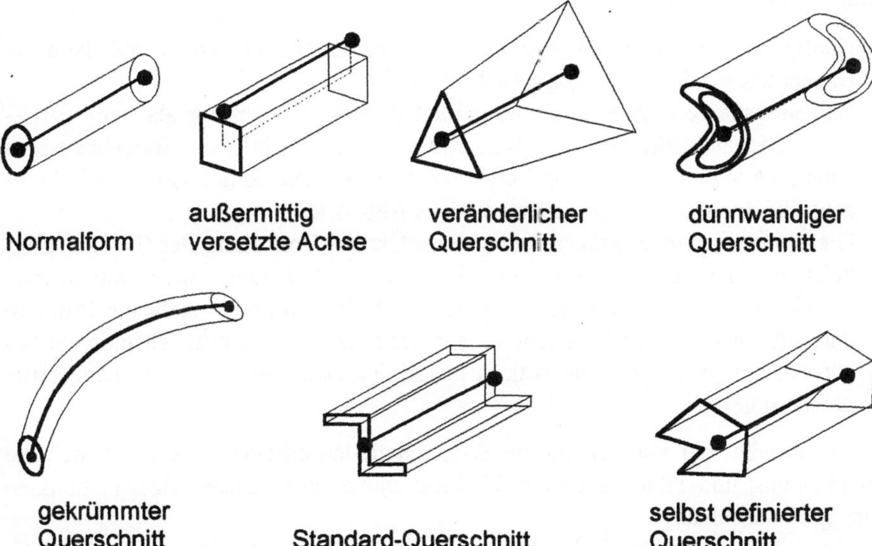

Abb. 4.13. Balken-Elemente

Einige FE-Programme haben spezielle *Beam-Module* zum Aufbau von FE-Modellen, wie sie beispielsweise häufig im Stahlbau vorkommen (siehe Abb. 4.14). Dort können auch eigene Querschnittsformen kreiert – die notwendigen Flächenträgheitsmomente werden automatisch vom Programm berechnet – und im FE-Modell verwendet werden.

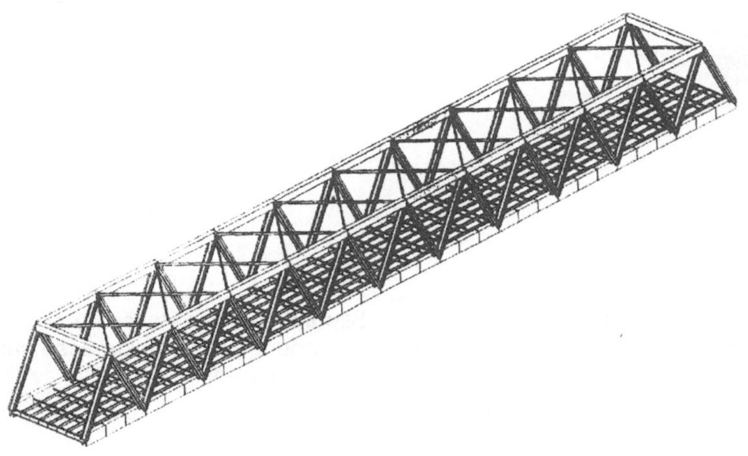

Abb. 4.14. FE-Modell einer Brücke aus Balkenelementen (Beispiel des FE-Programms ANTRAS)

Obwohl FE-Modelle aus Balkenelementen einfach zu modellieren sind, gibt es einige fehlerträchtige Bereiche:

- Häufig müssen die *Flächenträgheitsmomente* separat berechnet und dann als Elementeigenschaften eingegeben werden.
- Balkenelemente werden in der Regel auf dem Bildschirm nur als Linie dargestellt. Die *Orientierung des Querschnitts* – sehr wichtig bei Biegebeanspruchung – kann nicht immer optisch kontrolliert werden, so daß Quer- und Hochachse leicht vertauscht sein können (siehe Abb. 4.15).
- Die *Torsionsspannungsberechnung* erfordert die Ermittlung des Torsionsträgheitsmomentes. Dessen Berechnung ist bei unregelmäßigen Querschnittsformen schwierig. Auch die Berücksichtigung der Wölbkrafttorsion stellt ein Problem dar. Oft wird von den Programmen nur das polare Flächenträgheitsmoment bestimmt, das jedoch nur für exakt kreisförmige Balkenquerschnitte richtige Ergebnisse liefert!

Ein Anwender, der vorwiegend mit Balkenmodellen arbeiten will, sollte sich die Handhabung und Fähigkeiten der FE-Programme unter diesen Gesichtspunkten sehr genau anschauen.

In der industriellen Praxis kommen sehr oft Teile und Geräte vor, die relativ dünnwandig sind. Autokarosserien werden aus Blechen gefertigt, tragende Struktu-

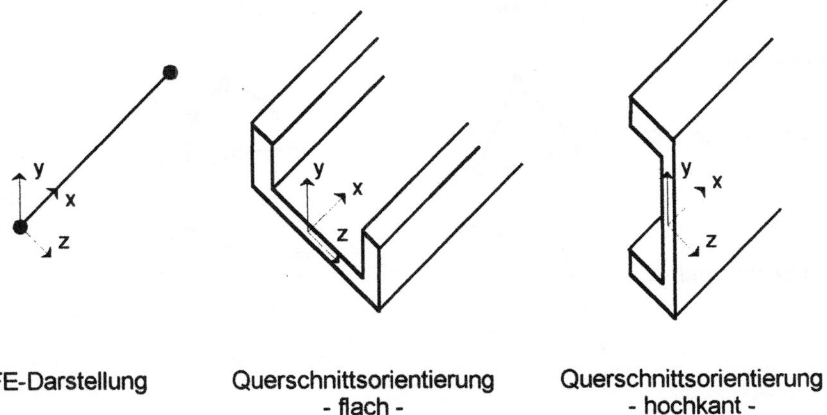

Abb. 4.15. Querschnittsorientierung bei Balkenelementen

ren im Flugzeugbau werden in Integralbauweise gefräst, Massenteile für die Konsumgüterindustrie werden durch Spritzgießen oder aus Druckguß hergestellt. Die Teile haben oft größere Bereiche mit gleichen Wandstärken. Solche Formen eignen sich gut, um für die Berechnung über ein Flächenmodell in ein FE-Modell aus *Scheiben* oder *Schalen* umgesetzt zu werden. Scheibenelemente – auch Membranelemente genannt – können dabei, analog zu den Stäben, nur Kräfte in der Scheibenebene aufnehmen und sind deshalb nur eingeschränkt und für spezielle Analysen geeignet. Schalen – englisch *shell* – mit sechs Freiheitsgraden pro Knoten sind universell einsetzbar und werden sehr häufig zum Aufbau von FE-Modellen benutzt; ebene Schalen nennt man Platten. Vor allem dünnwandige, druck- und biegebelastete Teile können oft sehr vorteilhaft mit Schalenelementen modelliert und analysiert werden, ohne daß die aufwendigere Volumenmodellierung nötig wäre.

Übliche Ausführungsformen sind *lineare* und *quadratische Dreieck-* und *Viereckelemente* (siehe Abb. 4.16). Quadratische Elemente sind nicht etwa quadratisch geformt, sondern haben eine quadratische – man sagt auch parabolische – Ansatzfunktion. Auf den Elementkanten sitzen Zwischenknoten (Mittenknoten) und die Kante selbst kann gekrümmt sein. Es gibt auch FE-Programme, die kubische Elemente – also zwei Zwischenknoten pro Elementkante – anbieten.

FE-Modelle sollten mit möglichst regelmäßigen Viereckelementen vernetzt werden. Erfahrungsgemäß liefern Dreieckelemente bei gleicher Netzfeinheit schlechtere Ergebnisse. Leider sind nicht alle Flächenformen für eine regelmäßige Vernetzung mit Viereckelementen – *mapped meshing* – geeignet. Auch die Bauteilgeometrie spielt für die Wahl der Elementform eine Rolle. Die Verwendung von linearen oder quadratischen Elementen hängt von der gewünschten Genauigkeit ab und muß die Netzfeinheit und den Speicher- und Rechenzeitbedarf berücksichtigen. Beim Einsatz von Schalen- und Plattenelementen sollte man folgende Grundregeln beachten:

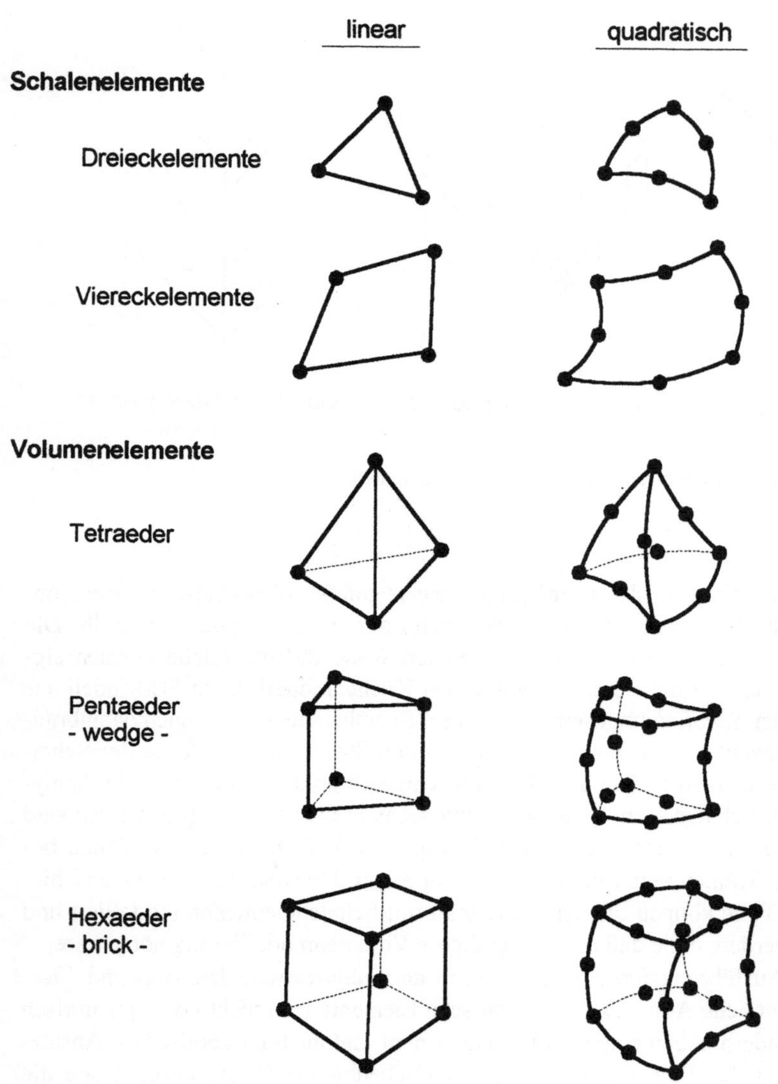

Abb. 4.16. Gängige Elementformen und -typen bei Schalen- und Volumenelementen

- *Viereckelemente* liefern genauere Ergebnisse als Dreieckelemente.
- Die *Vernetzungszeit* ist für Viereckelemente kürzer als für Dreieckelemente.
- *Quadratische Elemente* liefern genauere Ergebnisse als lineare Elemente. Man kann das auch anders ausdrücken: Lineare Elemente erfordern bei gleicher Genauigkeit feinere Netze, also mehr Elemente.
- *Runde Formen* kann man besser mit quadratischen Elementen annähern; bei linearen Elementen wird ein Bogen immer geradlinig facettiert.
- *Quadratische Elemente* erfordern mehr Rechenzeit als lineare Elemente.

– Schalenelemente liefern nur dann gute Ergebnisse, wenn bei der Vernetzung folgende Bedingungen eingehalten werden:

* Alle *Elementkantenlängen* etwa gleich groß (Verhältnis nicht kleiner als 1:2 bis 3)
* *Elementlänge* bzw. -breite viel größer als die Schalendicke (Verhältnis nicht kleiner als 5:1)
* *Verbiegung* (warping) der Schalenelemente nicht zu groß. Der vierte Eckknoten sollte nicht zu stark aus der Ebene der drei anderen herausragen.

Natürlich ist es schwierig alle diese Bedingungen, die in den theoretischen Elementansätzen begründet sind, einzuhalten. Bei einfachen Bauteilgeometrien sind regelmäßige Netze sowohl von Hand als auch automatisch gut generierbar. Schwierige Formen verlangen dagegen immer Kompromisse zwischen der Netzfeinheit, den Genauigkeitsanforderungen, dem Aufwand zur Modellerstellung und der Rechenzeit.

Bei Schalenelementen gibt es eine Fülle von *Sonderformen*, die man für spezielle Berechnungen benötigt und einsetzen kann: Achsensymmetrische Elemente für rotationssymmetrische Bauteile – auch *harmonisch* genannt –, Schalen mit hyperelastischen oder viskoplastischen Eigenschaften, laminierte Schalenelemente zur Abbildung von Strukturen aus faserverstärkten Kunststoffen und andere mehr, auf die hier nicht näher eingegangen werden soll.

Volumenmodelle stellen die aufwendigste Form von FE-Modellen dar. Kompakte und unregelmäßig geformte Teile können aber meist nur so aufgebaut werden. Das meiste, was oben über die Schalenelemente gesagt wurde, gilt analog auch für die dann zu verwendenden *Volumenelemente*. Die genauesten Ergebnisse liefern die sogenannten *bricks* (siehe Abb. 4.16). Leider sind, wie bei den Flächen, nicht alle Volumenformen für eine regelmäßige Vernetzung mit Brick-Elementen – *mapped meshing* – geeignet. Genauigkeitssteigerungen kann man wieder durch die Verwendung von quadratischen Elementen mit Mittenknoten erreichen. Da die Anzahl der Knoten bei Volumenelementen sehr viel größer ist als bei Schalenelementen, wachsen die erforderliche Rechenzeit und der Speicherbedarf sehr stark an. Ein quadratisches Viereck-Schalenelement hat zum Beispiel 8 Knoten, ein quadratisches Brick-Element dagegen 20! Man kann diesen Nachteil etwas mildern, indem man Volumenelemente benutzt, deren Knoten nur die drei translatorischen Freiheitsgrade besitzen. FE-Programme bieten diese Elemente meist als Standard-Volumenelemente an. Die Vernachlässigung der Knotenverdrehfreiheitsgrade hat bei Volumenmodellen erfahrungsgemäß keine so große Auswirkung. Bei der Verwendung von Volumenelementen sollte man folgende Grundregeln beachten:

– *Volumenmodelle* sind *sehr aufwendig* was Vernetzung, Rechenzeit und Speicherbedarf betrifft. Wenn möglich, sind sie durch Schalen- oder Balkenmodelle zu ersetzen. Vor allem die notwendige feine Vernetzung in Bereichen hoher Spannungsgradienten oder kleiner Wandstärken führt schnell zu riesigen Modellen.

- Die Möglichkeiten der *Symmetrie* (Halb- oder Viertelmodell) und der achsensymmetrischen Modellierung sollten verstärkt genutzt werden (Reduzierung von 3D auf 2D).
- *Brick-Elemente* liefern genauere Ergebnisse als Wedge- oder Tetraederelemente. Die Vernetzung bzw. die Vorbereitung des Bauteils zur regelmäßigen Vernetzung ist aber oft sehr zeitaufwendig und manchmal überhaupt nicht möglich.
- Mit *Tetraederelementen* lassen sich zwar sehr komplexe Formen vernetzen, die Ergebnisse sind aber genau zu überprüfen.
- Die *Vernetzungszeit* ist für Brick- und Wedge-Elemente kürzer als für Tetraederelemente.
- *Quadratische Elemente* liefern genauere Ergebnisse als lineare Elemente. Die Rechenzeit steigt aber erheblich an!
- *Runde Formen* kann man besser mit quadratischen Elementen annähern; bei linearen Elementen wird eine gekrümmte Fläche immer gradflächig facettiert.
- Volumenelemente mit je drei *Knotenfreiheitsgraden* sind oft ausreichend genau.
- Volumenelemente liefern nur dann gute Ergebnisse, wenn bei der Vernetzung folgende Bedingungen eingehalten werden:
  * Alle *Elementkantenlängen* etwa gleich groß (Verhältnis nicht kleiner als 1:2 bis 3)
  * *Verzerrung* der Volumenelemente nicht zu groß. Die Eckknoten sollten nicht zu stark aus der Würfelform herausragen.

Die obigen Aussagen und Empfehlungen sind eine grobe Richtschnur, die aus den Erfahrungen im Umgang mit FE-Modellen und Analysen herrührt. Sie sind nicht immer und in jedem Fall richtig. Je nach Modellgeometrie kann zum Beispiel auch eine Dreiecksvernetzung einmal bessere Ergebnisse als eine Viereckvernetzung liefern. In Farbtafel 13 im Anhang sind Analyseergebnisse von Brick- und Tetraedervernetzung gegenübergestellt, wobei in diesem Fall die Qualität beider Elementtypen sehr ähnlich ist. Man sollte also vorsichtig bei einer zu starken Verallgemeinerung obiger Aussagen sein.

Viele Bauteile erfordern die Verwendung mehrerer Elementtypen – häufig Volumen- und Schalenelemente oder auch Balkenelemente – in einem FE-Modell, wobei besonders auf die strukturmäßig richtige Kopplung der Elemente geachtet werden muß (siehe als Beispiel das Spiegelteleskop auf Farbtafel 11 und die Elektronenkanone auf Farbtafel 12 im Anhang). Volumen- und Schalenelemente haben meist unterschiedliche Knotenfreiheitsgrade!

Neben den bisher beschriebenen Elementtypen gibt es für strukturmechanische Analysen noch eine ganze Reihe von *Sonderelementen*. Dazu gehören zum Beispiel Gelenkelemente, lineare und nicht-lineare Federn, Feder-Dämpfer-Kombinationen, Oberflächenelemente, Spaltelemente (gaps), eindimensionale Massenelemente, gekoppelte Elemente und weitere mehr.

Viele der beschriebenen Elemente sind bei den großen FE-Programmpaketen mit speziellen Eigenschaften ausgestattet. Das betrifft vor allem ihre Verwendung für nichtlineare Berechnungen, womit dann zum Beispiel das Bauteilverhalten bei großen Verformungen oder im plastischen Bereich simuliert werden kann.

Elemente für thermische Analysen

Für die Durchführung thermischer Analysen bieten die meisten FE-Programme
eine kleine Anzahl von Elementen zum Aufbau der Struktur an. Das sind Stäbe,
Platten und Volumenelemente sowie spezielle Elemente, die Strahlung und Wär-
mekapazitäten simulieren. Mit diesen Elementen kann man Aufgabenstellungen
aus dem Bereich der Wärmeleitung, des Wärmeübergangs und der Wärmestrah-
lung bearbeiten. Auch zeitabhängige Wärmeflußanalysen, nichtlineare Vorgänge
und Sonderfälle wie Phasenwechsel sind mit einigen Elementtypen und Programmen darstellbar.

Eine besondere Bedeutung kommt der gekoppelten thermisch-strukturellen
Analyse zu. Wie wirken sich Temperaturdehnungen spannungsmäßig auf das
Bauteil aus? Wärmespannungen beim Schweißen, Bimetallanwendungen und ähnliche Problemstellungen können mit speziell dafür gedachten Elementen, die sowohl Temperatur- als auch Verschiebungsfreiheitsgrade besitzen, analysiert werden.

Sonstige Elemente

Für alle im Kapitel 2 angesprochenen Anwendungsgebiete der Finite Elemente
Methode wurden entsprechende Elemente entwickelt, mit denen man das Verhalten einer Struktur so realitätsnah wie möglich nachzubilden versucht. So gibt es
Elemente für elektromagnetische Feldberechnungen, Fluidelemente für die Strömungssimulation, Elemente für Akustikberechnungen und viele andere mehr. Es
würde den Rahmen dieses Buches sprengen, darauf näher einzugehen. Detaillierte
Informationen hierzu kann man am besten von den Anbietern der großen Programmpakete erhalten.

4.2.4.2 Netzgeneratoren

Wie schon mehrfach erwähnt, steckt in der Modellierung des Bauteils der größte
Arbeitsaufwand bei einer FE-Analyse. Ein beträchtlicher Teil dieses Modellierauf-
wandes wird für die Erzeugung des Elementnetzes benötigt. Deshalb ist es nicht
verwunderlich, daß den automatischen Netzgeneratoren der FE-Programme eine
große Bedeutung zukommt. Diese Netzgeneratoren können automatisch Knoten
auf Flächen und in Volumina positionieren, zwischen denen dann die Elemente
plaziert werden. Die Qualität der Vernetzer zeigt sich daran, inwieweit sie in der
Lage sind, möglichst gleichmäßige Netze aufzubauen. Gleichzeitig müssen die
Vorgaben berücksichtigt werden, die der Berechnungsingenieur aufgrund seiner
Erfahrung angibt. Regionen von größerem Interesse und Partien mit großen Span-
nungsunterschieden müssen feiner vernetzt werden als der Rest des Bauteils. In der
Abbildung 4.17 wurde dasselbe Volumenmodell eines Rohrabzweigs einmal grob
mit etwa 200 Elementen und einmal fein mit ca. 12.000 Elementen vernetzt. Das
erste Modell liefert nur eine grobe Aussage über die Verformungen, die Spannungsberechnung ist unzureichend. Das fein vernetzte Modell liefert für den größten Teil des Modells recht gute Spannungsergebnisse, so zum Beispiel auch für die

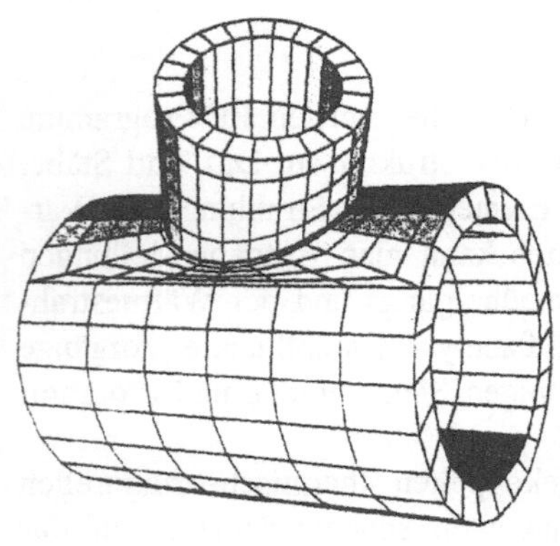

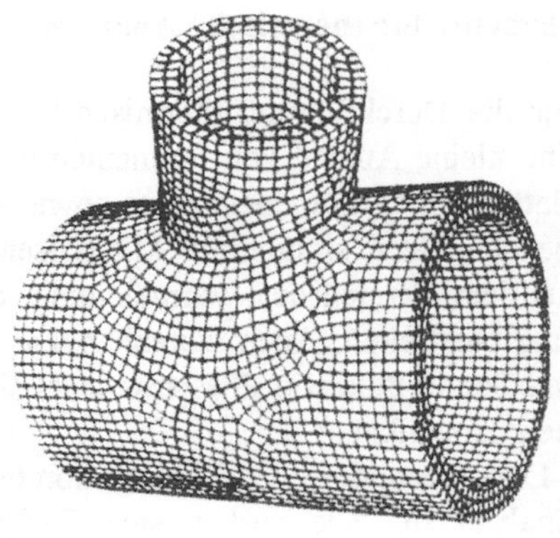

Abb. 4.17. Grobe und feine Vernetzung eines Volumenmodells (Beispiele aus Programmsystem ALGOR)

Spannungsverteilung in der Wand. Die Spannungsberechnung im Übergangsbereich der beiden Rohre wird jedoch auch bei dieser Vernetzungsfeinheit noch relativ ungenau sein. Hier wäre eine weitere Verfeinerung oder auch die Verwendung von quadratischen Elementen notwendig.

An dem grob vernetzten Beispiel in Abbildung 4.17 ist auch sehr gut erkennen, wie man vorgeht, um möglichst gleichmäßige Netze zu erhalten. Es wird nicht das Gesamtvolumen auf einmal vernetzt, sondern das gesamte Modell wird in Teilvolumina aufgeteilt, die nacheinander – dann eventuell mit unterschiedlichen Vorgaben – vernetzt werden. Sehr gut ist dies auch in Abbildung 4.18 bei der reinen *Brick*-Vernetzung zu sehen (siehe auch Farbtafel 12 im Anhang). Eine solche Vernetzungsqualität kann man nicht durch eine vollautomatische Vernetzung des Gesamtvolumens erreichen.

Die meisten Volumenvernetzer sind in der Lage, auch komplexe Formen relativ gleichmäßig zu vernetzen. Man nennt das *free meshing*, wobei aber nur Tetraederelemente mit ihrer relativ schlechten Rechengenauigkeit benutzt werden können (siehe Abb. 4.18). Eine regelmäßige Vernetzung mit Brick- und Wedge-Elementen – *mapped meshing* genannt – ist meist nur bei würfelähnlichen Teilvolumen mit fünf oder sechs Begrenzungsflächen möglich. Liegen mehr Begrenzungsflächen vor, wird automatisch mit Tetraedern vernetzt.

Die halb- oder vollautomatische Vernetzung hat eine so große Bedeutung erreicht, daß es inzwischen separate Anbieter von Netzgeneratoren für Flächen- und Volumenmodelle gibt, die mit dem Preprozessor eines anderen FE-Programms gekoppelt werden können (HYPERMESH, MERLIN, ISAGEN, SYSMESH etc.). Man sollte solche Lösungen aber sehr genau testen [Na95], da erfahrungsgemäß keine Schnittstelle völlig reibungslos funktioniert.

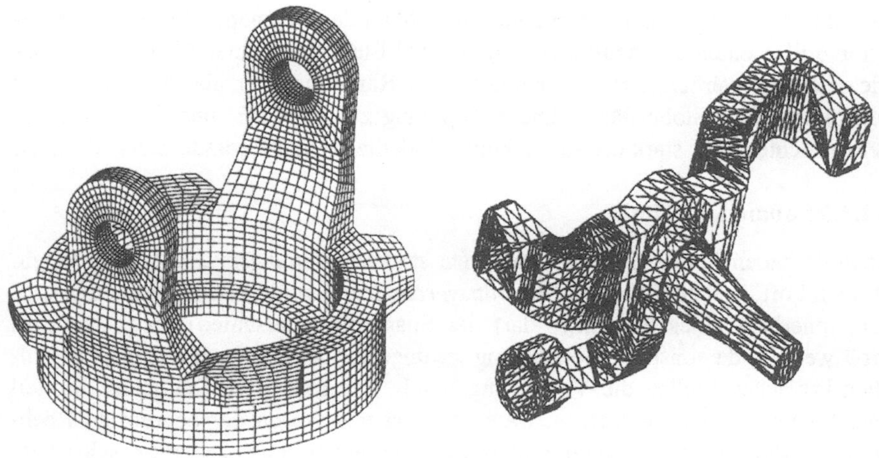

Abb. 4.18. Beispiele für *mapped* und *free meshing*

Auch CAD-Systeme bieten inzwischen eigene Netzgeneratoren an, damit der Konstrukteur FE-Analysen mit seinem gewohnten CAD-System durchführen kann (näheres dazu siehe Kapitel 6, besonders 6.3). Ein Beispiel – Netzgenerator Pro/MESH im CAD-System Pro/ENGINEER der Fa.PTC – zeigt Farbtafel 14 im Anhang.

Einige moderne Netzgeneratoren sind in der Lage, eine Mischung aus Tetraedern, Wedges und Bricks zu generieren. Wieder andere Programme bieten Optionen an, mit denen ein vorhandenes Volumen in Teilvolumen – *partitions* – aufgeteilt werden kann. Einige wichtige Aspekte der Leistungsfähigkeit von Netzgeneratoren sind nachfolgend aufgelistet:

– Einfache *globale* und *lokale* Steuerung der Netzfeinheit.
– Automatische *Netzverfeinerung* in stark gekrümmten Bereichen.
– Wahl zwischen *mapped*, *free* und *mixed meshing*.
– Möglichkeit der *Verbesserung der Elementformen* in einem Optimierungslauf.
– Möglichkeit der *Vereinigung* von Dreieck- zu Viereckelementen bzw. von Tetraeder- zu Wedge- oder Brick-Elementen.
– Möglichkeit des *Extrudierens* von Schalen- aus Balkenelementen bzw. von Volumen- aus Schalenelementen.
– Möglichkeit der *gezielten Festlegung von Einzelknoten* (z.B. für Kraftangriff oder Lager).

Ein wichtiger Gesichtspunkt bei der Arbeit mit Netzgeneratoren ist der, daß das *FE-Modell* – also Knoten und Elemente – mit dem *Geometriemodell assoziiert* ist. Erst dadurch wird es möglich, weitere Modellierarbeiten, wie zum Beispiel das

Anbringen der Lager und Belastungen, sowohl an der Geometrie als auch an Knoten und Elementen durchzuführen. Knoten und Elemente können über die Geometrie selektiert werden, z.B. alle Knoten einer Randlinie oder alle Elemente einer bestimmten Bauteiloberfläche. Diese Kopplung zwischen FE- und Geometriemodell erleichtert sehr stark die Arbeit beim Modellieren und Verändern des Modells.

4.2.4.3 Submodelltechnik

Bauteile haben immer Bereiche, in denen starke *Spannungsgradienten* auftreten. Das sind oft Stellen großer *Querschnittsveränderungen* mit hohen Spannungsspitzen. Innerhalb eines Elementes darf der Spannungsunterschied jedoch nicht zu groß werden, da sonst die Berechnung zu ungenau ist. Das bedeutet, daß an solchen kritischen Stellen die Vernetzung relativ fein sein muß. Das ganze Modell entsprechend fein zu vernetzen, wäre unsinnig und wegen der begrenzten Rechnerkapazitäten auch oft nicht durchführbar. Wie im vorigen Abschnitt beschrieben, gibt es verschiedene Möglichkeiten, die vom Netzgenerator erzeugten Elementgrößen zu beeinflußen.

Eine Methode, um mit einer relativ geringen Erhöhung des Modellier- und Rechenaufwandes die Genauigkeit der Analyse zu steigern, ist die sogenannte Teilmodelltechnik – besser bekannt unter dem englischen Begriff *submodeling*. Hierbei werden zwei Rechenläufe hintereinandergeschaltet. In der ersten Analyse wird die grob vernetzte Struktur ohne Rücksicht auf mögliche Spannungsspitzen berechnet. Im nachfolgenden Rechengang wird nur der als kritisch erkannte Bereich als völlig separates FE-Modell noch einmal mit einer feineren Vernetzung berechnet (siehe Abb. 4.19).

Dieser Bereich wird zuvor zum Beispiel mit Hilfe eines aufgezogenen Fensters eingegrenzt. Als Belastung des neuen, kleineren Bereichs werden nun nicht die Originallast und -randbedingungen benutzt, sondern die im ersten Rechenlauf *ermittelten Knotenverschiebungen*. Alle am Rand des Submodells liegenden neuen Knoten erhalten als Anfangsverschiebung die berechneten Verschiebungen der in

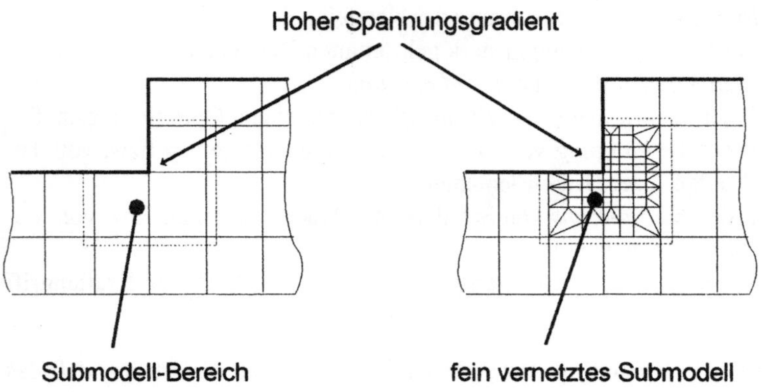

Abb. 4.19. Submodelltechnik

der Nähe liegenden Originalknoten; Zwischenwerte werden interpoliert. Die neuen Knoten müssen nicht mit den alten übereinstimmen, es können mehr sein und man kann dabei durchaus auch den Elementtyp ändern. Das Verfahren beruht auf der Tatsache, daß Knotenverschiebungen auch bei einer groben Vernetzung relativ genau berechnet werden. In einiger Entfernung zu kritischen Bereichen ändern sich die Knotenverschiebungen durch ein geändertes Netz nicht, so daß diese als Eingangsbedingungen für die Berechnung eines wesentlich feiner vernetzten Submodells benutzt werden können.

Mit Hilfe der Submodelltechnik kann man auch an einem großen FE-Modell Teilbereiche mit großer Genauigkeit nachrechnen, ohne daß die Rechenzeit ins Unermeßliche wächst. Wichtig ist nur, daß man den Submodellbereich nicht zu klein wählt. Von Bedeutung ist natürlich auch die praktische Handhabung dieser Methode. Sie macht wenig Sinn, wenn die Erstellung des Submodells oder die Übertragung der berechneten Knotenverschiebungen vom Preprozessor unzureichend unterstützt werden. Es gibt hier große Unterschiede in der Bedienfreundlichkeit der verschiedenen FE-Programme. Wer oft mit großen Modellen arbeitet, sollte diese Funktionalität genauer prüfen.

Insgesamt steht die Methode des *submodeling* in Konkurrenz zu der vorher beschriebenen lokalen Netzverfeinerungsfähigkeit des Netzgenerators und zu den nachfolgend beschriebenen Methoden der *adaptiven Vernetzung* und der *p-Methode*. Alle diese Verfahren dienen dem gleichen Zweck: Steigerung der Genauigkeit der Spannungsberechnung in kritischen Bereichen.

4.2.4.4 Automatische Netzverfeinerung – Adaptive Vernetzung

Mit der FE-Methode werden generell Knotenverschiebungen, Dehnungen, Knotenkräfte, Knoten- und Elementspannungen ermittelt. Es gibt verschiedene mathematische Verfahren, denen aber eines gemein ist: Es handelt sich immer um Näherungsverfahren. Für zwei benachbarte Elementen A und B wird dabei eine leicht unterschiedliche Dehnungsenergie berechnet. Genauso verhält es sich mit den Knoten- und Elementspannungen. Bezogen auf Element A hat der gemeinsame Verbindungsknoten einen anderen Spannungswert als bezogen auf das Element B. In der Ergebnisdarstellung werden die Werte meist in gemittelter Form dargestellt, so daß die Unterschiede nicht ersichtlich werden. Natürlich lassen sich bei den meisten FE-Programmen auch die ungemittelten Werte darstellen.

Der Unterschied in den berechneten Energie- oder Spannungswerten benachbarter Elemente ist ein Maß für die Güte der Näherungsrechnung. Je größer der Unterschied, um so ungenauer ist die Näherungslösung. Diese Tatsache macht man sich nun bei der Methode der adaptiven Netzverfeinerung – englisch *adaptive meshing* – zunutze. Der Berechnungsingenieur kann einen Grenzwert festlegen, bei dessen Überschreitung das Programm die betreffenden Elemente löscht und den Bereich mit einer feineren Vernetzung versieht. Im darauf folgenden Rechengang erfolgt wieder die gleiche Überprüfung. Der Vorgang der Netzverfeinerung wird solange wiederholt, bis das Genauigkeitskriterium erfüllt ist (siehe Abb. 4.20).

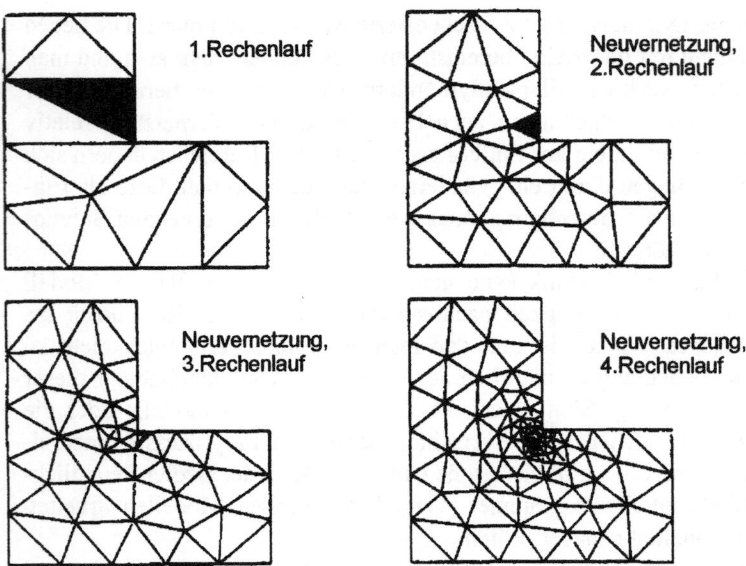

Abb. 4.20. Adaptive Netzverfeinerung (Beispiel mit FE-Programm ANSYS)

Grundsätzlich hat man somit die Möglichkeit, dem Programm die Arbeit der sinnvollen Vernetzung zu überlassen. Wie bei anderen Funktionalitäten gibt es aber auch hier einige einschränkenden Bedingungen:

- Das Verfahren ist nur beim *solid modeling* anwendbar.
- *Lasten und Lager* müssen an der Geometrie definiert werden, nicht an Knoten und Elementen (wegen der immer neuen Vernetzung).
- Bei *Diskontinuitäten* im Modell – verschiedene Materialien, unterschiedliche geometrische Elementeigenschaften wie z.B. Schalendicken – ist die Methode schlecht, weil die Fehlerberechnung falsch ist.
- Es muß manuelle *Ausschlußmöglichkeiten* geben, sonst werden Lasteinleitungsstellen unnötig fein vernetzt oder führen zum Abbruch.
- *Scharfe Ecken* und andere Singularitäten führen zu keinem Ergebnis.
- Die Methode ist nur bei Verwendung *bestimmter Elementtypen* – je nach FE-Programm verschieden – einsetzbar.
- Die Methode ist in der Regel nur bei *linearen Analysen* anwendbar.

Für gewisse Modelle ist die adaptive Vernetzung durchaus ein brauchbares Werkzeug. Das gilt vor allem für Flächenmodelle. Bei Volumenmodellen steigt die Vernetzungszeit sehr schnell auf unakzeptable Werte an, so daß man mit einer manuellen Steuerung des Netzgenerators leichter ans Ziel kommt.

4.2.4.5 p-Elemente / p-Methode

Seit kurzem gibt es eine neue Zauberformel: Die p-Methode! Damit soll es möglich sein, die Genauigkeit einer FE-Berechnung beliebig zu steuern, ohne lästige Überlegungen bezüglich Netzfeinheit und Elementtyp anstellen zu müssen. Das

Grundprinzip der Methode ist einfach und sehr einsichtig. Bei der üblichen h-Methode – h steht für *hierarchisch* – ist der Grad der Ansatzfunktion des Elementes festgelegt. Man wählt zum Beispiel ein lineares Element und vernetzt die kritischen Bereiche entsprechend fein. Oder aber man erhöht den Elementansatz, wählt ein quadratisches Element und kommt so zu einer besseren Genauigkeit auch bei gröberen Netzen. Bei der p-Methode – p steht für *polynomial* – wendet man diesen Gedanken konsequent weiter an. Wenn die Berechnungsgenauigkeit nicht ausreicht, wird nicht das Netz verfeinert, sondern *der Elementansatz erhöht*. In der Praxis bedeutet dies, daß ein Bauteil nur sehr grob mit den sogenannten p-Elementen vernetzt werden muß (siehe Abb. 4.21 und Farbtafel 8 im Anhang).

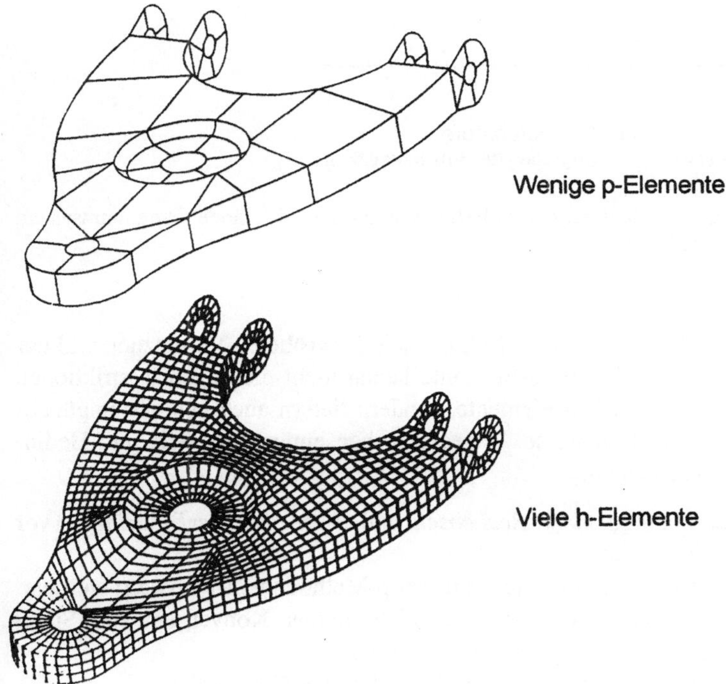

Abb. 4.21. Unterschiedliche Vernetzung bei der h- und p-Methode (Beispiel Fa. RASNA)

Ähnlich wie bei der adaptiven Netzverfeinerung ermittelt das Programm einen Fehler. Bei der p-Methode geschiech dies durch den Vergleich zweier Rechnungsläufe. Zuerst wird das Modell mit linearen Elementen gerechnet, dann mit quadratischen. Nun werden die berechneten Werte verglichen. Ist der Unterschied der Dehnungsenergie oder der Spannungen oder sonstiger Größen, die man vorwählen kann, größer als ein bestimmter Grenzwert – zum Beispiel 10% – so erhöht das Programm automatisch den Grad der Ansatzfunktion. Dies geschieht für jede Elementkante einzeln und wird solange wiederholt, bis die gewünschte Genauigkeit erzielt ist. Normalerweise konvergiert das Verfahren (siehe Abb. 4.22).

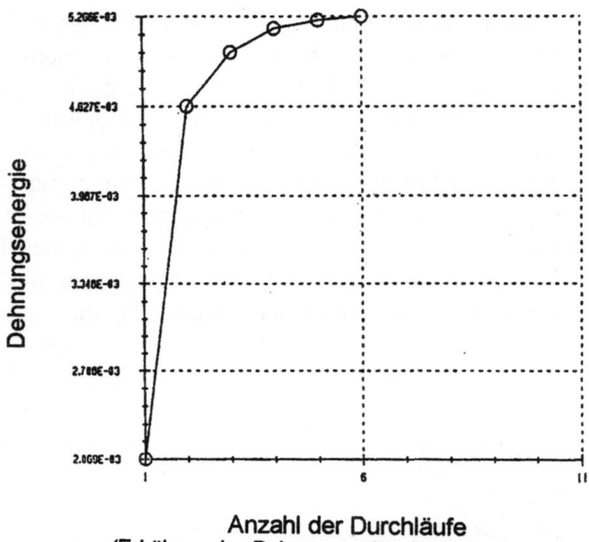

Abb. 4.22. Konvergenzverlauf bei einer FE-Analyse mit der p-Methode (Programmsystem MECHANICA der Fa.RASNA)

Der Vorteil der Methode liegt in der Möglichkeit der gröberen Vernetzung und der Steuerung der Genauigkeit. Die p-Elemente haben nicht die engen Restriktionen der linearen und quadratischen Elemente, sondern liefern auch bei sehr ungünstigen Formen noch gute Ergebnisse. Dagegen stehen einige Nachteile und Bedingungen, die man beachten muß:

- Das Verfahren benötigt *mehr Rechenzeit* und *mehr Speicherkapazität* – vor allem Hauptspeicherplatz..
- Bei sehr *kritischen Stellen* muß auch mit der p-Methode *feiner vernetzt* werden.
- *Konvergenz* der Dehnungsenergie muß nicht immer Konvergenz der Spannungswerte bedeuten; das muß überprüft werden.
- Es können in der Regel nur *lineare Analysen* durchgeführt werden.

Die Methode wurde kommerziell vor allem von der Firma RASNA mit dem Programmsystem MECHANICA eingeführt. Hilfreich war dabei die rasante Rechnerentwicklung, die solche aufwendigen und zeitintensiven Iterationsberechnungen erst möglich gemacht hat. Inzwischen bieten auch die seit langem etablierten FE-Systeme p-Elemente an. Diese können dann in kritischen Modellbereichen eingebaut und mit linearen oder quadratischen Elementen gekoppelt werden, um so die Vorteile beider Methoden zu kombinieren.

Generell läßt sich sagen, daß die p-Methode bei vielen Problemstellungen gut anwendbar ist. Bei welcher Methode Aufwand und Nutzen günstiger sind, läßt sich allgemein nicht sagen. Sicher können FE-unerfahrene Anwender mit der p-Methode leichter zu Ergebnissen kommen. Bei komplexeren Bauteilen und Fragestellungen ist jedoch nach wie vor der FE-Spezialist notwendig. Dieser muß – wenn er die Möglichkeit dazu hat – selbst herausfinden, welches der beiden Verfahren am geeignetsten für den konkreten Anwendungsfall ist.

4.2.5 Substrukturen – Kopplungen

Manchmal ist es notwendig sehr große Bauteile in Teilbereiche aufzuteilen. Ein Grund dafür ist der, daß dann mehrere Bearbeiter parallel an einem großen FE-Modell arbeiten können. Die Teilmodelle – englisch *substructure* – werden dann zur Berechnung aneinandergekoppelt (siehe Abb. 4.23).

Ein weiterer Grund für die Erstellung von Substrukturen ist die Mehrfachverwendung von Teilstrukturen, auch im gleichen Modell. Man kann eine einmal modellierte Substruktur kopieren, spiegeln etc. und dann weiterverwenden.

Die Kopplung der Teilstrukturen kann auf verschiedene Weise erfolgen. Die direkteste Möglichkeit besteht darin, die Randknoten an den zu verbindenden Stellen übereinander zu positionieren und zu *verschmelzen* – englisch *merge*. Nachteilig ist, daß dieser Vorgang nicht mehr rückgängig gemacht werden kann; das Modell hängt ein für allemal zusammen. Flexibler handhabbar wird das Gesamtmodell dadurch, daß man nur die Freiheitsgrade von sich entsprechenden Knoten der Teilstrukturen koppelt. Dadurch wird eine identische Verschiebung und Verdrehung dieser Knoten erzwungen, und im Endeffekt verhalten sich die Teilmodelle als wären sie fest miteinander verbunden. Auf diese Weise kann man Kopplungen wieder rückgängig machen oder auch die Art der Kopplung – *coupling* oder auch

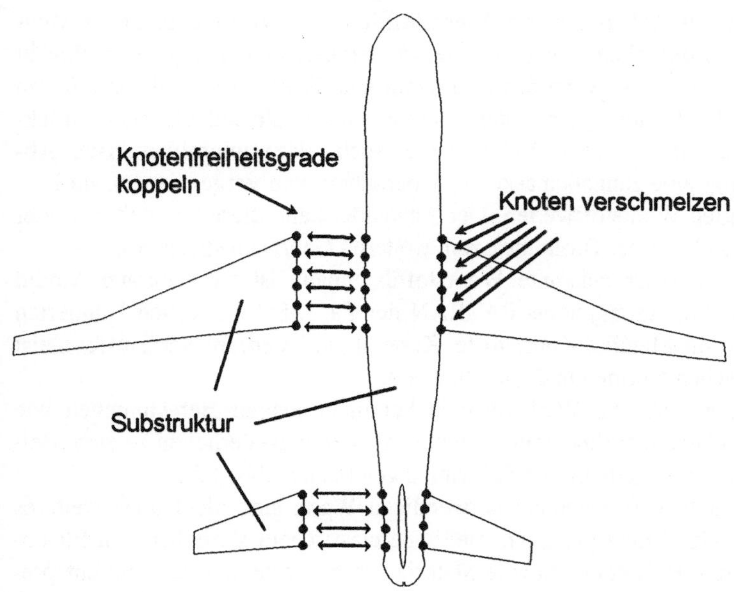

Abb. 4.23. Bildung und Kopplung von Substrukturen

constraint – beeinflußen. Wenn beispielsweise nur die translatorischen Freiheitsgrade der jeweiligen Knoten gekoppelt werden, nicht aber die rotatorischen, so entsteht ein *Gelenk*. Solche speziellen Freiheitsgradkopplungen verwendet man auch zum Verbinden einzelner Elemente, um zum Beispiel ein Loslagereffekt zu erzielen oder einem Element die Verdrehung der Nachbarelemente aufzuzwingen.

Zeitweilig wird mit dem Begriff *Substrukturtechnik* die Bildung von sogenannten *Superelementen* gemeint. Ein bestimmter Teilbereich eines großen FE-Modells mit vielen normalen Elementen wird als ein solches Superelement definiert. Danach erfolgt die Berechnung der Steifigkeitsmatrix. Dieses Superelement hat nur noch Freiheitsgrade an den freien Randknoten, die inneren Freiheitsgrade sind eliminiert. Dadurch kann sich die Rechenzeit für das Gesamtmodell erheblich verkürzen. In einer Re-Analyse werden dann auch die Verschiebungen der inneren Knoten ermittelt. Für sehr große Modelle ist diese Technik manchmal die einzige Möglichkeit eine FE-Berechnung durchführen zu können. Nicht alle FE-Programme bieten dieses Verfahren an.

4.2.6 Werkstoffe

Für eine normale lineare Strukturanalyse sind nur wenige Werkstoffkennwerte notwendig. Da nur das elastische Verformungsverhalten des Bauteils simuliert wird, sind nur der Elastizitätsmodul, die Querdehnzahl, eventuell die Dichte – bei Gewichts- und Zentrifugalbelastung – und für thermische Analysen der Wärmeausdehnungskoeffizient des Materials von Bedeutung.

Einige Programme stellen keinerlei Werkstoffdaten zur Verfügung. Der Anwender muß die erforderlichen Kennwerte selbst herausfinden und jeweils einzeln eingeben. Günstiger ist es, wenn das Programm eine Werkstoffdatenbank mit den Werten der am häufigsten gebrauchten Materialien enthält, auf die man zurückgreifen kann. Für die statischen Werte ist dies auch relativ unproblematisch. Abbildung 4.24 zeigt eine Eingabemaske zur Übernahme von vorgegebenen, im Programm hinterlegten Werkstoffwerten. Der Anwender kann diese übernehmen oder aber abändern, und in einer Bibliothek zum weiteren Gebrauch speichern.

Die größte dem Autor bekannte Werkstoffdatenbank ist ein separater Modul M/VISION des Programmsystems PATRAN der Fa. MSC mit vielen Hunderten von Kennwerten für Metalle, Kunststoffe, Keramik und Verbundwerkstoffe, meist nach amerikanischen Normen und Handbüchern.

Problematischer wird die Werkstofffrage bei nichtlinearen Berechnungen wie Plastizität, Kriechen, nichtlinearem Spannungs-Dehnungs-Verhalten – zum Beispiel bei Gummi – und gedämpften Schwingungen (siehe Abb. 4.25).

Viele der für solche Berechnung notwendigen Werte sind nicht ohne weiteres verfügbar oder sehr firmenspezifisch. Bei hyperelastischem Verhalten von Elastomeren müssen zum Beispiel komplexe Materialgesetze formuliert und mit entsprechenden Kennwerten eingegeben werden. Diese Kennwerte sind oft nur durch aufwendige Messungen zu erhalten.

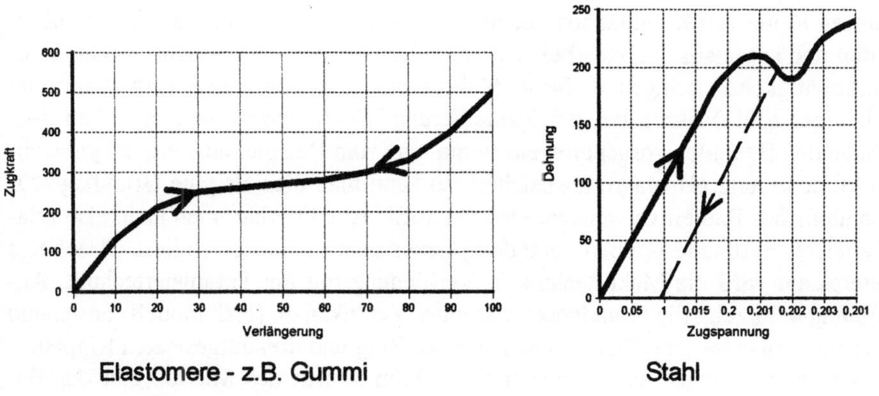

Abb. 4.24. Werkstoffdatenbank und Eingabemaske des Programmsystems MECHANICA

Abb. 4.25. Beispiele für nichtlineares Werkstoffverhalten

Der Anwender von FE-Programmen sollte vor allem dann auf hilfreiche Programmoptionen im Werkstoffbereich achten, wenn er sich häufig mit folgenden Aufgabenstellungen befassen muß:

- Bauteilverhalten bei Beanspruchungen über der *Streckgrenze* (plastisches Verhalten)
- Werkstoffe mit *nichlinearem Spannungs-Dehnungs-Verhalten* (Gummi, Kunststoffe)
- Beanspruchungen bei *höheren Temperaturen* (Kriechen)
- *Verfestigungs-* und Entfestigungseffekte (z.B. Metallumformung)
- *Betriebsfestigkeitsbetrachtungen* (Rißfortschritt, bruchmechanische Ansätze)

Alle diese Problemfelder erfordern sowohl das Wissen und die Erfahrung des FE-Berechnungsingenieurs als auch die Spezialkenntnisse des Werkstoffspezialisten. Das FE-Programm muß natürlich auch über die entsprechenden Spezialelemente oder Elementfeatures und Analysemöglichkeiten verfügen. Selbst mit der besten Software ist die Analyse eines Tiefziehvorgangs oder einer Türdichtung eine aufwendige und heikle Aufgabe.

4.2.7 Makros

Bei der Durchführung von FE-Analysen gibt es immer wieder Arbeitsschritte, die sich wiederholen. Zum Beispiel kann es sein, daß man bei jedem Modell ganz bestimmte Voreinstellungen für die Benummerung oder die Farbdarstellung wählt. Die FE-Programme bieten diesbezüglich einen unterschiedlichen Komfort. Bei vielen lassen sich solche Grundkonfigurationen speichern und wieder abrufen, andere verlangen immer wieder eine Neueingabe, was sehr lästig werden kann.

Makros können hier sehr gute Dienste leisten. Die meisten großen FE-Programme bieten eine Makrosprache an. Ein Makro ist die Zusammenfassung einer ganzen Reihe von Kommandos, die als Datei abgespeichert und bei Bedarf aufgerufen und automatisch abgearbeitet wird. Schon bei den oben beschriebenen Wiederholtätigkeiten bringen einfache Makros einen großen Zeitgewinn. Sehr viel wichtiger sind Makros bei der Modellierung. FE-Analysen werden oft an sich ähnelnden Bauteilen vorgenommen. Wenn man zum Beispiel eine einmal gemachte Modellierung als Makro abspeichert, so kann man dies als gute Grundlage für ein ähnliches Bauteil verwenden. Das Makrofile ist editierbar, man kann also relativ leicht bestimmte Größen verändern, bevor man es wieder einliest. Besonders interessant wird die Makrotechnik in Verbindung mit der Parametertechnik. Abbildung 4.26 zeigt die Grundgeometrie einer Ventilklappe (Halbmodell) bestehend aus einer inneren Kreisfläche, einem äußeren Ring und drei aufgesetzten Rippen.

Alle Abmessungen sind parametrisiert. Beim Aufruf des Makros gibt der Berechnungsingenieur für die Variablen feste Werte ein, und mit diesen wird die Modellgeometrie dann automatisch erstellt. Auch die Werkstoffzuweisungen, die Elementdefinitionen oder die Vernetzung können auf diese Weise mit Makros sehr flexibel gesteuert werden.

Natürlich muß man einen gewissen Mehraufwand treiben, um die Makros zu erstellen. Dieser hält sich aber normalerweise im Rahmen, da die FE-Programme meist eine sehr einfache Programmiersprache benutzen, die der Kommandospra-

Makrodatei:

```
*CREATE,GEOMET              *Beginn der Makroerstellung, Name: GEOMET
D1=ARG1                     *Definition von Variablen, z.B. Durchmesser D1
T1=ARG2
D2=ARG3
T2=ARG4
YH1=ARG5
T3=ARG6
ZRL=ARG7
YH2=ARG8
T4=ARG9
R1=D1/2
R2=D2/2
*IF,ABS(ZRL),GT,R1,STOP     *Bedingungen zum Programmstop z.B. bei
*IF,D1,GE,D2,STOP             falschen Eingaben
K,,                         *Erzeugung von Punkten
K,,,20
K,,,,30
CIRCLE,1,R1,2,3,360         *Erzeugung eines Kreises
Q=SQRT(ZRL*ZRL)            *Berechnung von Zwischengrößen
K,,,,-Q
DX=SQRT((R1*R1)-(ZRL*ZRL))
K,,DX,,-Q
.                           *weitere Geometriedefinitionen
.
.
*END                        *Ende der Makroerstellung
```

Aufruf des Makros und Zuweisung der
konkreten Zahlen für Durchmesser,
Dicke, Abstände etc.:

```
*USE,GEOMET,300,5,350,10,30,5,50,10,5
```


Abb. 4.26. Geometrieaufbau einer Ventilklappe (Halbmodell) mit Makros (Beispiel aus Programmsystem ANSYS)

che des Programms entspricht und von dem Anwender leicht erlernt werden kann. Die Möglichkeiten der Nutzung von Makros sind sehr vielfältig. Man kann sowohl sehr einfache Dinge automatisieren als auch sehr komplexe Abläufe mit Schleifen und Bedingungen steuern. Da der Zeitgewinn durch die Verwendung von Makros erheblich ist und die Effizienz der Analysearbeit stark verbessern kann, sollten die Möglichkeiten der FE-Programme in diesem Punkt genau geprüft werden.

4.2.8 Optimierung

Die Optimierung von Maschinen, Geräten und Bauteilen wird zunehmend wichtiger. In der Luft- und Raumfahrtindustrie hatte die Gewichtsoptimierung schon immer eine sehr hohe Priorität. Je leichter das Flugzeug, um so mehr Nutzlast oder Treibstoff kann es transportieren. Dieser Kostenvorteil führte zeitweilig dazu, daß die Zulieferbetriebe für Seriengewichtsüberschreitungen ihrer Geräte Strafen in Form von Preisabschlägen hinnehmen mußten oder Prämien in Form von höheren Preisen gewährt bekamen. Auch bei der KFZ-Industrie ist die Gewichtsoptimierung inzwischen zu einem entscheidenden Faktor geworden. Hier geht das Gewicht des Fahrzeugs direkt in den Kraftstoffverbrauch ein. Darüber hinaus ist die Dimensionierung von Antrieb, Fahrwerk und Bremsen sowie das Fahrverhalten insgesamt von der Gesamtmasse abhängig. Auch in anderen Branchen spielen Masse und Gewicht immer öfter eine Rolle: Materialeinsparung, Schwingungsverhalten, Ersatzwerkstoffe sind nur einige Stichworte in diesem Zusammenhang.

Ein spannungsmäßig optimales Bauteil hat an jeder Stelle den gleichen Spannungswert. Der Werkstoff ist optimal ausgenutzt, wenn die auftretende Spannung an jeder Stelle gerade noch unter der zulässigen Spannung bleibt. So gesehen ist ein Zugstab optimal, da nur eine völlig gleichmäßig über den Querschnitt verteilte Zugspannung auftritt. In der Regel gibt es aber bei jedem Teil große Bereiche, die nur sehr geringe Spannungen aufnehmen, andere Regionen – zum Beispiel Kerben – sind jedoch hochbelastet.

Üblicherweise wird nach Erfahrungswerten so konstruiert, daß ein Bauteil seine Funktion sicher erfüllt. Sobald man sich den Haltbarkeitsgrenzen nähert, wird die Sache schwierig. Zur Konstruktion immer besser ausgenutzter Teile werden Versuche und zunehmend die FE-Methode eingesetzt. Unter den verschiedenen Optimierungsarten spielt bei der FE-Strukturanalyse die Optimierung der Bauteilform die wichtigste Rolle. Es geht darum, die Gestalt eines Teiles so zu verändern, daß ein bestimmtes Ziel erreicht wird, gleichzeitig aber vorgegebene Zwangsbedingungen eingehalten werden. Konkret: Ein Bauteil soll sich um nicht mehr als einen gewissen Betrag verformen, die Spannung darf eine vorgegebenen Höchstwert an keiner Stelle überschreiten – das sind die Zwangsbedingungen – und gleichzeitig soll das Teil möglichst leicht sein – das ist die Zielfunktion.

Die Entwicklung vollautomatischer Optimierer gehört zu den großen Herausforderungen an die Softwareentwickler [Sa91]. Fast alle FE-Entwickler arbeiten an Optimierungsmodulen für ihre FE-Programme. Für einfache Fälle und eng begrenzte Problemstellungen gibt es erfolgreiche Lösungsansätze, die in einigen Programmpaketen bereits verfügbar sind. Es soll hier nicht auf den mathematischen Hintergrund von Optimierungsverfahren und -strategien eingegangen werden. Die nachfolgenden Erläuterungen skizzieren nur in aller Kürze die grundsätzlichen und im Rahmen von FE-Programmen realisierten Möglichkeiten und Methoden.

Die Optimierungsmodule der FE-Programme verfügen über unterschiedliche Algorithmen, mit denen lokale oder globale Optima erreicht werden können. Generell gibt es zwei verschiedene Ansätze: Man kann entweder die Optimierungsstrategie direkt auf dem FE-Modell – also den Knoten und Elementen – aufsetzen oder die dem FE-Modell unterlegte Trägergeometrie verändern. Im ersten Fall spricht man von *parameterfreier Optimierung* – auch Topologie- oder Formoptimierung genannt –, in letzterem von *Parameteroptimierung*.

Parameterfreie Optimierung

Wenn man Spannungen reduzieren bzw. gleichmäßiger verteilen will, muß man die Bauteilform verändern. Die Grundidee der parameterfreien Optimierung besteht darin, daß man einen Algorithmus einsetzt, der bei hochbeanspruchten Stellen den Querschnitt vergrößert und in niedrig beanspruchten Bereichen Material entfernt.

Der denkbar einfachste Algorithmus eliminiert nur die Elemente aus dem Modell, die einen sehr kleinen Spannungswert unterschreiten. Nach dem Motto: Wo keine Spannung ist, braucht man auch kein Material, wird das FE-Modell in mehreren Iterationsschleifen "abgeknabbert" (siehe Abb. 4.27). Natürlich ist ein Algorithmus, der auch wieder Elemente anlagern kann, sinnvoller, denn unterbeanspruchte Bereiche können durch größere Formänderungen auch wieder höher beansprucht werden. Das geht aber nicht mehr, wenn die Elemente endgültig entfernt wurden.

Eine andere Methode verschiebt die Knoten in hochbeanspruchten Regionen nach außen, das Bauteil *wächst,* in anderen Bereichen *schrumpft* es. Dieses Verfahren simuliert damit praktisch das Vorgehen der Natur [Ma88] und führt für lokal begrenzte Probleme zu guten Ergebnissen. Große Formänderungen haben jedoch eine starke Verzerrung der Elemente zur Folge, so daß die Neuberechnung zu ungenau wird. Verbesserte Verfahren – so zum Beispiel CAOSS der Fa.FE-Design – führen eine Netzbereinigung durch.

Ein weitere Nachteil der parameterfreien Optimierung ist der, daß sehr häufig nicht herstellbare Formen entstehen. Man muß also nach den Optimierungsläufen eine konstruktive Glättung des Modells vornehmen. Außerdem läßt sich die geänderte Geometrie – die ja in der Verschiebung der ursprünglichen Knotenpositionen besteht – nur umständlich rückübertragen. Zusammenfassend ist zu sagen:

– Lokale Gestaltoptimierungen von *eng begrenzten Bereichen* sind heute durchaus möglich.
– Eine parameterfreie Optimierung führt zu Formen, die nicht oder nur sehr *aufwendig herstellbar* sind. Die Konturen müssen von Hand fertigungsgerecht geglättet werden.
– Bei größeren Modellen, vor allem bei Volumenmodellen wird sehr schnell die *Rechnerkapazität* überschritten. Die in Abbildung 4.27 gezeigte Pleuelstange benötigte z.B. fünf Tage reine Rechenzeit auf einer hochwertigen Worksta-ti-on.

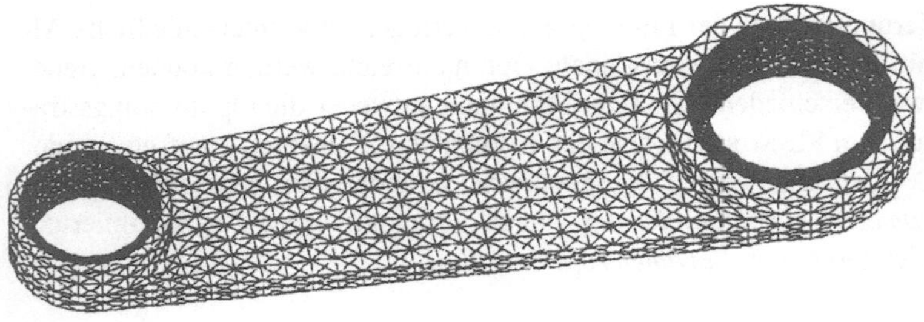

Ausgangsmodell

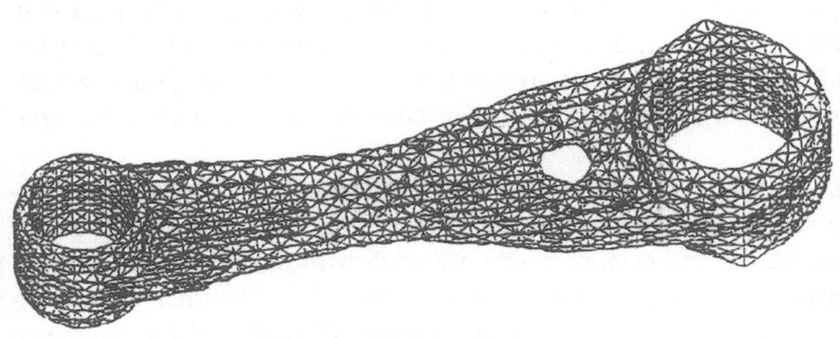

Optimierte Gestalt nach
10 Iterationsschleifen

Abb. 4.27. Parameterfreie Optimierung einer Pleuelstange (Programmsystem NISA)

Parameteroptimierung

Bei diesem geometriebasierten Optimierungsverfahren wählt der Anwender bestimmte geometrische Größen – englisch *design variables* – der Trägergeometrie des FE-Modells, die das Programm zur Erreichung des Optimierungsziels verändern kann. Das können Längen, Positionen von Bohrungen, Durchmesser, Radien oder auch Schalendicken sein. Es muß jeweils ein Bereich angegeben werden, innerhalb dessen diese Parameter variiert werden können. In dem in Abbildung 4.28 gezeigten einfachen Haltewinkel wurden der Radius, die Auslegerlänge und die hintere Breite parametrisiert. Ziel war ein minimales Gewicht des Haltewinkels bei Einhaltung einer vorgegebenen Absenkung, wobei ein maximaler Vergleichsspannungswert an keiner Stelle des Bauteils überschritten werden durfte. Solche einfachen, zweidimensionalen Optimierungen können einige FE-Programme heute in wenigen Minuten bewältigen. Ein etwas komplexeres Beispiel zeigt Farbtafel 9 im Anhang.

In Abbildung 4.29 ist der Ablauf einer Optimierung beispielhaft anhand dreier Diagramme dargestellt. Auch die Parameteroptimierung bedient sich eines Iterationsverfahrens. Nach einer ersten Berechnung werden die Parameter nach einer bestimmten Optimierungsstrategie verändert, wobei das Elementnetz entweder nachgezogen oder die Geometrie neu vernetzt wird. Danach erfolgt der nächste Durchlauf.

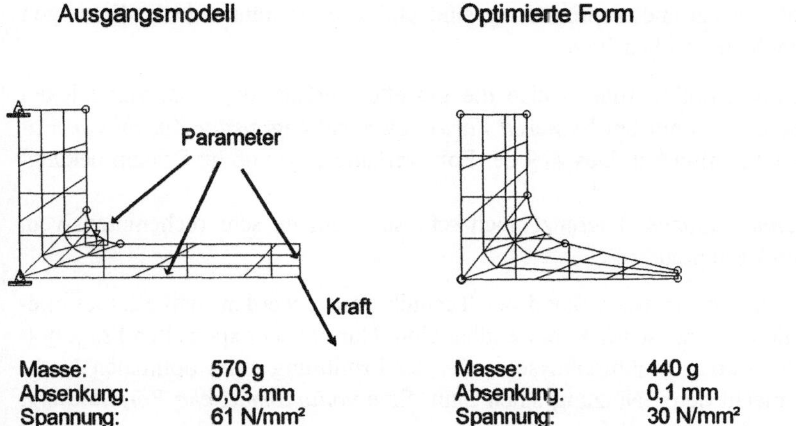

Abb. 4.28. Parameteroptimierung eines Haltewinkels (Programmsystem MECHANICA)

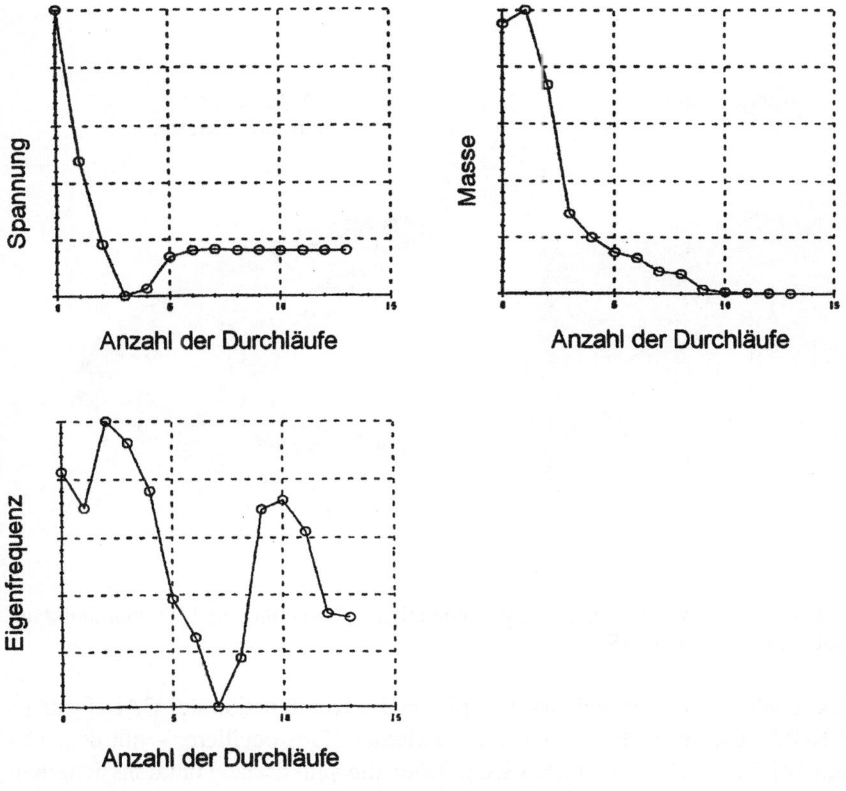

Abb. 4.29. Optimierungsverlauf (Programmsystem MECHANICA)

Auch bei der Parameteroptimierung sind einige einschränkende Bedingungen und Gegebenheiten zu beachten:

- Die Parameteroptimierung – also die gezielte Veränderung z.B. von Dicken oder Radien – ist nur bei *kleineren Variationen* und *begrenzter Anzahl von Parametern* durchführbar. Das Ziel der Formveränderung muß im Prinzip bekannt sein.
- Die *Rechnerkapazität* begrenzt noch sehr stark solche sehr rechenintensiven, iterativen Verfahren.

Generell muß zum heutigen Stand der Technik gesagt werden, daß FE-Optimierungsmodule nur eingeschränkt anwendbar sind. Nur bei sehr speziellen Fragestellungen der linearen Strukturanalyse – z.B. der Ermittlung eines optimalen Kerbradiuses – macht deren Nutzung einen Sinn. Eine *vollautomatische Formfindung*, die nur von einem grob definierten Bauraum sowie den Last- und Lagerbedingungen ausgeht – was sehr gerne als Demonstrationsbeispiel gezeigt wird (siehe Abb. 4.30) – ist weit von der täglichen Konstruktionspraxis entfernt.

Die Rückübertragung optimierter, d.h. veränderter Geometrien an das CAD-System ist zumindest bei der Parameteroptimierung denkbar. Bei einem wirklich durchgängigen, redundanzfreien Datenverbund wäre damit eine vollautomatische Aktualisierung der Fertigungsunterlagen möglich. Angeboten wird ein solcher

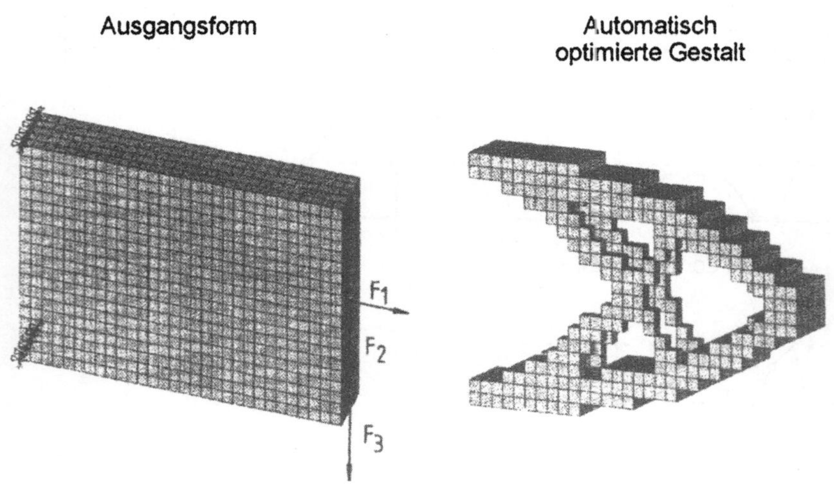

Abb. 4.30. Demonstrationsbeispiel für automatische Gestaltung und Formoptimierung (Optimierungsmodul CAOSS)

bidirektionaler Datenverbund zum Beispiel in der Kombination des CAD-Systems Pro/ENGINEER der Fa.PTC – ein parametrischer 3D-Modellierer – mit dem FE-System MECHANICA der Fa.RASNA. Über die praktische Funktionssicherheit liegen noch keine genügenden Erfahrungen vor. Hier stellt sich aber nicht nur die

Frage nach der technischen Machbarkeit, sondern auch danach, wie sinnvoll eine solche Vorgehensweise überhaupt ist.

4.2.9 Fehlerüberprüfung und -abschätzung

Wie schon im Kapitel 3.3 über die Zuverlässigkeit von FE-Berechnungen ausgeführt, gibt es eine ganze Reihe von Fehlerquellen. Natürlich kann kein Programm Idealisierungsfehler oder falsche Zahleneingaben entdecken. Die meisten FE-Programme führen jedoch im Preprozessor-Modul oder Solver eine Modellüberprüfung durch, bei der grobe Fehler entdeckt werden können. Das sind zum Beispiel fehlende Lasten oder Lagerbedingungen, fehlende Materialdaten oder Elementangaben wie Dicken oder Flächenträgheitsmomente. Auch die Güte der Elementformen kann von einigen Programmen überprüft werden. In Abbildung 4.31 wurde mit einer entsprechenden Funktion des Preprozessors ein stark verzerrtes Tetraederelement identifiziert und dargestellt; die anderen Elemente sind ausgeblendet. Bedingt durch den schmalen Absatz in der Bauteilgeometrie – es handelt sich um die Drahtmodelldarstellung einer Haltekonsole – hat der Vernetzer dieses Element erzeugt, dessen eine Elementkante sehr viel kürzer als die anderen ist. In der Berechnung würde dies zu falschen Ergebnissen führen.

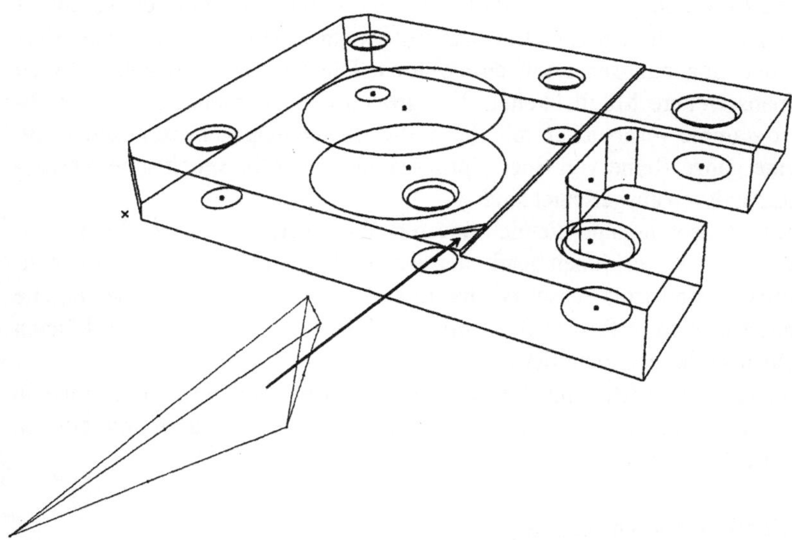

Abb. 4.31. Stark verzerrtes Tetraederelement (Drahtmodelldarstellung einer Haltekonsole)

Ein anderes Beispiel ist in Farbtafel 7 zu sehen; hier ist der Verzerrungsgrad jedes Elementes farblich entsprechend gekennzeichnet.

Der Fehler, der in der Spannungsberechnung durch eine falsche Diskretisierung, also eine zu grobe Vernetzung kritischer Bereiche des Modells entsteht, läßt sich abschätzen. Knoten, an denen zwei Elemente zusammenhängen, müßten ja eigentlich identische Verschiebungen und Spannungen aufweisen. Bei den Verschiebungen ist das auch der Fall, nicht aber bei den daraus abgeleiteten Spannungen. Einige FE-Programme bieten die Möglichkeit an, Differenzen der numerischen Spannungsberechnung benachbarter Elemente darzustellen. Diese Sprünge im Spannungsverlauf – oder der daraus abgeleitete Unterschied in der Dehnungsenergie – sind ein Maß für den Fehler, der durch die Aufteilung des eigentlich einheitlichen Kontinuums in Finite Elemente entsteht. Gleichzeitig ist die Größe dieses Fehlers ein Anhaltspunkt dafür, ob die Vernetzung fein genug gewählt wurde.

Nicht alle FE-Programme bieten diese Art der Fehleranalyse an; auch gibt es bei der Anwendung einige programmspezifische Einschränkungen was Analysetyp, Elementtyp etc. betrifft. Bei der Verwendung von p-Elementen ist die Fehlerabschätzung schon in der Methode selbst impliziert – siehe Kapitel 4.2.4.5 -, genauso bei der adaptiven Netzverfeinerung, siehe Kapitel 4.2.4.4.

Man sollte sich immer vor Augen halten, daß die Fehlerüberprüfung durch ein FE-Programm zwar recht nützlich ist, damit aber nur ganz bestimmte Fehlerarten erfaßt werden können.

4.2.10 Analysemöglichkeiten

Wie schon in Kapitel 2.2 ausgeführt, haben sich die FE-Programme inzwischen einen breiten Anwendungsbereich mit einer ganzen Reihe von Analysemöglichkeiten erschlossen. Standardmäßig kann man mit jedem FE-Programm lineare Verformungs- und Spannungsanalysen durchführen. Die meisten Programme haben darüber hinaus weitere Möglichkeiten. Die großen FE-Programmpakete – *multipurpose* Programme – versuchen möglichst alle Anwendungsgebiete abzudecken, während eine ganze Reihe von Spezialprogrammen auf sehr spezifische Anwendungen und Analysen ausgerichtet sind.

Von großer Bedeutung sind die nichtlinearen Analysearten, die fast alle mit Hilfe iterativer Lösungsalgorithmen bearbeitet werden. Da sich hierdurch die Rechenzeit vervielfacht, sind trotz rasant wachsender Hardwareleistungen ausgeklügelte Berechnungsstrategien erforderlich. Normale, kleinere FE-Programme können solche Problemstellungen nicht bewältigen.

Nachfolgend eine Aufstellung der von den kommerziellen FE-Programmen in unterschiedlicher Güte und Ausprägung angebotenen Analysearten mit einigen ergänzenden Erläuterungen.

Statische Strukturberechnungen

Hierunter versteht man alle Verformungs- und Spannungsberechnungen, die von sehr einfachen linearen bis zu höchst komplexen nichtlinearen Analysen reichen (siehe auch Abb. 2.6 und 2.7 in Kap.2). Für die Simulation von Baugruppen und zusammenmontierten Teilen mit Spalten oder Anschlägen müssen zum Beispiel Programme eingesetzt werden, die solche Elemente – englisch *gaps* – beinhalten. Nichtlinear ist auch das Langzeitverhalten von Bauteilen unter hoher statischer

Last, das zu einem Kriechen des Werkstoffs führt und vor allem bei hohen Temperaturen oder bei Kunststoffen auftritt. Hier eine kleine Auflistung statischer Analysemöglichkeiten:

* *lineare* Strukturanalyse (Verformung proportional zur Belastung)
* *nichlineares Werkstoffverhalten* (E-Modul nicht konstant): elastisch, hyperelastisch (Elastomere), plastisch (Fließen), viskoelastisch, viskoplastisch (Kriechen), richtungsabhängig (anisotrop), Verbundwerkstoffe, Verfestigung
* *nichtlineares geometrisches Verhalten*: große Verformungen (Ausgangsgeometrie verändert sich stark, siehe z.B. Farbtafel 16 im Anhang) und verformungsabhängige Lastrichtung, Kontaktprobleme (Anschlag, Hertz'sche Pressung), Stabilität (Knicken/Beulen), Reibung
* *Kombinationen* von nichtlinearen Verhaltensweisen (Beispiele in Abb. 4.32 und Farbtafeln 3 und 4 im Anhang)

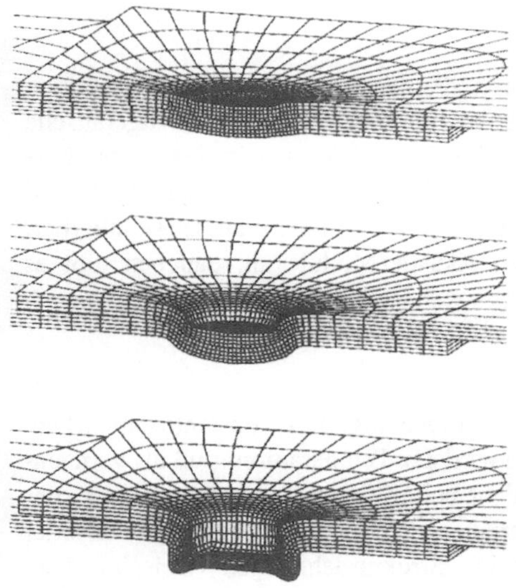

Abb. 4.32. Kombiniertes, hochgradig nichtlineares Verhalten beim Tiefziehen und Fügen (große Verformungen, Plastizität, Kontakt, Verfestigung. Beispiel aus FE-Programm ABAQUS)

Dynamische Analysen

Viele Konstruktionen unterliegen Schwingungsbeanspruchungen, die in Extremfällen zum Versagen führen können. Die Analyse der Resonanzfrequenzen und der Eigenschwingungsformen sowie die Begutachtung des Antwortverhaltens einer Struktur haben eine große Bedeutung für die Betriebssicherheit und Funktion einer Struktur. So sind zum Beispiel die Eigenfrequenzen einer Werkzeugmaschine in Wechselwirkung mit deren Betriebsdrehzahlen – die sogenannten kritischen Drehzahlen – entscheidend für die erreichbare Fertigungsqualität. Dynamische Analysemöglichkeiten sind deshalb für fast alle FE-Anwender unverzichtbar. Welche Analyseoptionen ein Programm anbieten muß, ist vom Einsatzgebiet abhängig: Komplexe Analysen – z.B. Dämpfung, Nichtlinearitäten – erfordern noch mehr als die statischen Berechnungen hochwertige, teure Soft- und Hardware sowie qualifizierte Theoretiker als Berechnungsingenieure. Einfache Modalanalysen zur Berechnung von Eigenfrequenzen und Eigenschwingungsformen bieten jedoch fast alle FE-Programme (siehe Abb. 2.4 in Kap.2). Aufwendigere Analysen zur Bestimmung von Amplituden, Spannungs- und Zeitverhalten sind den großen Programmpaketen vorbehalten (Beispiel sieh Abb. 2.5 in Kap.2). Im dynamischen Bereich gibt es folgende Analysemöglichkeiten:

* einfache Modalanalyse (Eigenfrequenzen, Eigenschwingungsformen)
* Frequenzganganalyse – *harmonic response* – mit Dämpfung
* Antwortspektrum, Schock
* stochastische (regellose) Anregung – *random vibration*
* Lebensdauerabschätzung (Rißfortschritt)

Akustische Berechnungen

Geräusche und Schwingungen sind Faktoren, die den Komfort und die Gesundheit erheblich beeinträchtigen können. Man denke zum Beispiel an die Windgeräusche im KFZ oder die Turbinengeräusche beim Flugzeug. Die Physik dieser Vorgänge ist nur extrem kompliziert beschreibbar. Mit dem Fortschritt in der Hard- und Softwaretechnologie werden nun auch diese Phänomene immer besser simulierbar. Einige der großen FE-Programme bieten Akustik-Module an; daneben gibt es Spezialanbieter (Abb. 2.10 in Kap.2).

Thermische Berechnungen

Alle Werkstoffeigenschaften sind temperaturabhängig. Bei konstanten niedrigen Temperaturen im Raumtemperaturbereich wird der Temperatureinfluß als vernachlässigbar angesehen. Das gilt natürlich nicht bei größeren Temperaturschwankungen oder temperaturempfindlichen Materialien. Wärmetauscherauslegungen oder Bimetallberechnungen, temperaturabhängige Strukturdehnungen (Beispiel Abb. 2.8 in Kap.2 und Farbtafel 10 im Anhang) und Wärmeflußberechnungen sind nur einige Beispiele, wo thermische Simulationen sinnvoll sind. Nachfolgend die wichtigsten der heute möglichen Analyseoptionen, die wiederum sehr einfach statisch als auch kompliziert nichtlinear und zeitabhängig sein können:

* Wärmeübertragung (Leitung, Konvektion, Strahlung)
* stationäres und instationäres (zeitabhängiges) Verhalten
* Phasenwechsel, Aggregatzustandsänderungen

Strömungsberechnungen

Strömungsberechnungen werden oft mit Spezialprogrammen durchgeführt. Mehr und mehr bieten aber auch FE-Programme Strömungssimulations-Module für einfache und schwierige Strömungsberechnungen an (Beispiel Abb. 2.11 in Kap.2):

* stationär, instationär
* laminar, turbulent
* inkompressibel, kompressibel
* Sickerströmung

Komplexe, umfangreiche Problemstellungen sind aber auch hier nur mit aufwendigen Spezialprogrammen bearbeitbar (siehe auch Abb. 1.10 in Kap.1 und Farbtafel 1 im Anhang).

Elektrische und magnetische Felder

Auch in diesem Bereich gibt es neben den Spezialprogrammen in zunehmendem Maße Module innerhalb der normalen FE-Programme, mit denen solche Analysen durchgeführt werden können:

* Magnetfeldberechnung
* Elektromagnetfeldberechnungen

Die Auslegung von Magnetventilen, Sensoren oder Elektromotoren (Beispiel siehe Abb. 2.9 in Kap.2) sind Beispiele für die Anwendung der FEM auf diesem Gebiet der Elektrotechnik.

Gekoppelte Analysen

Die Belastung von Bauteilen ist nicht immer rein mechanisch oder nur thermisch. Temperaturerhöhungen führen zu Verformungen, die wiederum zu mechanischen Spannungen führen können. So ist zum Beispiel die genaue Simulation einer Verschweißung ein höchst komplexes Problem. Folgende Kopplungen sind von Bedeutung und können mit Hilfe einiger FE-Programme analysiert werden:

* thermisch – mechanisch (siehe auch Abb. 2.8 in Kap.2 und Farbtafel 10 im Anhang)
* strömungsmechanisch – mechanisch – thermisch (z.B. erzeugt Strömung Drükke und Reibung, diese wiederum Wärme)
* elektromagnetisch – thermisch (Aufheizung durch Induktionsströme und elektrische Verluste, z.B. in Wicklungen)
* elektromagnetisch – mechanisch (z.B. Elektromagnetventile)

Für gekoppelte Probleme benutzt man entweder speziell dafür geeignete Elementtypen, oder es werden hintereinander zwei Berechnungsläufe durchgeführt. Man ermittelt beispielsweise zuerst die Knotenverschiebungen, die sich durch eine Erwärmung ergeben und schließt eine mechanische Strukturanalyse an, bei der diese Knotenverschiebungen der Struktur als Randbedingungen aufgeprägt werden. Dadurch ergeben sich dann die mechanischen Spannungen. Manche FE-Programme bieten beide Möglichkeiten an.

Parameterstudien

Einige Programme bieten die Möglichkeit, verschiedene Geometrievarianten – englisch *design variables* – in einem Rechenlauf durchrechnen zu lassen, um so zum Beispiel den Trend bei Spannungen und Verformungen verfolgen zu können. Man kann diese *Sensitivity Studien* als Vorstudie oder direkt zu Optimierungszwecken einsetzen. Ein einfaches Beispiel zeigt Abbildung 4.33. Hier sind die jeweiligen Spannungsspitzen am Bohrungsrand für verschiedene Durchmesser ermittelt und aufgetragen worden.

Natürlich erfordern solche Studien entsprechende Rechenzeiten. Probleme gibt es außerdem, wenn durch die Veränderung der Geometrie die Elemente zu stark verzerrt werden. Dann muß jeweils neu vernetzt werden oder mit p-Elementen gearbeitet werden, die trotz ungünstiger Formen noch gute Ergebnisse liefern können.

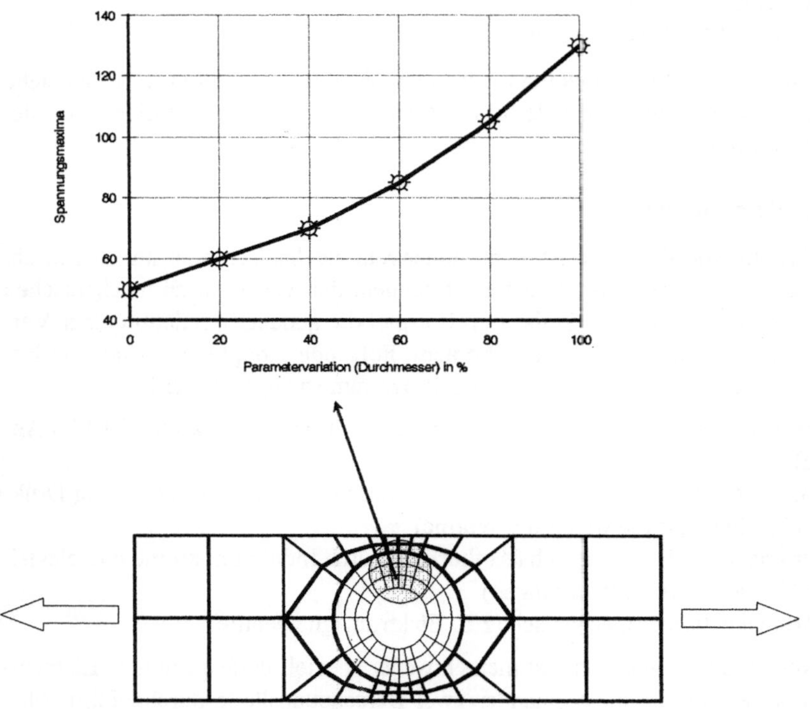

Abb. 4.33. Einfaches Beispiel für eine Parameterstudie

Optimierung

Die großen FE-Programme bieten zunehmend Optimierungsmodule an, deren praktischer Nutzen aber noch sehr begrenzt ist. Einige Erläuterungen und Details zu den verschiedenen Optimierungsmöglichkeiten und den auftretenden Problemen sind in Kapitel 4.2.8 zu finden.

Welche der aufgeführten Analysemöglichkeiten das jeweilige FE-Programm anbietet, kann den Produktbeschreibungen der Anbieter entnommen werden. Für die normalen Anwender in maschinenbaunahen Arbeitsfeldern sind in erster Linie die Strukturmechanik-Analysen wichtig. Ob man versuchen sollte, mit einem großen *Multi-Purpose-Programm* alle anstehenden Aufgaben zu lösen, oder lieber mit einem *Standardprogramm* und einem oder mehreren *Spezialprogrammen* arbeitet, müssen Vorgesetzte und Berechnungsingenieure je nach den betrieblichen Bedingungen abwägen und entscheiden. Die Erfahrung hat gezeigt, daß bei häufig auftretenden Spezialproblemen – zum Beispiel hochgradig nichtlinearer Simulation von Umformprozessen – meist mit den darauf spezialisierten Programmpaketen gearbeitet wird, da diese in jahrelanger Entwicklung auf solche Analyseformen hin optimiert wurden.

4.2.11 Schnittstellen

Neben der Leistungsfähigkeit der Netzgeneratoren ist das beherrschende Thema in der aktuellen FEM-Diskussion die Schnittstellenproblematik. Worum geht es?

Beim Arbeiten mit Programmen müssen Daten eingeben und ausgeben werden. Im einfachsten Fall geschieht die Eingabe durch die Tastatur, die Ausgabe erfolgt am Bildschirm oder Drucker. Oft müssen aber auch Daten *eingelesen* oder *ausgelesen* bzw. -geschrieben werden. Keine Software kommt ohne die dazu notwendigen Schnittstellen aus. Selbst wenn man nur ein Textverarbeitungssystem benutzt, braucht man Datenübertragungsmöglichkeiten. Bei den hochentwickelten Standardprogrammen, die auch von EDV-Laien benutzt werden, sind die wichtigsten Schnittstellen meist unproblematisch. Das Einlesen einer Grafik in WINWORD erfordert in der Regel nur ein paar Mausklicks. Auch das Ausschreiben, zum Beispiel in ein anderes Verzeichnis, das Abschicken der Datei zum Drucker oder auch die Umwandlung in ein anderes Format sind Dinge, die man in diesen Anwendungen gar nicht mehr bewußt mit einer Schnittstelle in Verbindung bringt. Der Berechnungsingenieur und Konstrukteur wird jedoch mit schwierigeren Sachverhalten konfrontiert. Mit Blick auf den FE-Anwender sollen deshalb kurz die verschiedenen Probleme beim Datenaustausch erläutert werden.

Schnittstelle – englisch *interface* – ist im heutigen, technischen Sprachgebrauch die allgemein übliche Bezeichnung für eine Verknüpfungssstelle zwischen zwei Programmen, die zusammenarbeiten sollen. Meistens ist in diesem Zusammenhang nicht die mechanisch-elektrische Steckverbindung gemeint, sondern ein Programm oder Unterprogramm, also Software. Im gleichen Sinn werden auch Bezeichnungen wie Konverter, Übersetzer – englisch *translator* bzw. *interpreter* – oder Prozessor verwendet. Vereinfacht gesprochen geht es darum, den Datenaustausch zwischen unterschiedlichen Programmen zu ermöglichen. Da fast jedes Programm seine eigenen Datenformate benutzt, braucht man jeweils eine Schnittstelle, in der die Formate, Regeln und Bedingungen programmtechnisch festgelegt sind.

Es gibt unzählige spezielle und mehr oder weniger neutrale Schnittstellen. Im CIM-Umfeld bestehen die wichtigsten Kopplungen zwischen CAD, NC, CAM, FEM und PPS. Ganz allgemein kann man zwischen *direkten* und *genormten oder neutralen* Schnittstellen unterscheiden. Eine unidirektionale, *direkte Schnittstelle* wandelt einen Datensatz eines einzigen Systems – des eigenen oder eines fremden – so um, daß ein ganz bestimmtes anderes System dieses Datenformat versteht und verarbeiten kann. Eine solche Schnittstelle ist also entweder ein Prozessor des Programms A, der ein für das Programm B direkt lesbares Format ausschreibt, oder ein Prozessor des Programms B, der eine Fremddatei aus Programm C in ein für das eigene Programm B lesbares Format übersetzt (siehe auch Abb. 4.34).

Eine direkte Schnittstelle existiert zum Beispiel für die Systeme PATRAN und ANSYS. Das häufig als FE-Preprozessor eingesetzte Programmsystem PATRAN besitzt eine Schnittstelle, die alle FE-relevanten Daten wie Knotenkoordinaten, Elementpositionen oder Materialfestlegungen in die ANSYS-Kommandosprache übersetzt. Es wird ein Datenfile erzeugt, das in das Programm ANSYS eingelesen werden kann und von diesem direkt verstanden wird.

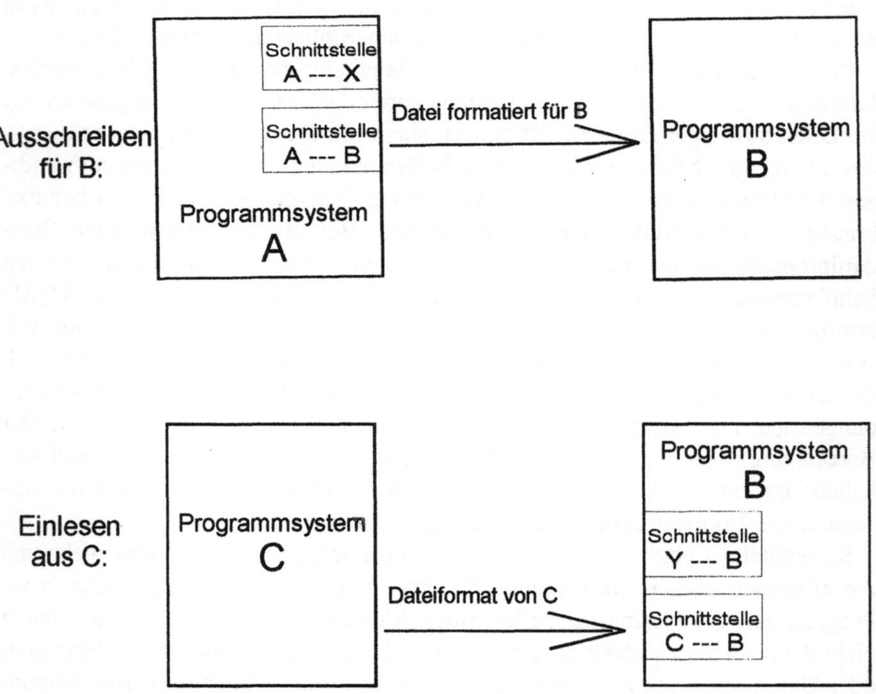

Abb. 4.34. Direkte Schnittstellen

Auf ähnliche Weise können die Ergebnisse, die ANSYS produziert und in einem bestimmten Datenformat abspeichert, über eine direkte Schnittstelle – beispielsweise des Systems I-DEAS – eingelesen werde. Die Schnittstelle von I-DEAS übersetzt die ANSYS-Daten in eine für I-DEAS lesbare Form.

Der große Nachteil direkter Schnittstellen ist der immense Aufwand, der betrieben werden muß. Soll zum Beispiel ein FE-System Geometrien verschiedener CAD-Systeme einlesen können, so müssen die FE-Softwareentwickler für jedes der üblichen CAD-Programme eine eigene Schnittstelle programmieren. Verschärfend kommt das Problem der häufigen Programm-Updates hinzu: Die Schnittstelle des FE-Programms A der Version X.i muß an Version Y.j des CAD-Systems B angepaßt sein. Trotzdem sind solche direkten Schnittstellen, vor allem zwischen FE-Programmen und deren Preprozessoren, Solvern und Postprozessoren, üblich. Hat ein Programm wie zum Beispiel PATRAN oder I-DEAS den Anspruch, ein genereller Pre- und Postprozessor zu sein und wird entsprechend vermarktet, so müssen alle wichtigen FE-Solver wie ANSYS, MARC oder ABAQUS optimal bedient werden können.

Der große Vorteil direkter Schnittstellen liegt in ihrer unproblematischen Datenübertragung von hoher Qualität und Zuverlässigkeit. Es werden nur genau die Daten in dem speziell benötigten Format aus- bzw. eingelesen. Die Abstimmung auf das entsprechende Zielsystem ist in den meisten Fällen sehr gut.

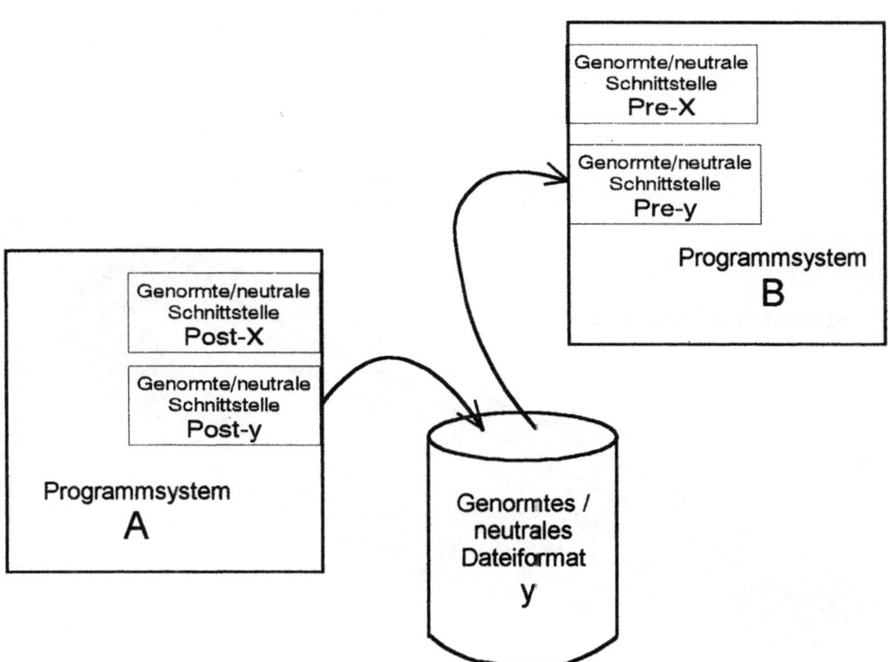

Abb. 4.35. Genormte / neutrale Schnittstellen

Genormte oder *neutrale* Standardschnittstellen sind entweder Pre- oder Postprozessoren – nicht zu verwechseln mit den Pre- bzw. Postprozessoren der FE-Programme! Die bekannteste dürfte die Geometrieschnittstelle IGES sein. Der entsprechende Schnittstellen-Postprozessor wandelt die spezifischen Daten seines Systems in ein neutrales Format um, auf das alle dafür geeigneten Schnittstellen-Preprozessoren anderer Systeme Zugriff haben (siehe Abb. 4.35). Es handelt sich also hier in erster Linie um eine Formatfestlegung.

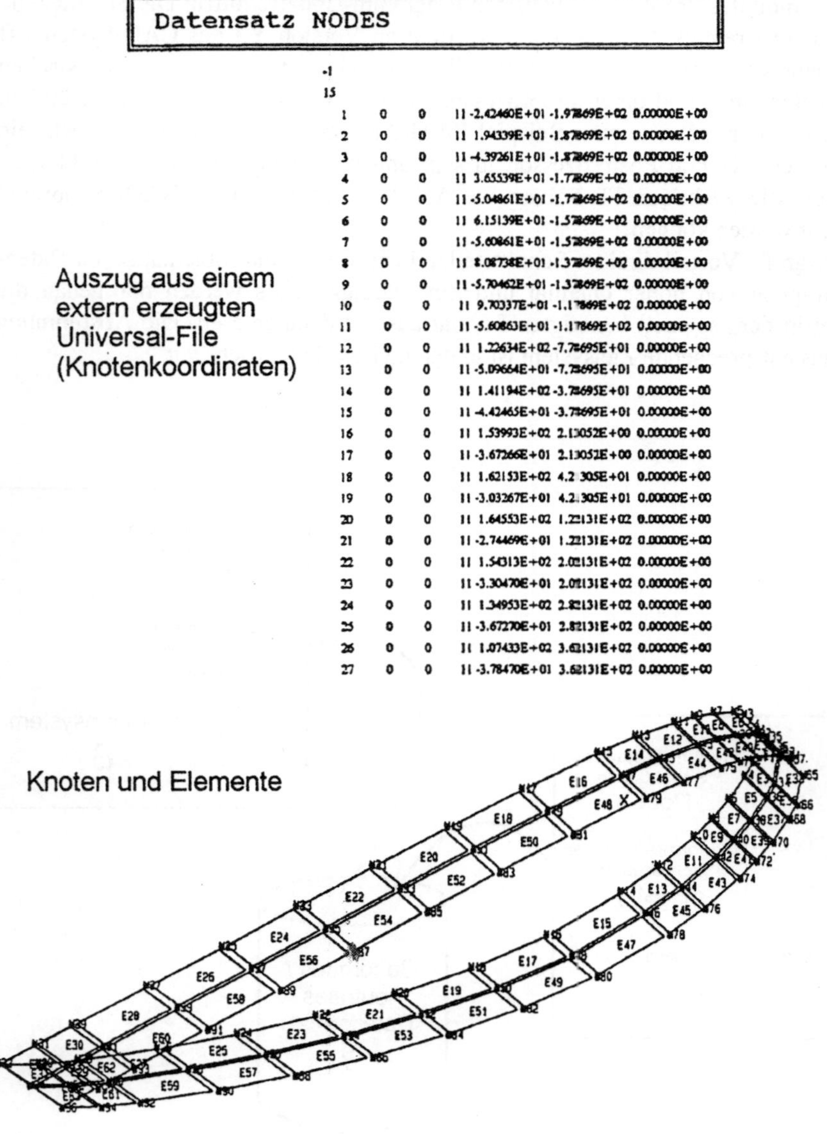


```
-1
15
    1   0   0   11 -2.42460E+01 -1.97869E+02 0.00000E+00
    2   0   0   11  1.94339E+01 -1.87869E+02 0.00000E+00
    3   0   0   11 -4.39261E+01 -1.87869E+02 0.00000E+00
    4   0   0   11  3.65539E+01 -1.77869E+02 0.00000E+00
    5   0   0   11 -5.04861E+01 -1.77869E+02 0.00000E+00
    6   0   0   11  6.15139E+01 -1.57869E+02 0.00000E+00
    7   0   0   11 -5.60861E+01 -1.57869E+02 0.00000E+00
    8   0   0   11  8.08738E+01 -1.37869E+02 0.00000E+00
    9   0   0   11 -5.70462E+01 -1.37869E+02 0.00000E+00
   10   0   0   11  9.70337E+01 -1.17869E+02 0.00000E+00
   11   0   0   11 -5.60863E+01 -1.17869E+02 0.00000E+00
   12   0   0   11  1.22634E+02 -7.77695E+01 0.00000E+00
   13   0   0   11 -5.09664E+01 -7.77695E+01 0.00000E+00
   14   0   0   11  1.41194E+02 -3.77695E+01 0.00000E+00
   15   0   0   11 -4.42465E+01 -3.77695E+01 0.00000E+00
   16   0   0   11  1.53993E+02  2.13052E+00 0.00000E+00
   17   0   0   11 -3.67266E+01  2.13052E+00 0.00000E+00
   18   0   0   11  1.62153E+02  4.23305E+01 0.00000E+00
   19   0   0   11 -3.03267E+01  4.23305E+01 0.00000E+00
   20   0   0   11  1.64553E+02  1.22131E+02 0.00000E+00
   21   0   0   11 -2.74469E+01  1.22131E+02 0.00000E+00
   22   0   0   11  1.54313E+02  2.02131E+02 0.00000E+00
   23   0   0   11 -3.30470E+01  2.02131E+02 0.00000E+00
   24   0   0   11  1.34953E+02  2.82131E+02 0.00000E+00
   25   0   0   11 -3.67270E+01  2.82131E+02 0.00000E+00
   26   0   0   11  1.07433E+02  3.62131E+02 0.00000E+00
   27   0   0   11 -3.78470E+01  3.62131E+02 0.00000E+00
```

Abb. 4.36. FE-Modellerzeugung mit externen Programmen (Beispiel Universal-File für I-DEAS)

Normalerweise besitzen die Systeme sowohl einen Pre- als auch einen Postprozessor der entsprechenden Schnittstelle, also zum Beispiel eine VDAFS-Schnittstelle zum Einlesen und eine zum Ausschreiben der Daten. Zwangsläufig ist das jedoch nicht der Fall. Für die praktische Arbeit mit FE-Programmen sind die Preprozessoren – also zum Einlesen der Daten – wichtiger als die entsprechenden Postprozessoren.

Bisher wurde sehr häufig von Geometrieschnittstellen gesprochen. Darauf wird noch näher in Kapitel 6 eingegangen. Ein anderes Schnittstellenbeispiel zeigt Abbildung 4.36. Hier wurde mit einem externen, selbst erstellten Programm – Programmiersprache beliebig – eine Datei im sogenannten unv-Format (Universal-File) für das Programmsystem I-DEAS erstellt.

In diesem speziellen Beispiel werden halbautomatisch Flügelprofile generiert. Das externe Programm berechnet nach bestimmten Vorgaben Knoten- und Elementpositionen und erzeugt ein für I-DEAS lesbares Datenformat. Diese Datei wird eingelesen und erzeugt sofort ein in I-DEAS weiterbearbeitbares FE-Modell.

Schnittstellen können also die unterschiedlichsten Funktionen erfüllen. Mit Bezug auf den FE-Bereich kann zwischen folgenden Aufgaben unterschieden werden:

* Programm- bzw. Programmierschnittstelle
* FE-Datenschnittstelle
* Geometriedatenschnittstelle
* Dokumentationsschnittstelle

Nachfolgend eine kurze Erläuterung der wesentlichen Merkmale und Unterschiede:

Programm- bzw. Programmierschnittstelle

Die großen und gut eingeführten FE-Systeme bieten unter den Schlagwörtern *offene Architektur* oder *offenes System* Programmschnittstellen an. Dem Anwender bietet sich damit die Möglichkeit, eigene Programme – englisch *user routine* – an das FE-Programm anzubinden. Meistens handelt es sich um FORTRAN- oder C-Schnittstellen. Der geübte FE-Spezialist kann zum Beispiel Ergebnisse auslesen, mit einem eigenen Berechnungsprogramm neu verknüpfen und wieder in das FE-Programm einlesen. Eine konkrete Anwendung wäre z.B. die Berechnung und Darstellung von Sicherheitszahlen: Das FE-Programm berechnet die Vergleichsspannung, das selbsterstellte Unterprogramm verknüpft diese mit einem Werkstoffwert und schreibt den Quotient als Ergebnisdatei in das FE-Programm zurück. Nun kann man die ganz normalen Postprozessorfunktionen benutzen, um einen Farbplot der Sicherheitszahlen bezogen auf die verschiedenen Bauteilregionen zu erhalten.

Dies ist nur ein Beispiel für die vielfältigen Nutzungsmöglichkeiten von Programmierschnittstellen. Wenn ein Anwender solche Sonderfunktionen mit seinem FE-Programm realisieren will, sollte er auf die offene Systemarchitektur der

Software achten, denn nicht alle FE-Programme bieten Programmierschnittstellen an.

FE-Datenschnittstelle

Die gängigste FE-Schnittstelle ist die zwischen dem FE-Preprozessor eines Systems und dem Solver eines anderen Systems. Der Grund dafür liegt in der historischen Entwicklung der FEM und der Software. In der Anfangsphase des FEM-Einsatzes standen die eigentlichen Solver als Kernstücke im Mittelpunkt der Entwicklung. Es ergab sich dann zunehmend ein Bedarf nach einfacherer Dateneingabe und Auswertung. Da beim Solver mehr das mathematisch-theoretische im Vordergrund stand, beim Pre- und Postprozessor mehr die graphischen Komponenten, wurden die Programme von unterschiedlichen Softwarehäusern entwickelt. Auch heute ist diese Trennung noch sehr ausgeprägt, obwohl beide Anbieterseiten versuchen ihre jeweiligen Programme zu erweitern oder zu ergänzen, in letzter Zeit auch verstärkt durch den Zukauf und die enge Anbindung entsprechender Software.

Im Minimum erzeugt eine FE-Datenschnittstelle eine Datei, die in binärer oder lesbarer Form Knotenkoordinaten und Elementpositionen enthält. Dazu kommen meist noch Werkstoffdaten wie zum Beispiel E-Modul und Querdehnzahl, der Elementtyp und Elementeigenschaften wie beispielsweise die Schalendicke. Die Schnittstellen schreiben meistens auch Lasten und Lager heraus, wenn diese direkt an Knoten und Elementen definiert sind.

Der Nachteil einer reinen FE-Schnittstelle besteht darin, daß keine Geometrie übertragen wird. Im Empfängersystem sind damit keine Operationen möglich, die sich auf Geometrieelemente beziehen. So kann man zum Beispiel nicht alle Knoten entlang einer Linie selektieren, da diese Linie ja nicht mitübertragen wurde. Auch an die Geometrie gebundenen Lasten oder Lager werden nicht ausgeschriebenen. In der Regel versucht man, die komplette Modellierarbeit im Sendesystem durchzuführen, und im Empfängersystem höchstens noch kleine Modifikationen anzubringen.

Mit den Angaben der erstellten und dann eingelesenen Datei kann ein fremder Solver die FE-Analyse durchführen, wenn das Datenformat vom Preprozessor entsprechend ausgeschrieben wurde. Abbildung 4.37 zeigt das Solver-Auswahlmenue eines generellen Pre- und Postprozessors, der Datensätze für alle gängigen FE-Solver erstellen kann.

Bei komfortablen Programmen wie dem gezeigten Beispiel können auf diese Weise alle Modellfestlegungen im Preprozessor durchgeführt werden; der Solver beschränkt sich auf die reine Rechenarbeit, so daß der Benutzer mit dessen Bedienphilosophie gar nicht mehr in Berührung kommt.

Für die Auswertung der Ergebnisse ist eine zweite Datenschnittstelle erforderlich. Üblicherweise legt der FE-Solver eine Ergebnisdatei an. Wenn die Auswertung mit einem fremden Postprozessor erfolgen soll, liest dieser die Ergebnisse über die entsprechende Schnittstelle ein und übersetzt das Datenformat, so daß die Berechnung ausgewertet werden kann.

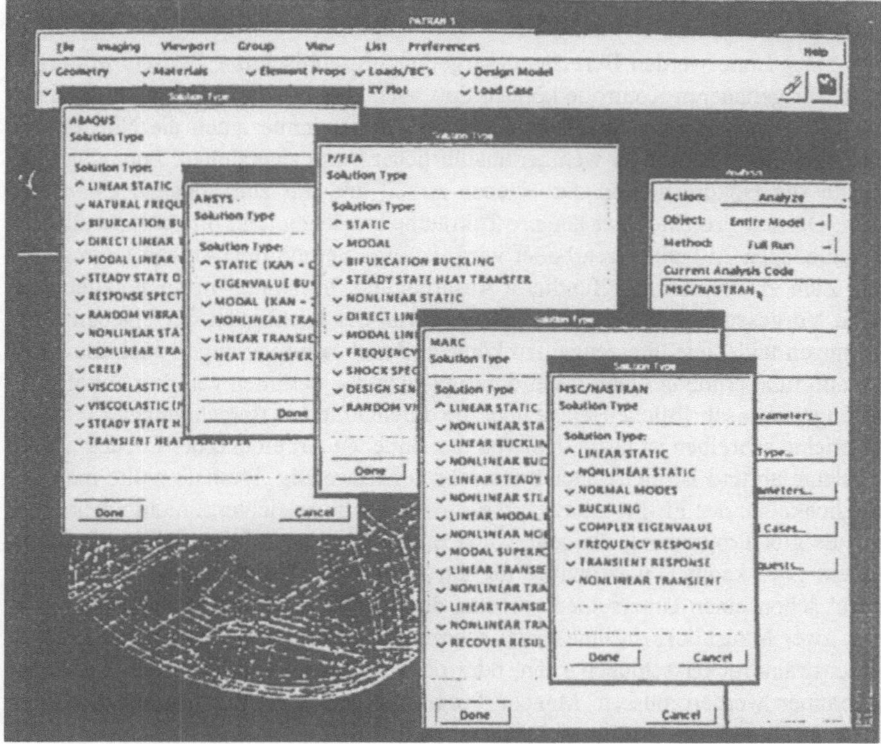

Abb. 4.37. Solver-Auswahlmenue (Beispiel PATRAN, Fa. MSC)

Geometriedatenschnittstelle

Den Geometriedatenschnittstellen kommt heute die größte Bedeutung zu. Da es sich meist um die Kopplung von CAD und FEM handelt, wird diese Thematik zusammenhängend im Kapitel 6 ausführlich behandelt.

Dokumentationsschnittstelle

Analyseergebnisse müssen auch auf Papier dokumentiert werden können. Dazu dienen verschiedene, meist standardisierte Schnittstellen, mit denen Plot- oder Textdateien ausgeschrieben werden können. Weitere Erläuterungen dazu im nächsten Abschnitt.

4.2.12 Auswertung und Dokumentationsmöglichkeiten

Der ganze Sinn einer FE-Analyse besteht natürlich darin, Ergebnisse zu erhalten, die eine Beurteilung des Bauteilverhaltens unter bestimmten, angenommenen Belastungen zuläßt. Einzelheiten zu den möglichen Analyseergebnissen und Darstellungsmöglichkeiten, die ein Postprozessor anbietet, sind in Kapitel 4.1.3 – z.B.

Abbildungen 4.3 und 4.4 sowie Farbtafel 6 u.a. im Anhang – erläutert und beschrieben.

In erster Linie werden Berechnungsergebnisse graphisch *am Bildschirm* dargestellt. Zur genaueren Kontrolle können dort auch konkrete Zahlenwerte aufgelistet werden. Für den Berechnungsingenieur besteht aber immer auch die Notwendigkeit, *Berichte* in mehr oder weniger ausführlicher Form zu erstellen. Zum ersten ist das für die Dokumentation der eigenen Arbeit und nur zum *eigenen Gebrauch* nötig. Da sich Projekte über längere Zeiträume hinziehen, und oft auch parallel an verschiedenen Aufgaben gearbeitet wird, ist eine vernünftige Ablage unumgänglich. Zum zweiten ist eine fundierte Ausarbeitung *firmenintern* sehr nützlich, um damit Vorgesetzte und andere Abteilungen von der Richtigkeit der eigenen Vorstellungen und Ziele überzeugen zu können. Zunehmend verlangen auch die *Kunden* aufgrund erhöhter Qualitätsanforderungen und -richtlinien von den Zulieferern umfangreiche, schriftliche Belege über die durchgeführten Berechnungen.

Berichte schreiben ist lästig, hält von der aktuellen Arbeit und der Lösung akuter Probleme ab und ist meist auch noch sehr zeitaufwendig. Deshalb sollte man die Möglichkeiten des FE-Programms, diese Arbeiten zu erleichtern, nicht unterschätzen. Es gibt Programme, die sehr schön die Ergebnisse auf dem Bildschirm darstellen, aber kaum Unterstützung für die schriftliche Dokumentation bieten. Es macht schon einen Unterschied, ob man den Inhalt des Grafikfensters mit einem oder zwei Mausklicks in eine Datei schreiben oder sofort zu einem Laser- oder Tintenstrahldrucker schicken kann, oder ob erst umfangreiche Einstellungen vorgenommen werden müssen. Manche Programme erfordern den separaten Aufruf von Plotroutinen aus dem Betriebssystem oder sonstige umständliche Operationen. Nützlich ist es auch, wenn man die Ergebnisplots am Bildschirm durch erläuternde Texte oder sonstige Elemente ergänzen kann.

Das FE-Programm sollte auf alle Fälle die Möglichkeit bieten, sowohl Grafikfenster, Listen als auch komplette *Bildschirmdumps* in den wichtigsten Formaten ausschreiben zu können. Diese sind:

* ASCII-Format (für Listen)
* PCX, BMP, TIFF als pixelorientierte Formate
* HPGL (.hgl oder .hpg), CGM, WMF als vektororientierte Formate
* PS, EPS als Seitenbeschreibungsformat (Postscript)

Wenn das FE-Programm nicht die geeigneten Möglichkeiten bietet, können sogenannte *grabber* eingesetzt werden. Das sind separate Softwareprodukte, mit deren Hilfe man – meist mit einer Fenstertechnik – den gewünschten Bildschirmausschnitt erfassen und in einem die üblichen Formate abspeichern kann. Meistens bieten diese Programme auch noch Möglichkeiten der Bildnachbearbeitung, zum Beispiel einer Schwarz-Weiß-Konvertierung, der Aufhellung oder ähnliches.

Es gibt große Unterschiede, was die Kompatibilität mit Textverarbeitungs- und DTP-Programmen und mit den Ausgabegeräten wie Laser, Drucker und Plotter betrifft. Am wenigsten Probleme gibt es mit PCX, TIFF und HPGL-Formaten, die von den meisten Programmen und Ausgabegeräten verstanden werden. Sehr unterschiedlich sind aber Qualität und Speicherbedarf; vor allem dann, wenn wie bei

FE-Analysen häufig der Fall, Farbe geplottet werden soll. Die Dateien werden dann oft sehr groß und unhandlich, so daß der Druckvorgang sehr lange dauert oder das gesamte Berichtsdokument nicht mehr handhabbar ist. Beim Einlesen von Plotdateien in andere Programme kommt es auch oft zu einer "wunderbaren" Vergrößerung der Datei, so daß aus 300 kB auch einmal 1,5 MB werden können! Der Autor hat gute Erfahrungen mit folgenden Konfigurationen gemacht:

* Schwarz-Weiß-Ausdrucke im HPGL- oder PCX-Format auf Laser oder Tintenstrahler
* Farbausdrucke im TIFF-Format auf Farbtintenstrahler

Je nach Hardwareaustattung und weiterer Software können auch andere Kombinationen vorteilhaft sein. Die Postscript-Ausgabe (PS, EPS) auf einem Laser ergibt üblicherweise die höchste Qualität, bedarf aber der immer noch teuren Postscriptfähigkeit des Ausgabegerätes; zudem sind die Dateien meist sehr groß. Gut beraten ist der FE-Anwender auf alle Fälle, wenn er für die von ihm genutzte Hard- und Software eine oder zwei Standardkonfigurationen erprobt und fest einrichtet.

Einige Details zu den obigen Problemen werden noch im folgenden Kapitel über die Hard- und Softwareausstattung beschrieben.

4.2.13 Programmdokumentation

FE-Programme ist sehr umfangreich. Sie besteht oft aus Tausenden von Seiten und ist meist in Installationsanweisungen, Programmhandbücher (*Manuals*), Lehrgängen zum Erlernen des Programms und seiner verschiedenen Module (*Tutorials*), Beispielsammlungen (*Verfication manual* oder *examples*) und sonstige Spezialunterlagen wie Schnittstellenbeschreibungen und ähnliches unterteilt. Besonders hilfreich sind ausführliche Beispielsammlungen, da man hier am konkretesten und schnellsten Hilfe finden kann. Bei guten Programmen sollte jedoch die Notwendigkeit der Suche von Erklärungen in Handbüchern die Ausnahme sein. Heute gehört es schon fast zum Standard, daß zumindest das Basishandbuch als Hilfetext während der Arbeit aus dem Programm aufrufbar ist (vergleiche dazu Kapitel 4.2.1).

Die Programmanbieter stehen zunehmend vor der großen Schwierigkeit, mit ihrer Dokumentation auf dem laufenden zu bleiben. Die Softwarerevisionen erfolgen so schnell, daß sie mit der gedruckten Dokumentation nicht mehr nachkommen. Noch stärker stellt sich das Problem für die Anbieter, die eine deutschsprachige Benutzungsoberfläche und Dokumentation anbieten; das ist praktisch nicht mehr machbar. Die Lösung des Problems liegt – zumindest für die Softwarehäuser – darin, keine gedruckte Dokumentation mehr auszuliefern, sondern diese nur noch in digitaler Form, meist als CD-ROM mitzugeben. Der Anwender kann – und muß – sich dann bei Bedarf die entsprechenden Seiten ausdrucken.

4.3 Kommerzielle FE-Programme

Es gibt einen kommerziellen Markt für FE-Programme, der in der Hauptsache von Anbietern aus den USA beherrscht wird. Man spricht von mehr als 1000 FE-Programmen, wobei in dieser Zahl sicher auch hochschul- und firmeninterne Spezialprogramme enthalten sind. Die weltweit für die industrielle Anwendung angebotenen Softwarepakete sind oft sehr umfangreich. Die größten Anbieter sind selbständige oder in Konzerne bzw. Holdings eingebundene Unternehmen von beträchtlicher Größe mit manchmal Hunderten von Mitarbeitern. Nachfolgend die Rangfolge der größten, in diesem Bereich tätigen Unternehmer nach einer 1994 durchgeführten Marktanalyse (Quelle: IDC Corp., 1994). In Klammern deren wichtigstes FE-Produkt:

1. MSC (NASTRAN)
2. SDRC (I-DEAS)
3. PDA (PATRAN), inzwischen zu MSC gehörig
4. SASI – heute ANSYS Inc. (ANSYS)
5. IBM (Diverse)
6. RASNA (MECHANICA)
7. Marc Analysis (MARC)
8. HKS (ABAQUS)
9. EDS (hauptsächlich CAD-Anteil UNIGRAPHICS)
10. Computervision (hauptsächlich CAD-Anteile)
11. Intergraph (hauptsächlich CAD-Anteile)
12. SRAC (COSMOS)
13. MDI (ADAMS – Mehrkörper-System-Analyse)
14. Algor (ALGOR

Diese Unternehmen teilen sich ca. 90% des Marktes, wobei MSC/PDA, SDRC und ANSYS fast 60% auf sich vereinigen. Einige machen fast nur mit FE-Software ihren Umsatz, andere dagegen haben eine größere Palette von Sofwareprodukten aus dem CAD/CAE-Bereich. Einige der vom absolut größten Softwarehaus McNeal-Schwendler (MSC) veröffentlichten Zahlen zeigen aufschlußreiche Details und Trends, die nicht genauso, aber sicher in ähnlicher Weise für die anderen etablierten Anbieter zutreffen: Aufteilung Neukunden- zu Altkundengeschäft ca. 20:80. KFZ, Luftfahrt, Zulieferer/Dienstleister, Forschung/Ausbildung und Allgemeiner Maschinenbau wie 34:25:13:10:5 [CADCAM Report Nr.11 von 1994]. Für die relativen Neueinsteiger wie zum Beispiel RASNA sieht die Situation natürlich anders aus. Der Markt ist insgesamt sehr dynamisch und zeichnet sich einmal durch ständige Neuerscheinungen von FE-Programmen aus, andererseits aber auch durch Konzentrationen, Zusammenschlüsse und Pleiten.

Zwei in Deutschland 1994 erschienene Marktübersichten nennen insgesamt ca. 30 FE-Systeme [CGM94, ISIS94]. Nachfolgend eine Übersicht der größten, gut eingeführten und universell einsetzbaren Programme mit Angaben aus obengenannten und anderen, auch firmenseitigen Quellen (Spezialprogramme wie zum

Beispiel für die Strömungssimulation oder Mehrkörper-System-Analyseprogramme sind nicht aufgeführt):

FE-System	Anbieter	Installationen (gesamt)	Erstinstallation
ABAQUS	HKS, USA	k.A.	1978
ADINA	ADINA R&D, USA	> 500	1978
ALGOR	ALGOR, USA	> 14.000	1986
ANSYS	ANSYS, USA	> 20.000	1974
ANTRAS	ATLAS, D	> 490	1972
COSMOS	SRAC, USA	> 8.500	1985
I-DEAS	SDRC, USA	> 20.000	1975
MARC	MARC, USA	> 3.400	1971
MECHANICA	RASNA, USA	> 5.000	1990
MEDIAS (PERMAS & MEDINA)	DEBIS/INTES, D	> 170	1993 (1984)
NASTRAN	MSC, USA	> 20.000	1963
NISA	EMRC, USA	> 5.000	1973
PAFEC	PAFEC, GB	> 550	1970
PATRAN	MSC (PDA), USA	> 8.000	1978
SYSTUS	FRAMASOFT, F	k.A.	k.A.

Diese Angaben sind sehr mit Vorsicht zu genießen, da es sich um Firmenangaben handelt. Außerdem ist die Zählweise unterschiedlich: Man kann jedes Modul einzeln zählen oder auch nur die Gesamtinstallationen. Hochschul- und Testlizenzen können in die Zahlen eingehen. Wie werden Netzwerkinstallationen gezählt? Läuft das Programm mit einer einzigen Lizenz und vielen Nutzern auf einem Mainframe-Rechner oder, wie bei der Arbeit mit Pre- und Postprozessor üblich, interaktiv auf einer Workstation mit je einer Installation? Natürlich haben auch die alteingesessenen Anbieter in der Regel höhere Installationszahlen als die "Newcomer". Von Bedeutung ist die Verbreitung auf dem europäischen und dem deutschen Markt. Auch Referenzlisten haben nur eine beschränkte Aussagekraft, da die großen Konzerne sehr oft mehrere Systeme für verschiedene Unternehmensbereiche beschafft haben. Daimler Benz, Opel oder BMW tauchen deshalb in den Referenzlisten fast aller FE-Anbieter auf, ohne daß man die wirkliche Einsatztiefe des Programms beurteilen kann. Eine bessere Orientierung bieten da sicher Angaben über die Anzahl der Mitarbeiter und den Umsatz eines Softwareanbieters.

Die oben genannten Programme sind generell für fast alle bisher beschriebenen Problemstellungen und Anwendungsgebiete einsetzbar. Sie sind oft durch thermische, strömungstechnische, elektromagnetische oder akustische Module erweitert oder erweiterbar. Pre- und Postprozessoren sind heute meist integriert, es gibt aber auch noch separate Pre- und Postprozessoren wie z.B. MENTAT, MEDINA, HYPERMESH oder FEMAP, die zum Teil auf ganz bestimmte FE-Programme zugeschnitten sind oder besondere Funktionalitäten haben. Oft werden auch der Pre- oder Postprozessor eines an sich kompletten FE-Programms mit dem Solver eines anderen FE-Programms gekoppelt, um die jeweilig besten Funktionen der verschiedenen Programme zu nutzen.

Es folgt eine Kurzbeschreibung der wichtigsten Charakteristika einiger großer Programme. Diese Liste basiert im wesentlichen auf den praktischen Erfahrungen des Autors, auf den in vielen Gesprächen mit Anwendern und Anbietern erworbenen Kenntnissen, auf Firmenunterlagen und auf der Fachliteratur. Sie stellt deshalb eine mehr oder weniger willkürliche Auswahl dar und erhebt weder Anspruch auf Vollständigkeit noch auf absolute Richtigkeit; bei dem sehr dynamischen FE-Markt ist dies auch nicht zu leisten. Die stichwortartigen Beschreibungen einiger Programme sollen dem Leser lediglich eine erste Orientierungshilfe geben.

NASTRAN

Das wohl älteste und am besten eingeführte FE-Analyseprogramm. Oft auf Groß-rechnern installiert, jedoch auch auf Workstation und PC verfügbar. Mit NASTRAN sind fast alle in den vorhergehenden Kapiteln angesprochenen Analysen durchführbar. Es ist ein reiner FE-Solver und benötigt deshalb einen separaten Pre- und Postprozessor (oft PATRAN oder I-DEAS).

ANSYS

Großes, weitverbreitetes Multi-Purpose-Programm vergleichbarer Analysefähig-keiten wie NASTRAN. ANSYS ist jedoch ein Komplettprogramm mit einem lei-stungsstarken Pre- und Postprozessor, das somit *stand-alone* betrieben werden kann. Oft wird auch nur der Solver eingesetzt und mit anderen Pre- und Postpro-zessoren gekoppelt. Auch sehr breite Anwendung im Hochschulbereich.

ABAQUS

Bekanntester Solver für nichtlineare Aufgabenstellungen. Wird oft neben anderen FE-Programmen nur für diese komplexen Analysen eingesetzt. Häufig auch mit fremden Pre- und Postprozessoren. Ist in jüngster Zeit eine enge Kooperation mit MSC (NASTRAN) eingegangen.

MECHANICA

Relativ neues System, das bisher ausschließlich mit der p-Methode arbeitet (siehe Kapitel 4.2.4.5). Dadurch und durch eine sehr einfache Benutzungsoberfläche besonders für Nicht-FE-Spezialisten und gelegentliche Nutzer geeignet. Einge-schränkte Analysemöglichkeiten. Besonderheit: Das gleiche Geometriemodell kann auch für eine dynamische Mehrkörper-System-Analysen verwendet werden.

I-DEAS

Großes, integriertes CAE-Paket mit vielen Modulen von der Meßdatenanalyse über FEM und CAD bis zur NC-Simulation. Sehr leistungsfähiger Pre- und Post-prozessor, der oft auch für andere Solver eingesetzt wird. Eigener Solver mit ein-geschränkten Möglichkeiten. Besonderheit: 3D-CAD Modell und FE-Modellgeometrie sind identisch, daher keine Probleme bei der Geometrieüber-nahme.

PATRAN

Spezialisierte Pre- und Postprozessorsoftware mit sehr großem Leistungsumfang. Hat keinen eigenen FE-Solver, sondern kann alle gängigen Analyseprogramme ansprechen. Auch spezialisiert auf die direkte Geometrieübernahme aus den großen CAD-Paketen und deren Weiterbearbeitung. Der Anbieter PDA wurde vor kurzem von MSC (NASTRAN) übernommen.

MARC

FE-Programm mit besonderen Stärken bei nichtlineare Aufgabenstellungen wie zum Beispiel Metallumformung. Wird wie ABAQUS oft neben anderen FE-Programmen nur für diese komplexen Analysen eingesetzt. Weitgehend integrierter Pre- und Postprozessor MENTAT, häufig auch nur als Solver mit fremden Pre- und Postprozessoren eingesetzt.

COSMOS

Komplett-FE-Programm mit großer Verbreitung in Deutschland auf der PC-Ebene.

ANTRAS

Kleineres FE-Programm mit Schwerpunkt auf Stab- und Balkentragwerken, Flächen- und Volumenmodelle aber ebenfalls analysierbar. Gute, einfache Benutzungsführung, relativ preiswert.

Die bekanntesten *Spezialprogramme* für die Crash-Simulation bzw. für die Simulation von Umformprozessen sind LS-DYNA3D und PAM-CRASH / -STAMP. Der Anbietermarkt für spezielle Programme zur Strömungs- und Spritzgußsimulation wächst ständig. Hier sind PHOENICS, FIDAP, FLOTRAN, MOLDFLOW, CADMOULD und C-MOLD die bekanntesten Produkte. Daneben gibt es eine ganze Reihe von FE-Programmen zur Simulation elektromagnetischer, akustischer und sonstiger spezieller Problemstellungen, auf die hier nicht weiter eingegangen wird.

Verstärkt bieten *CAD-Systeme auch FE-Funktionen* an. Das reicht von Vernetzern über die Integration von fremden FE-Solvern bis zu eigenen, kompletten FE-Modulen. Hierzu nähere Einzelheiten in Kapitel 6.

Eine gewisse Sonderstellung nehmen im Moment noch *Finite Elemente Programme für den PC* ein. Das sind entweder kleinere Programmpakete, Sonderentwicklungen speziell für den PC oder Ableger bzw. vollständige Portierungen der großen FE-Programme. Durch die Leistungssteigerung der PC kommt es zunehmend zu einer Verwischung der Grenze zur Workstation. Fast alle Anbieter werben auch mit PC-Versionen ihrer Programme, wobei der aktuelle Trend in Richtung des Betriebssystems Windows NT geht.

Zum *Kaufpreis* von FE-Programmen läßt sich sehr schwer etwas sagen. Die Angaben in den oben zitierten Marktübersichten sind wenig hilfreich, da sie sich meist auf irgendeine Grundkonfiguration beziehen, deren Leistungsumfang man nicht beurteilen kann. Ein Vergleich ist deshalb kompliziert:

* Fast alle Programme bestehen aus verschiedenen Modulen, die zum Teil im Basispreis enthalten sind, zum Teil aber separat gekauft werden müssen. So sind in einem Programmpaket die Geometrieschnittstellen enthalten, in einem anderen muß jede Schnittstelle, wie zum Beispiel IGES, dazugekauft werden.

* Der Leistungs- und Funktionsumfang der Programme ist sehr unterschiedlich.

* Preise können Wartung – d.h. Updates – und Hot-Line-Support enthalten oder nicht.
* Es gibt manchmal je nach eingesetzter Hardware unterschiedliche Preise.

Die großen Programmsysteme kosten je nach Leistungsumfang zwischen DM 30.000.-- und DM 100.000.-, es gibt aber durchaus auch preisgünstigere Möglichkeiten. Das Vorhandensein von mehreren FE-Programmen mit ähnlichen Leistungsmerkmalen führt zu einem harten Konkurrenzkampfe. Deshalb sind auch beachtliche Rabatte oder Zusatzleistungen der Anbieter möglich, vor allem natürlich, wenn es um mehrere Lizenzen oder einen zukunftsträchtigen Einstieg geht. Man sollte aber in keinem Fall eine Kaufentscheidung vom reinen Kaufpreis abhängig machen. Andere Faktoren, auch weitere Kostenfaktoren, spielen eine bedeutende Rolle. In den Kapiteln 7 und 8 sind wichtige Aspekt zu diesem Themenkreis dargestellt.

5 Der FE-Arbeitsplatz

Wie muß ein Arbeitsplatz ausgestattet sein, damit ein Berechnungsingenieur FE-Analysen durchführen kann? Welches sind die Hardware- und Softwarevoraussetzungen für effektives Arbeiten? Diese Fragen lassen sich heute etwas leichter beantworten als noch vor einigen Jahren. Die folgenden Abschnitte enthalten dazu einige Basisinformationen und Einzelheiten, wobei sich die Angaben auf einen reinen "FE-Arbeitsplatz" beziehen, der nicht auch noch anderen Ansprüchen wie CAD, NC oder ähnlichem genügen muß. Die Anforderungen der grafisch orientierten Computerprogramme an die Hardware sind vergleichbar, so daß ein für FE-Analysen geeigneter Arbeitsplatz aber auch für 3D-CAD-Arbeiten genutzt werden kann und umgekehrt. Das geschieht in der Praxis zunehmend, da immer öfters CAD-Systeme zur Modellierung herangezogen werden.

Man sollte beachten, daß es Wechselwirkungen zwischen Hardware und FE-Software gibt. Eine getrennte Betrachtung von Rechner und Software kann deshalb zu Fehleinschätzungen führen. Je nach Anpassung der Software an die Hardware – vor allem von deren Grafikteil – kann es zu großen Unterschieden in der effektiven Leistungsfähigkeit des FE-Programms kommen, die nicht in der reinen Rechnerleistung begründet sind; das gleiche FE-Programm kann auf zwei Rechnern vergleichbarer Leistung durchaus unterschiedlich schnell sein.

5.1 Rechner – Hardwareausstattung

Was den eigentlichen Rechner betrifft, hat sich in den letzten Jahren und Jahrzehnten das Bild deutlich gewandelt. Noch vor ca. zehn Jahren liefen FE-Programme fast ausschließlich auf zentralen Großrechnern – *main frames* –, die alleine in der Lage waren, die riesigen Zahlenmengen in vertretbaren Zeiträumen zu verarbeiten. Heute sind wahrscheinlich 90% der FE-Programme auf Arbeitsplatzrechnern – *workstation* – oder auch hochaufgerüsteten PC installiert, deren Leistungsfähigkeit immens gewachsen ist und weiter wächst. Natürlich gibt es sehr komplexe oder umfangreiche Problemstellungen, für die man *number cruncher* – Zahlenfresser – braucht. Das sind vor allem die hochgradig nichtlinearen Berechnungen oder Optimierungsläufe, bei denen die Lösung durch das Abarbeiten vieler Iterationsschleifen erzielt werden muß. Aber auch für sehr große FE-Modelle mit mehr als 100.000 Elementen und Knotenfreiheitsgraden sind solche teuren Maschinen angebracht. Dazu werden Rechner neuester Technologie eingesetzt, die meist mit vielen Parallelprozessoren – MPP: *Massive Parallel Processing* – arbeiten.

Die nachfolgenden Anmerkungen gelten für die Ausstattung von Arbeitsplätzen, an denen das heute übliche Spektrum von FE-Analysen bearbeitet werden kann. Bei der aktuellen Leistungsfähigkeit der Workstation reicht das durchaus bis in die Bereiche von Crash- und Strömungssimulation. Die wichtigsten Komponenten eines typischen FE-Arbeitsplatzes zeigt die Abbildung 5.1.

Bei der Auswahl und Beurteilung der Rechner für den FEM-Einsatz sind zwei wesentliche Eigenschaften von Bedeutung. Wegen der sehr großen Gleichungssysteme, die von dem FE-Solver abgearbeitet werden, muß die Rechengeschwindigkeit der *zentralen Prozessoreinheit – CPU –* sehr hoch sein. Desweiteren ist die Kapazität des *Hauptspeichers* wegen der dort zu haltenden Zahlenmengen entscheidend. Ist diese zu klein, kommt es zum häufigen *swappen*, also dem Auslagern von Daten und anschließendem Wiedereinladen von der Festplatte, was zu erheblichen Rechenzeitverlängerungen führt. Das *I-O-Verhalten –* das schnelle Schreiben (output) auf die Festplatte und das Wiedereinlesen (input) von der Festplatte – ist wegen der bei FE-Berechnungen häufigen, temporären Datenauslagerung ebenfalls sehr bedeutsam für die Rechenzeiten. Noch stärker kann dies bei einem Netzwerkbetrieb zu Verzögerungen führen.

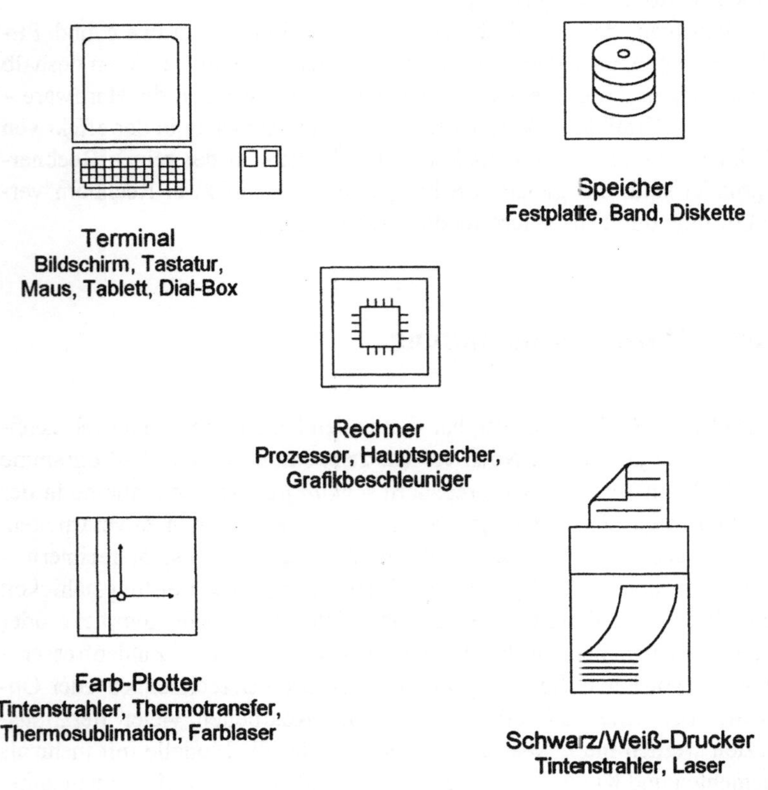

Abb. 5.1. Hardwarekonfiguration für einen FE-Arbeitsplatz

Der zweite, oft noch wichtigere Aspekt betrifft die *Grafikleistung*. Ein Großteil der FE-Analyse besteht aus dem interaktiven Arbeiten mit dem Pre- und Postprozessor. Dazu muß das Modell sehr häufig im Raum gedreht und verschoben werden. Diese Funktionen können hardwareseitig von separaten *Grafikbeschleunigern* übernommen werden, wodurch die CPU entlastet und der Vorgang um ein Vielfaches schneller wird. Bei größeren Modellen ist nur so ein effektives, verzögerungsfreies Arbeiten in *real time* – Echtzeit – möglich.

Beim *Massenspeicher* sind die Probleme wegen des starken Preisverfalls geringer geworden. Eine 1 GB-Platte ist heute kein entscheidender Kostenfaktor mehr. Große Modelle und Datenmengen kann man mittels CD-ROM, optischer Platten und *Tapes* – Bänder verschiedener Systeme und Dichten – gut handhaben.

Die Arbeit eines FE-Analyseingenieurs spielt sich zeitlich überwiegend vor dem Bildschirm ab. Deshalb ist eine *hochauflösende Grafik* und ein *großer Monitor* sehr wichtig. Was die papiermäßige Ausgabe betrifft, hat sich die Situation in den letzten drei Jahren entscheidend gewandelt. Hochwertige Farbausdrucke, wie sie für FE-Ergebnisdarstellungen notwendig sind, konnten früher nur mit teuren Peripheriegeräten erzielt werden. Thermotransfer- und Thermosublimationsdrucker in Preisklassen oberhalb von DM 30.000.- waren notwendig. Heute kann man qualitativ völlig ausreichende Farbausdrucke mit Tintenstrahldruckern herstellen, die preislich zwischen DM 1000.- und DM 3000.- liegen. Will man allerdings, aus welchen Gründen auch immer, fotoähnliche Bilder oder DIN A3 und größere Formate ausplotten, wird die Sache natürlich erheblich teurer.

Es würde den Rahmen dieses Buches sprengen, wenn man die z.Z. verfügbare Hardware für die angesprochenen FE-Anwendungen darzustellen versuchte. Die nachfolgenden Angaben beziehen sich auf die augenblickliche Marktsituation. Je nach Anwendung, betrieblichen Anforderungen, Finanzmitteln etc. kann sich die Lage auch ganz anders darstellen. Generell gilt, daß für einfachere Anwendungen heute – anders als vor zwei bis drei Jahren – durchaus auch PC-Lösungen in Betracht kommen können; die Workstation ist allerdings die adäquatere Maschine.

Mindestausstattung

* 486 PC mit 8 MB Hauptspeicher und 200 MB Festplatte
* 15' – Farbmonitor
* DIN A4 Farb-Tintenstrahldrucker

Kosten: ab ca. DM 8.000.-

Für mittlere Anwendungen

* Workstation oder 486/PENTIUM-PC mit 16/32 MB Hauptspeicher und 500 MB Festplatte
* 16/17' – Farbmonitor, hochauflösende Grafik (1280 x 1024)
* DIN A4 Farb-Tintenstrahldrucker

Kosten: ab ca. DM 15.000.-

Für hochwertige Anwendungen

* Workstation mit 64/128 MB Hauptspeicher, 1 GB Festplatte, Grafikbeschleuniger (Turbo-Grafik, 24 color bit planes, z-buffer)
* 19/21' – Farbmonitor, hochauflösende Grafik (1280 x 1024)
* Externes Speichermedium mit mindestens 1 GB, z.B. DAT (Digital Audio Tape) und CD-ROM Laufwerk
* Laserdrucker, Farbtintenstrahldrucker oder Thermotransfer-/Sublimationsdrucker

Kosten: ab ca. DM 50.000.– (kann auch leicht DM 100.000.– bis 200.000.– ausmachen)

Die obigen Angaben sind grobe Richtwerte und gelten für einen *Single-User Betrieb*. Zunehmend werden Netzwerke mit einem *Client-Server-Konzept* verwirklicht, wobei die Anwendungsprogramme auf dem Server – einer Workstation mit hoher Speicherkapazität – liegen. Die Clients benötigen dann entsprechend weniger Plattenkapazität.

Der Vorteil der heute durchgängig favorisierten dezentralen Konzepte liegt in der Möglichkeit, die einzelnen Rechnerstationen an die Bedürfnisse des Nutzers bzw. die Erfordernisse der jeweiligen Software anpassen zu können. Der Netzwerkbetrieb stellt in gewisser Weise eine Mischung aus zentralem und lokalem Rechnerkonzept dar. Je nach eingesetzter Software, Rechner- und Speicherkapazität kann das Netz individuell konfiguriert werden. Betriebssytem, Tools und Anwendungsprogramme können zentral oder lokal gehalten werden. Einzelne Maschinen – Clients und Server – können, was zum Beispiel die Grafikleistung oder den Hauptspeicher betrifft, unterschiedlich ausgestattet werden. Meistens sind die Maschinen auch nachträglich ausbaufähig, falls die Anforderungen der Software – leider ist das bei fast jeder Softwarerevision der Fall – steigen.

Die Hardwareentwicklung ist so stürmisch, daß über den Tag hinausgehende Angaben praktisch nicht möglich sind. In Fachzeitschriften werden von Zeit zu Zeit Marktübersichten veröffentlicht, an denen man sich grob orientieren kann, so zum Beispiel in [CCR94]. Die führenden Workstation-Hersteller sind Hewlett-Packard (HP 9000-xxx), Silicon Graphics (Indigo, Indy), SUN (SPARCstation), IBM (RISC/6000), Siemens (RW 4xx), Digital Equipment (DEC 3000 xxx) und Intergraph (TD xxx), deren Maschinen heute in der Regel mit RISC-Prozessoren – *Reduced Instruction Set Computer* – ausgestattet sind. Diese Prozessoren stellen im Moment die leistungsfähigste Technologie für Workstation dar.

Über die besonderen Hardwarefunktionen, die man für die eigene Anwendung benötigt, sollte man sich sehr eingehend informieren. Die am besten geeignete Rechnerkonfiguration muß sich an der Art der FE-Analysen und den Modellgrößen orientieren. Häufige nichtlineare Analysen erfordern andere Rechner als einfache lineare Strukturanalysen, Programm A mit Solvertyp B braucht mehr Hauptspeicher als Programm C mit Solvertyp D.

Ein aussagefähiger Vergleich der Arbeitsplatzrechner untereinander ist wegen der starken Modularität und der Aufrüstmöglichkeiten sehr schwierig. Benchmarkergebnisse – also der Vergleich von Rechenzeiten bei Standard-

Rechenaufgaben – sind zwar hilfreich, werden aber praktisch von jedem Workstationanbieter für sein Produkt überzeugend präsentiert. Zudem ist das "Fachchinesisch" bei der Hardwarebeschreibung noch extremer als bei der Software, so daß ein normaler Anwender recht hilflos ist. Aus beeindruckenden Zahlenangaben für Taktfrequenzen, Wortbreiten, MIPS – *million instructions per second* – oder FLOPs – *floating point operations* – kann man nur sehr schlecht Rückschlüsse auf die konkrete Leistung beim Arbeiten mit der FE-Software ziehen. Eine recht gut verständliche Beschreibung der gängigen Hardwarekomponenten ist z.B. in [VWSS94] zu finden.

Es sei noch einmal auf die Wichtigkeit der Abstimmung zwischen FE-Programm und Hardware hingewiesen. Auch der beste Grafikbeschleuniger ist nutzlos, wenn er von der Software nicht genutzt werden kann! Vor einem Kauf sollte auf alle Fälle ein *eingehender Test* mit genau der ins Auge gefaßten Konfiguration durchgeführt werden.

5.2 Betriebssystem

Jeder Rechner benötigt ein Betriebssystem, das im wesentlichen die in Abbildung 5.2 gezeigten Aufgaben erfüllt. Als Nutzer eines Finite Elemente Programms hat man normalerweise wenig mit dem Betriebssystem zu tun. Alle notwendigen Funktionen, wie zum Beispiel das Dateimanagement, können meistens aus der FE-Software heraus erledigt werden. Nachfolgend deshalb nur einige sehr kurze Erläuterungen zum derzeitigen Stand der Technik.

PC sind üblicherweise mit MS-DOS oder MS-Windows ausgestattet, unter denen auch bisher die kleinen FE-Programme oder die PC-Versionen großer Programme laufen. In einigen Fällen gibt es auch unter OS/2 lauffähige Versionen.

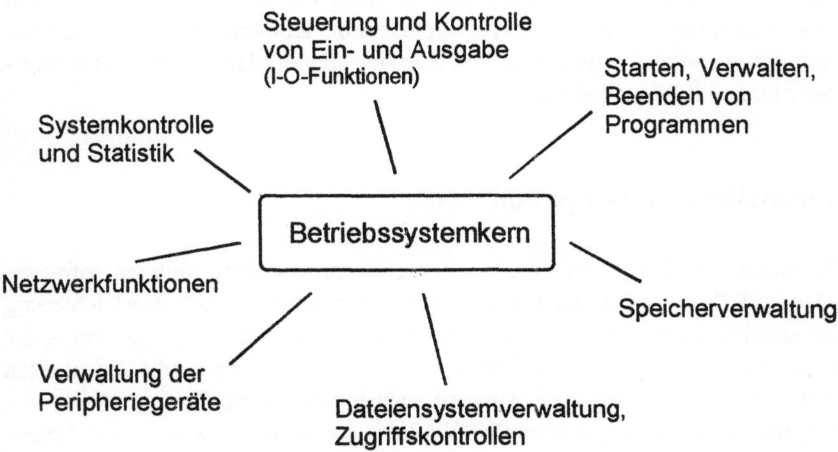

Abb. 5.2. Wesentliche Aufgaben des Betriebssystems

Ein neuer, aber ganz eindeutiger Trend bei den PC-Programmen geht in Richtung Windows NT, dem neuen, netzwerkfähigen Betriebssystem von MICROSOFT. Alle neueren PC-Versionen von FE-Programmen – z.B. ANSYS, MECHANICA oder NASTRAN – sind nur noch unter Windows NT lauffähig, obwohl dieses Betriebssystem noch nicht den breiten Durchbruch geschafft hat. Es gibt Probleme in der Stabilität und der für FE-Programme sehr wichtigen Grafikleistung, die aber sicher in den nächsten ein bis zwei Jahren behoben sein werden.

Der Kampf der Betriebssysteme auf dem Workstation-Markt ist wohl zugunsten von UNIX entschieden. Die früher führenden Systeme VMS von DEC und MVS von IBM sind von den verschiedenen UNIX-Ablegern – herstellerabhängige Derivate wie HP-UX, ULTRIX, IRIX, AIX, SINIX etc. – abgelöst worden. Die wichtigsten Merkmale von UNIX sind:

* Hardwareunabhängigkeit
* Multi-Tasking-Betrieb (mehrere Prozesse gleichzeitig)
* Multi-User-Betrieber (mehrere Benutzer gleichzeitig)
* Zuweisung von Zugriffsrechten
* überschaubare Systemstruktur (gute Handhabung durch den Systembetreuer)

Von diesen Eigenschaften sind für den FE-Arbeitsplatz vor allem die Regelung der Zugriffsrechte und die Multi-Tasking-Fähigkeit wichtig. Während eines Rechenlaufs kann so z.B. an einem anderen Modell weitergearbeitet oder ein Plotfile abgeschickt werden.

Fast alle kommerziellen FE-Programme laufen unter UNIX. In der Reihenfolge der Programm-Portierungen steht UNIX nun an erster Stelle, so daß man als Kunde am schnellsten die neuesten Revisionen erwarten kann.

Schwierigkeiten treten manchmal durch die unterschiedlichen Revisionsstände von FE-Programm und Betriebssystem auf. Neue Betriebssystemrevisionen ergeben Probleme mit älteren Programmversionen oder umgekehrt. Das tritt vor allem dann auf, wenn auf einer Workstation oder im Netz mehrere Anwendungsprogramme installiert sind, oder man absichtlich nicht mit der neuesten – vielleicht noch nicht so stabil laufenden – Programmversion arbeiten will. Hier muß der Systemingenieur oftmals viel Arbeit und Zeit investieren, damit der Berechnungsingenieur keine Probleme bekommt.

5.3 Zusätzliche Software und Tools

Es gibt im Umfeld der PC und Workstation eine ganze Palette weiterer Softwareprodukte und *Tools* – darunter versteht man Programme zur Arbeitserleichterung für den spezialisierten Anwender, den Systemverwalter und Programmierer -, die mehr oder weniger eng mit dem Betriebssystem verknüpft sind. Mit den meisten dieser Programme kommt der FE-Anwender nur indirekt in Berührung.

Als grafische Umgebung hat sich X-Windows durchgesetzt, wobei diese Benutzungsoberfläche eng mit dem Betriebssystem gekoppelt ist. Weiter gibt es die

OSF/Motif Software, die es erlaubt, grafische Benutzungsoberflächen zu programmieren (siehe auch Kapitel 4.2.1).

Netzwerksoftware und Treiber für die Peripheriegeräte wie Festplatten und Plotter müssen natürlich genauso installiert sein wie Compiler für Programmiersprachen und diverse Schnittstellen. Daneben sind manchmal separate Plotprogramme notwendig, mit denen der FE-Anwender noch am ehesten umgehen muß. Nützlich sind in dieser Hinsicht Hardcopy-Programme, mit denen man Bildschirmdumps – das sind bestimmte Bildschirminhalte – in eine Plotdatei schreiben und dann ausplotten kann (siehe auch Kapitel 4.2.12).

Es würde weit über den Rahmen dieses Buches hinausgehen, die hier erwähnten Werkzeuge detailliert zu beschreiben. Für den an diesen Dingen stärker interessierten Leser gibt es in [VWSS94] weitere, gut verständliche Erläuterungen.

Bei der Beschaffung und Einrichtung von FE-Arbeitsplätzen kommt man nicht umhin, sich vertieft mit der hard- und softwareseitigen Ausstattung zu beschäftigen. Zum Beispiel ist schon der Platzbedarf aller Hilfsprogramme, die mit dem eigentlichen FE-Programm nichts zu tun haben, so groß, daß dies in die Überlegungen zur notwendigen Plattenkapazität eingehen muß. Die Definition der notwendigen Hard- und Softwareausstattung und die Formulierung der Anforderungen muß in Kooperation und Absprache zwischen dem FE-Anwender, dem Hard- und Softwarelieferant und dem Systembetreuer vorgenommen werden.

6 FEM und CAD – Finite Elemente Programme in der Konstruktion

Konstruktionsabteilungen sind nicht gleich, sie decken oft sehr unterschiedliche Aufgabenbereiche ab. In einigen Unternehmen gehören die Entwicklung einschließlich Musterbau und -erprobung, manchmal sogar die Vorentwicklung und Projektierung zum großen Ressort *Konstruktion* In anderen Firmen ist die Konstruktionsabteilung ein rein ausführendes Organ und kümmert sich nur um die konstruktive Detaillierung und den Änderungsdienst. Die Arbeit eines Konstrukteurs kann dementsprechend sehr verschieden sein; der Schwerpunkt liegt aber überwiegend im Bereich der Gestaltung und der Ausarbeitung.

Berechnen und Optimieren sind in der Konstruktion meist untergeordnete oder, zumindest vom zeitlichen Anteil her, eher nebensächliche Tätigkeiten. Natürlich gibt es auch hier branchen- und firmenspezifisch große Unterschiede. In Abbildung 6.1 sind die einzelnen Tätigkeitsarten von Konstrukteuren und deren Veränderung zwischen 1965 und 1985 zu sehen. Man bemerkt, daß sich der Anteil *Berechnen* praktisch nicht geändert hat.

Möglicherweise hat sich die Situation etwas verändert, nach Einschätzung des Autors ist der aufgezeigte Trend jedoch weiterhin gültig: Zunahme der Informationsbeschaffung und -aufbereitung, Abnahme der reinen Zeichentätigkeit. Letzteres

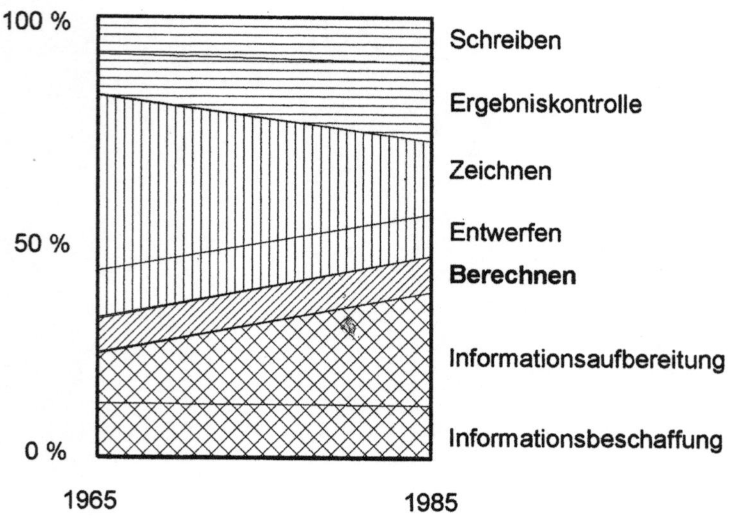

Abb. 6.1. Einzeltätigkeiten von Konstrukteuren (nach [Le88])

ist sicher eine Auswirkung der Rationalisierungseffekte durch den Einsatz von CAD-Systemen. Warum in Konstruktionsabteilungen wenig gerechnet wurde und wird, hängt u.a. mit folgenden Sachverhalten zusammen:

- Viele Maschinen, Geräte und Bauteile müssen festigkeitsmäßig nicht optimiert werden, da deren Gewicht keine bedeutende Rolle spielt oder fertigungstechnische Gesichtspunkte die Form bestimmen.
- Echte Neuentwicklungen sind relativ selten. Deshalb kommt man oft mit kleineren Veränderungen bestehender Konstruktionen aus (Anpassungs- und Variantenkonstruktionen), die nicht neu berechnet werden müssen.
- Konstrukteure – oft Technische Zeichner oder Techniker – sind von ihrer Ausbildung her im Berechnen nicht sehr versiert; sie schätzen lieber nach ihrer Erfahrung und nach Ergebnissen aus Labor- und Feldversuchen ab. Auch den Ingenieuren kommen ihre erlernten Berechnungskenntnisse in der täglichen Praxis abhanden.

Trotz des bisher Gesagten ist ein Trend zu mehr Berechnung, vor allem zum Einsatz von FE-Programmen, unverkennbar, wofür die folgenden Umstände maßgebend sind:

- Es steht immer weniger Zeit für die Erprobung von Versuchsmustern und Prototypen zur Verfügung. Der harte Konkurrenzkampf erzwingt immer kürzere Entwicklungszeiten. Langwierige Versuche müssen durch die schnelleren Methoden von Simulation und Analyse ersetzt werden.
- Das Gewicht spielt wegen des Einsatzes der Ressourcen Material und Energie eine immer wichtigere Rolle; Leistungssteigerungen können oft nur durch Gewichtsreduzierungen erreicht werden. Immer mehr Geräte müssen deshalb optimiert werden.
- Die Zahl der zuverlässigen und leicht bedienbaren Rechen- und Simulationsprogramme hat in den letzten Jahren stark zugenommen.
- In den Konstruktionsabteilungen erhöht sich die Anzahl der Ingenieure, die während ihres Studiums mit Berechnungsmethoden vertraut gemacht wurden.
- Vor allem die FE-Programmanbieter haben das große Umsatzpotential in den Konstruktionsabteilungen erkannt. Sie werben verstärkt für ihre Produkte mit dem Hinweis auf die nunmehr leichte und problemlose Anwendung auch durch Nicht-Spezialisten.
- Die durch zunehmenden Termin-, Kosten- und Erfolgsdruck belasteten Konstruktionsleiter und Konstrukteure erhoffen sich durch den Einsatz solcher Programme schnellere und exaktere Ergebnisse, weniger Risiko, bessere und einfachere Dokumentation und eine überzeugendere Darstellungsmöglichkeit ihrer Arbeit.

Ob die Berechnungstätigkeiten innerhalb der Konstruktionsabteilungen tatsächlich zunehmen werden, oder ob diese weiterhin in – möglicherweise vergrößerten – Berechnungsabteilungen durchgeführt oder auch an externe Dienstleister abgegeben werden, ist noch nicht abzusehen. Eine, nach Meinung des Autors sehr sinnvolle Möglichkeit besteht darin, daß sich dafür geeignete, interessierte Mitarbeiter in den Konstruktionsabteilungen auf Berechnung und Simulation spezialisieren.

Nachfolgend werden einige der wichtigsten Bedingungen und Gesichtspunkte des Einsatzes von FE-Programmen in Konstruktionsabteilungen angesprochen. Die Aussagen beziehen sich dabei überwiegend auf die mechanische Strukturanalyse, sind aber auf andere Anwendungsbereiche der Finite Elemente Methode übertragbar.

6.1 Auslegung und Nachrechnung

Es gibt zwei typische Berechnungsarten: Auslegungsberechnungen – man kann auch Vordimensionierung oder Entwurfsberechnung sagen – und Nachrechnungen bzw. Nachweise. Beides erfordert auch für die FE-Analyse eine etwas unterschiedliche Vorgehensweise.

Auslegungsberechnungen benötigt man in der Entwurfsphase einer Neukonstruktion oder bei größeren Variantenkonstruktion. Sie werden durchgeführt, wenn der Entwicklungsingenieur oder der Konstrukteur keine zuverlässigen Vorlagen hat, aus denen er die Abmessungen des Bauteils oder der gesamten Maschine ableiten kann.

Für Standardbauteile wie Schrauben, Federn oder auch Wellen gibt es in Normen, Richtlinien und Fachbüchern entsprechende Dimensionierungsvorschriften. Andere Norm- und Kaufteile werden nach Herstellerkatalogen ausgelegt oder von den Zulieferern für den Kunden berechnet. Schwierig wird die Sache bei frei gestalteten Teilen. Es gibt zwar Methoden aus der Konstruktions- und Festigkeitslehre, nach denen man ein Bauteil dimensionieren kann; sie basieren jedoch auf sehr groben Vereinfachungen der Gestalt und der Randbedingungen. Die Folge ist normalerweise ein weit überdimensioniertes Bauteil. Mit einem geeigneten FE-Programm kann sehr viel genauer, meist auch schneller ausgelegt werden.

Die heutige Praxis bei der Anwendung von FE-Programmen in der *Auslegungsphase* ist die, daß der Berechnungsingenieur selbst, nach gewissen Vorgaben aus der Projektierung oder der Entwicklungsabteilung, das komplette FE-Modell mit seinem FE-Programm erstellt, berechnet und analysiert, wie dies in Kapitel 3.1 dargestellt ist. Die Detailgestalt wird nur dort modelliert, wo man festigkeitsmäßig relevante Bereiche vermutet, also zum Beispiel bei Kraftumlenkungen, Kerben etc. Eine Übernahme von Geometriedaten aus der Konstruktionsabteilung bzw. aus dem CAD-System ist nicht möglich, da diese wegen der ausstehenden Detailkonstruktion noch nicht vorliegen; das wäre nur dann machbar, wenn der Konstrukteur sich schon in der Entwurfsphase eines CAD-Systems bedienen würde. Das ist aber bisher keine betriebliche Praxis, da die CAD-Systeme die für die Entwurfsarbeit notwendigen Funktionalitäten nur in geringem Umfang besitzen. Allerdings arbeiten alle CAD-Anbieter an der Verbesserung ihrer Systeme im Skizzier- und Entwurfsbereich, und es ist eine deutliche Aufwärtsentwicklung – Stichwort *Sketcher* und *Parametrisierung* – zu erkennen.

Häufiger sind Fälle, in denen bereits detailliert ausgestaltete Teile *nachgerechnet* werden müssen. Der häufigste Grund dafür sind entweder bindende Vorschriften, oder der Kunde verlangt dies als Nachweis der Funktionstüchtigkeit und Betriebssicherheit des Produktes. Hierzu zählen sicherheitsrelevante Teile, beispielsweise aus der Luftfahrt, der KFZ-Technik oder der Verfahrenstechnik. Immer häufiger genügt nicht mehr ein konventionell geführter Festigkeitsnachweis, sondern es wird eine FE-Analyse gefordert.

Ein weiterer Grund für eine Nachrechnung ist die Ursachensforschung von aufgetretenen Schäden. Mit Hilfe nachträglich durchgeführter FE-Analysen lassen sich angestellte Vermutungen über die Versagensgründe verifizieren oder auch widerlegen. Generell ist die FE-Methode auch für Nachrechnungsaufgaben gut geeignet.

Bei der Nachrechnung existierender Teile – existierend, zumindest in Form von Fertigungszeichnungen – bietet sich die Geometriedatenübertragung aus dem CAD-System in das FE-System an. Man kommt allerdings nicht ohne eine "datentechnische" Nacharbeit der eingelesenen Bauteilgeometrie aus. Kein Bauteil – von wenigen Ausnahmen abgesehen – kann mit allen Gestaltdetails analysiert werden. Die Form muß vereinfacht werden, da sonst die Elementierung zu fein und das FE-Modell nicht mehr handhabbar wäre. Auf die Problematik der Geometrieübertragung und -vereinfachung wird im nachfolgenden Abschnitt noch näher eingegangen.

Zwischen Auslegungsberechnung und Nachrechnung gibt es weitere Formen der abgestuften, *konstruktionsbegleitenden Berechnung* im Sinne eines *Simultaneous* oder *Concurrent Engineering.* Bei sehr zeitkritischen oder mit hohem Kostenrisiko behafteten Teilen sind FE-Analysen parallel zum Konstruktionsfortschritt sinnvoll. Neben den rein datentechnischen und methodischen Problemen, die nachfolgend näher erläutert werden, ergeben sich jedoch bei dieser abteilungsübergreifenden, verschachtelten Arbeitsform die größeren Schwierigkeiten im organisatorischen und menschlichen Bereich [Kl93].

6.2 Geometrieerstellung

Sowohl bei einer Auslegungsberechnung als auch bei einer Nachrechnung benötigt man als Grundlage für die FE-Analyse die *Bauteilgeometrie*. Die Ausgangssituation für die Modellerstellung ist jedoch jeweils unterschiedlich. Wie bereits erwähnt, wird für eine Vordimensionierung von Neukonstruktionen die Geometrie meist direkt im Preprozessor des FE-Systems erzeugt. Die Vorgehensweise ist in Kapitel 4.2.2 ausführlich beschrieben. Die Erfahrung des Berechnungsingenieurs bestimmt den Grad der notwendigen Detaillierung (siehe Abb. 6.2).

Wenn die Problemstellung und die Bauteilform relativ einfach sind, das Ziel der Analyse also zum Beispiel eine lineare Spannungs- und Verformungsberechnung ist, kann ein Konstrukteur mit guten Kenntnissen der Festigkeitslehre solche Aufgaben mit Hilfe eines bedienerfreundlichen FE-Programms durchaus bewältigen. Er muß heute nicht mehr das ganze mathematisch-numerisch-theoretische Hintergrundwissen haben, um vernünftige FE-Analysen durchführen zu können. Die Geometrieerzeugung im FE-Preprozessor unterscheidet sich nicht sehr von der in

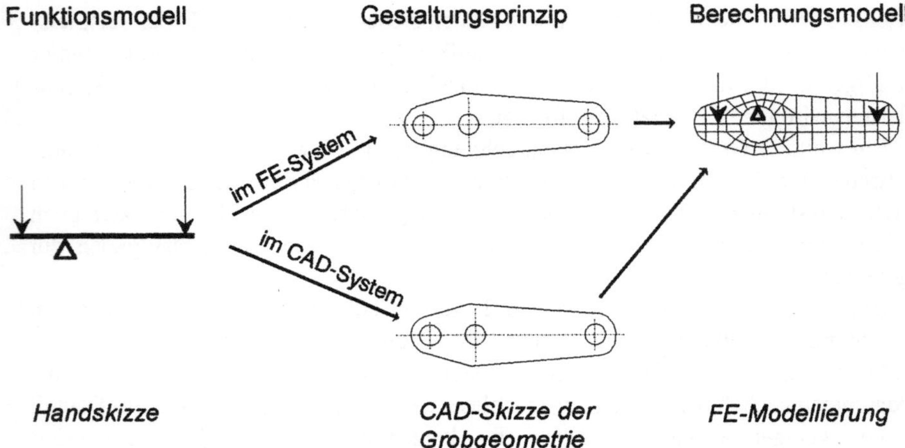

Abb. 6.2. Geometrie-Modellierung für die FE-Analyse bei Neukonstruktionen

einem einfachen CAD-System; es wird mit ähnlichen Funktionen und Begriffen wie "Linie erzeugen", "Trimmen", "Spiegeln" etc. gearbeitet.

Es besteht auch die Möglichkeit das FE-Modell in dem vertrauten CAD-System aufzubauen, und die Geometrie dann via Schnittstelle in das FE-System zu transferieren (siehe Kapitel 6.3).

6.2.1 Die 2D/3D-Problematik

Alle technischen Bauteile sind in der Realität dreidimensional. Sie müßten demnach auch als FE-Modelle immer aus Volumenelementen aufgebaut werden. Das führt sehr oft zu riesigen Modellen, das heißt zu Modellen mit sehr vielen Elementen, Knoten und Freiheitsgraden. Vernetzungs- und Rechenzeiten werden dadurch trotz höchst leistungsfähiger Soft- und Hardware unerträglich lang. Besonders wenn das Bauteil kleine Absätze oder Bohrungen hat, kommt es auch bei einfachen Formen zu sehr hohen Elementzahlen. Wenn dann auch noch wegen sonstiger Unregelmäßigkeiten statt Brick-Elementen Tetraederelemente verwendet werden müssen, verfünffacht sich diese Zahl noch. Abbildung 6.3 zeigt anhand eines einfachen Beispiels eine Gegenüberstellung der Elementanzahl.

Da man wegen der Rechengenauigkeit auf ein ausgewogenes Seitenverhältnis der Elemente achten muß (siehe Kapitel 4.2.4.1), ergeben sich alleine im Bereich des 1mm hohen Absatzes sehr schnell Tausende von Elementen, ohne daß damit die Kerbspannung genau genug berechnet würde! Zur Ermittlung der lokalen Kerbwirkung wäre hier ein separates 2D-Teilmodell mit Scheibenelementen erheblich besser geeignet. Die globale Spannungs- und Verformungsberechnung könnte dann mit einem Volumenmodell ohne den kleinen Absatz erfolgen.

Es gibt in der Praxis viele Bauteile, die eher flächig aufgebaut sind: Biegeteile, Kunststoff-Spritzgußteile und dünnwandige Gußkonstruktionen. Obwohl diese

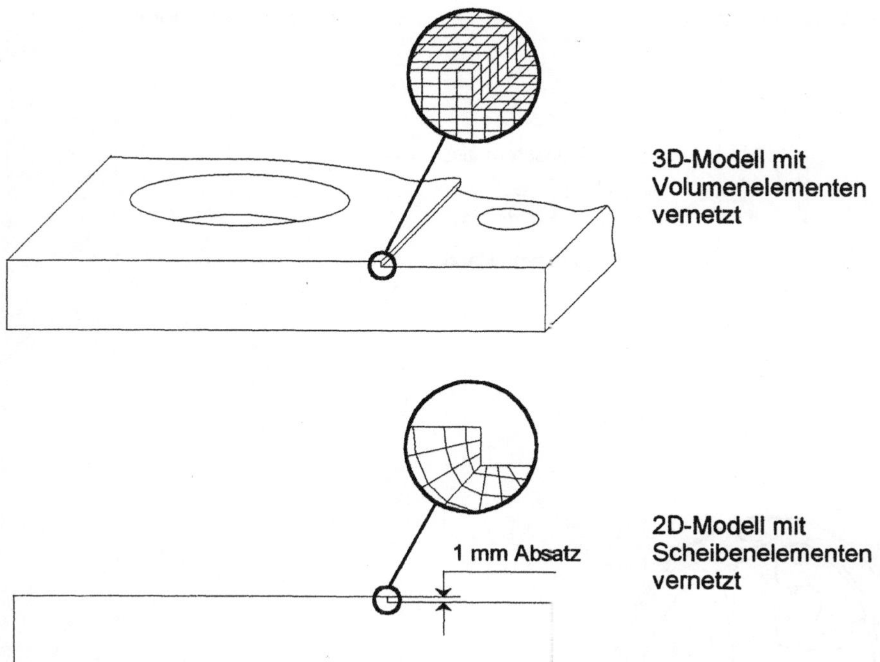

Abb. 6.3. Gegenüberstellung der Anzahl von Volumenelementen und Scheibenelementen

Teile räumlich dreidimensional sind, haben sie nur ein relativ geringes Volumen. Durch die kleinen Wandstärken müßten sie mit sehr kleinen Volumenelementen vernetzt werden, was zu den oben geschilderten Problemen führt. Viel günstiger ist hier eine Vernetzung mit Schalenelementen, die ein Seiten-Dickenverhältnis von 10:1 und mehr zulassen.

Das Problem ist nun, daß dazu als Trägergeometrie ein Flächenmodell vorliegen muß, welches dann automatisch mit Schalenelementen vernetzt werden kann. Liegt aber im CAD-System eine *3D-Volumengeometrie* vor, so muß diese in eine *3D-Flächengeometrie* überführt werden. Das ist bei einfachen Blechbauteilen von Hand oder halbautomatisch – durch sogenannte *Mittelebenenfunktionen* der Systeme – gut machbar, bei komplizierteren Formen aber sehr schwierig (siehe Abb. 6.4). Die Hauptarbeit muß dann mühsam von Hand, entweder im CAD-System oder im Preprozessor des FE-Systems, durchgeführt werden.

Bei der ganzen Diskussion um die Geometrieübernahme und 3D-Volumenvernetzung sollte man beachten, daß die überwiegende Zahl von CAD-Konstruktionen nicht dreidimensional sind, sondern nur als 2D-Konturen und Zeichnungen vorliegen. Bisher hat sich nur in einigen Branchen wie dem Werkzeug- und Formenbau die 3D-Konstruktion durchgesetzt. In vielen anderen Bereichen ist sie, ohne einen entsprechenden Effektivitätsgewinn zu bringen, erheblich aufwendiger als eine 2D-Konstruktion.

3D - Volumenmodell   3D - Flächenmodell

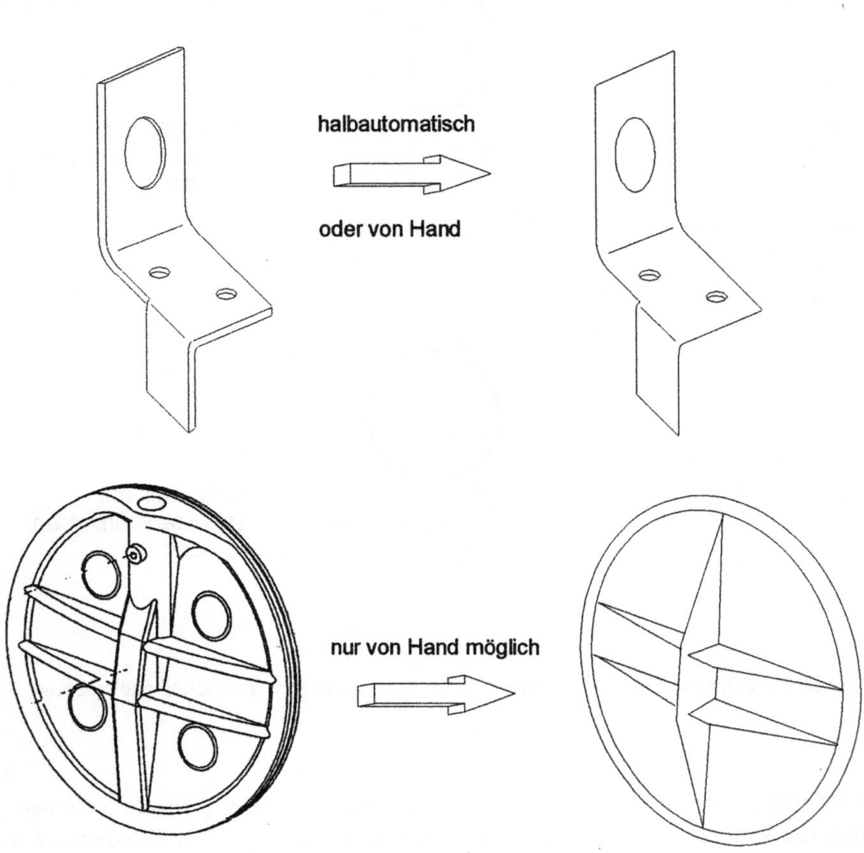

Abb. 6.4. Überführung von Volumenmodellen in Flächenmodelle

6.2.2 Vereinfachungsstrategien

Wenn heute von FEM die Rede ist, wird am häufigsten vom Nutzen der Geometrieübertragung aus einem CAD-System gesprochen. Die durchaus sinnvolle Über-
legung ist die, daß man für die FE-Analyse die schon erzeugten Abmessungen
benutzen kann, und diese nicht ein zweites Mal erzeugt werden müssen; sie sind ja
im CAD-System abgelegt. Existiert das Bauteil also als 3D-CAD-Modell, und will
man eine *Nachrechnung* durchführen, so ist die Möglichkeit der Geometriedaten-
nutzung für die FE-Modellierung gegeben.

Das eigentliche Problem stellen aber die unterschiedlichen Anforderungen an ein
Fertigungsmodell – wie es das CAD-Modell darstellt – und an ein *Berechnungs-
modell* dar. Das CAD-Modell muß völlig eindeutig und exakt alle Angaben und
Maße enthalten, damit das Teil gefertigt werden kann. Neben den wichtigen
Hauptabmessungen sind dies zum Beispiel Fasen an Bohrungen, ein Deckel be-
kommt vielleicht eine kleine Bohrung für einen Sicherungsdraht, ein Gußteil eine

kleine Nase für eine Markierung oder ähnliches. Das alles sind Geometrieelemente, die für eine Vernetzung des Teils mit Finiten Elementen sehr hinderlich sind. Sie erzwingen eine für die Spannungsberechnung völlig unnötige Netzfeinheit, die bei größeren Modellen dazu führt, daß diese entweder nicht vernetzbar oder aber nicht berechenbar sind.

Der Konstrukteur muß also in jedem Fall sein CAD-Modell *nachbearbeiten*, und es *beanspruchungsgemäß vereinfachen*. Die notwendigen Vereinfachungen können auf unterschiedliche Weise durchgeführt werden (siehe Abb. 6.5):

1) Vereinfachung der ins FE-System übertragenen exakten Geometrie im und mit den Funktionen des FE-Systems.

2) Erstellung eines vereinfachten Modells im CAD-System (ausgehend von dem exakten CAD-Modell) und anschließende Übertragung ins FE-System.

3) Unterdrückung von Geometriefeatures im CAD-System (nur bei featurebasierten Systemen und entsprechender Konstruktionslogik möglich).

4) Zwischenspeicherung und Nutzung eines frühen, einfacheren Konstruktionsstandes des Bauteils.

Jede dieser Möglichkeiten hat ihre Vor- und Nachteile:

Zu 1: Vereinfachung der CAD-Geometrie im FE-System

Die Geometriedaten müssen über eine direkte oder eine Standardschnittstelle übertragen werden. Bei direkten Geometrieschnittstellen – meist liest der FE-Preprozessor die Daten aus dem CAD-System ein – ist das problemlos. Hier können Draht-, Flächen- oder auch Volumenmodelle ohne Datenverluste übertragen werden, da die Schnittstelle genau für diese beiden Programme geschrieben wurde. Schwierigkeiten entstehen nur bei Versionsänderungen. Es ist nicht immer sichergestellt, daß die Schnittstelle – die entweder vom FE-Anbieter oder vom CAD-Anbieter geliefert und gepflegt wird – auf dem neuesten Revisionsstand *beider Systeme* ist! Bei der Geometrieübertragung durch eine Standardschnittstelle wie IGES oder VDAFS können sich Schwierigkeiten ergeben, die in den nachfolgenden Abschnitten noch näher erläutert werden.

Unabhängig davon wie die Geometrie in das FE-System übertragen wird, muß der Konstrukteur weitgehend mit den Kommandos und Funktionen des FE-Systems weiterarbeiten. Er muß also neben *seinem* CAD-System auch mit dem FE-System vertraut sein. Eine weitere Schwierigkeit liegt darin, daß die CAD-Funktionen des FE-Preprozessors meist nicht so komfortabel sind wie die des CAD-Systems. Manche Editieroperationen werden deshalb kompliziert und umständlich.

Trotz der geschilderten Nachteile wird das Verfahren in der Praxis häufig angewandt. Oft auch deshalb, weil zwei Personen beteiligt sind: der Konstrukteur als Ersteller des CAD-Modells und der Berechnungsingenieur als derjenige, der die FE-Analyse durchführt. Jeder arbeitet dann mit dem ihm vertrauten System.

Zu 2: Vereinfachung des Modells im CAD-System

Eine sehr sinnvolle Möglichkeit der Vereinfachung besteht darin, diese – ausgehend von dem exakten CAD-Modell – im CAD-System durchzuführen, und das

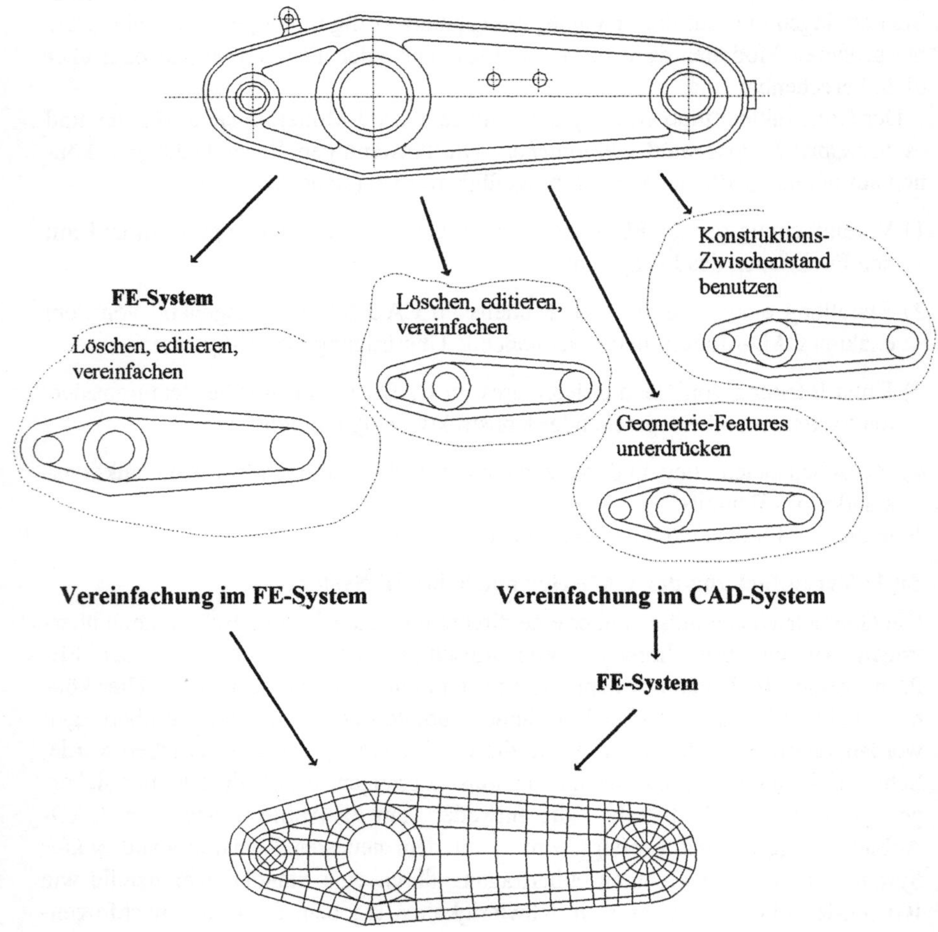

Abb. 6.5. Geometrievereinfachung eines CAD-Modells für die FE-Analyse

vereinfachte Modell anschließend ins FE-System zu übertragen. Zum einen werden die oben geschilderten Übertragungsprobleme über die Schnittstelle geringer, da es sich um bedeutend weniger Elemente und Daten handelt; die Vereinfachung kann vom Datenumfang her oft mehr als zwei Drittel ausmachen! Zum zweiten bleibt der Konstrukteur im vertrauten CAD-System und kann hier viel effektiver arbeiten. Nachteilig ist, daß der Konstrukteur wissen muß, welche Vereinfachungen für die FE-Analyse notwendig sind. Entweder hat er selbst genügend Erfahrung, oder er muß sich mit dem FE-Spezialisten absprechen, was wiederum zu Reibungsverlusten führen kann.

Zu 3: Unterdrückung von Geometriefeatures im CAD-System

Bei featurebasierten CAD-Systemen besteht die Möglichkeit, bestimmte *Konstruktionsfeatures* zu unterdrücken. Wenn beispielsweise eine Bohrungsfase ein Feature darstellt, so kann sie vor der Übertragung der Daten in das FE-System entfernt werden. Das gilt auch für Ausrundungen, kleine Bohrungen etc. Diese gute Möglichkeit der Geometrievereinfachung bedingt aber ein sehr diszipliniertes Konstruieren nach festen Regeln, also ein Vorausplanen dessen, was für die spätere Vereinfachung notwendig ist. Stimmt die Konstruktionslogik nicht, wurde also die Fase z.B. nicht als Feature, sondern durch Rotation eines Kurvenzugs erzeugt, so entfällt diese Möglichkeit (siehe Abb. 6.6).

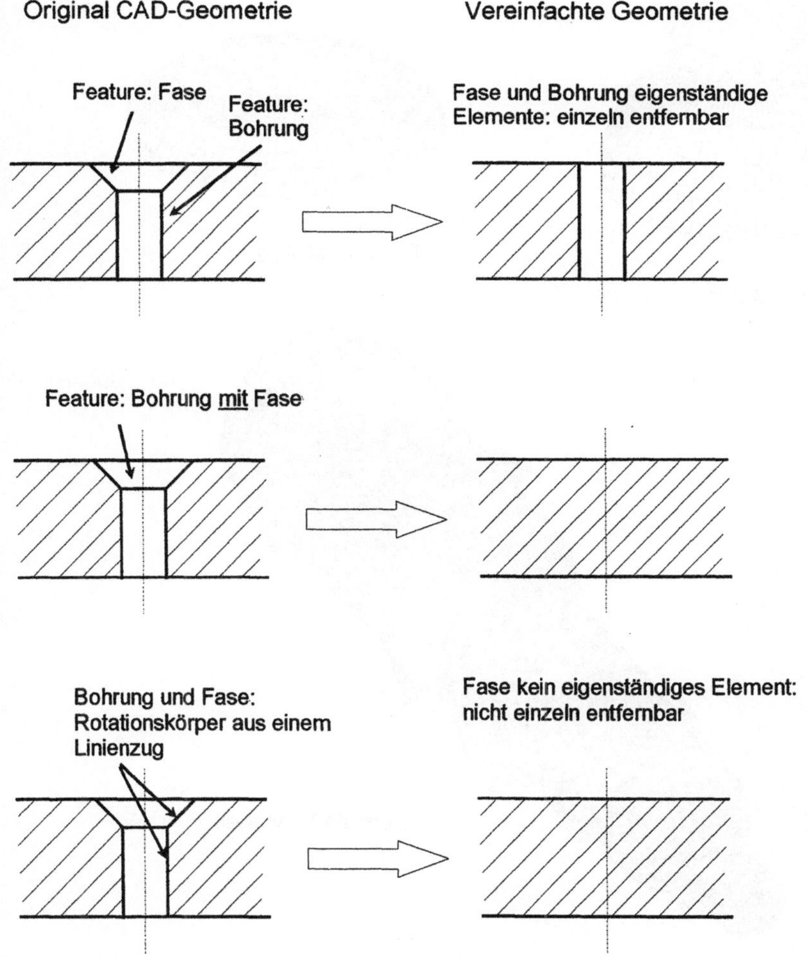

Abb. 6.6. Vereinfachung des CAD-Modells durch Feature-Unterdrückung

Zu 4: Nutzung eines frühen Konstruktionszwischenstandes

Man kann auch ähnlich der oben geschilderte Methode der Featureunterdrückung vorgehen, wenn das CAD-System diese Möglichkeit nicht bietet. Der Konstrukteur muß dann aber so arbeiten, daß er, von einem CAD-Grobmodell ausgehend, dieses immer mehr verfeinert. Der *Konstruktionszwischenstand*, der für die FE-Berechnung ausreichend genug detailliert ist, muß als FE-Geometriemodell abgespeichert werden und kann für die Analyse benutzt werden.

Diese sehr sinnvolle Methode ist in der Praxis leider kaum durchführbar. Das Konstruieren führt meist nicht systematisch vom Groben zum Feinen. Die Arbeitsweise des Konstrukteurs ist eher sprunghaft, er verfeinert hier, ändert an anderer Stelle aber auch sehr umfangreich, arbeitet iterativ und intuitiv mit sehr vielen

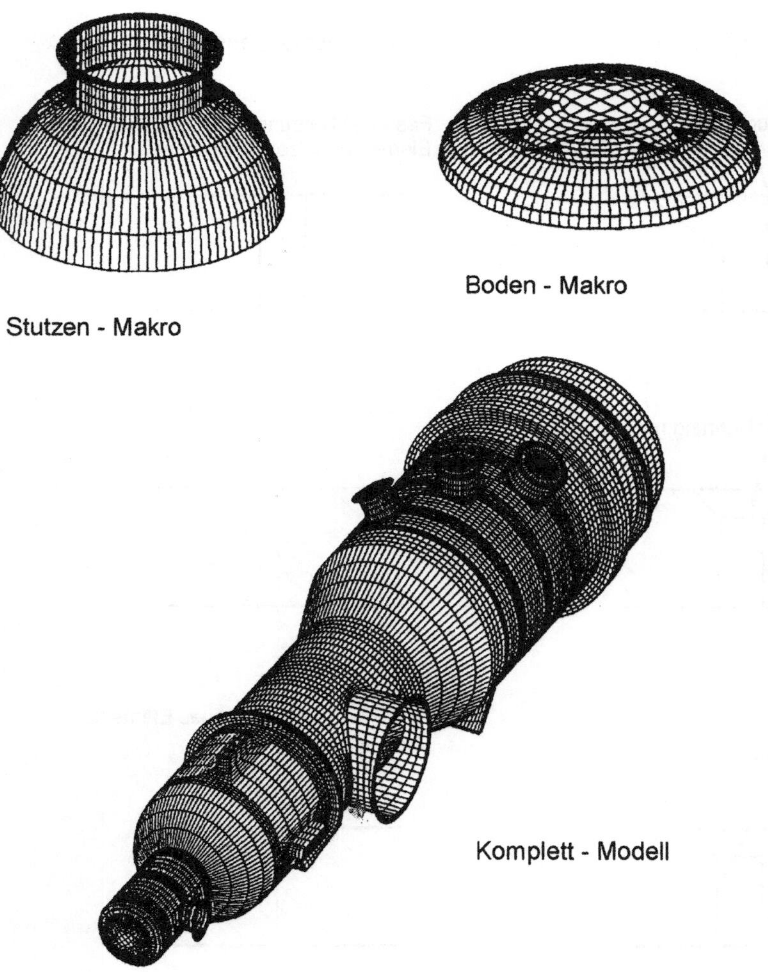

Abb. 6.7. Modellierung durch Zusammensetzung von Geometrie-Makros (Fa. LURGI, Frankfurt am Main)

Schleifen und Revisionen. Ein *FE-gerechter Zwischenstand*, den man abspeichern könnte, existiert also meistens nicht. Das Verfahren funktioniert nur mit einer an den Bedürfnissen der FE-Berechnung ausgerichteten Arbeitsweise, die aber von einem normalen Konstrukteur nicht erwartet werden kann.

Eine gute Möglichkeit, die Geometriemodellierung zu erleichtern, bietet die Makrotechnik (siehe Kapitel 4.2.7). In Abbildung 6.7 sind zwei Geometrie-Makros aus dem Behälterbau zu sehen, die in der FE-Abteilung definiert und erstellt wurden.

Der Konstrukteur ruft diese parametrisierten Makros auf und kann sie mit seinen konkreten Abmessungen versehen; daraufhin wird die FE-Geometrie der Baugruppe komplett erstellt. In dem gezeigten Beispiel der Fa. LURGI erzeugt das Makro auch noch die Vernetzung. Der Konstrukteur setzt nun sein komplettes Modell aus den Teilen zusammen und ergänzt das Modell dort, wo es notwendig ist. Der Aufwand für die Erstellung der Makros lohnt sich vor allem bei häufig sich ähnelnden Bauteilen und Geräten.

6.3 Schnittstellen

Grundsätzliches zur Definition und Funktion, zu Eigenschaften und Problemen von Schnittstellen wurde in Kapitel 4.2.11 erläutert. Die nachfolgenden Abschnitte beziehen sich speziell auf *Geometrieschnittstellen* und die Aspekte, die im praktischen Umgang und im Zusammenhang mit CAD und der Konstruktion von Bedeutung sind. Die gesamte Problematik kann nur angerissen werden. Die an diesem Thema interessierten Leser können sich in der umfangreichen Spezialliteratur – z.B. [An93], [Ab90] – sowie in zahlreichen Fachartikeln weitergehend informieren.

6.3.1 Geometrie-Standardschnittstellen

Nach Einschätzung des in diesen Fragen kompetenten CAD-CAM Labors des Kernforschungszentrums Karlsruhe [Ma94] werden folgende Schnittstellenformate in Deutschland und international am häufigsten eingesetzt:

- IGES
- VDA-FS
- VDA-IS
- DXF
- SET
- STEP

In erster Linie werden durch die Schnittstellenprozessoren Geometrieelemente – englisch *entities* – ausgeschrieben. Das sind Punkte, Kurven, Flächen und Volumen. Innerhalb dieser Gruppen gibt es wiederum verschiedene Typen, wie zum Beispiel bei den Kurven die gerade Linie, den Bogen, den Kreis oder den Spline. Die Anzahl und die mathematische Beschreibung dieser Entities ist je nach

Schnittstelle unterschiedlich. Neben den reinen Geometrieelementen können weitere Daten ausgeschrieben werden: parametrische Beziehungen, Verzeigerungen zwischen den Elementen, Schraffuren, Texte, Layer-Strukturen etc. Bei der praktischen Arbeit treten häufig zwei typische Fehler auf, die die Nutzung der in das FE-System eingelesenen Geometrie erschweren:

* *Genauigkeitsfehler*, da die Systeme mit unterschiedlicher numerischer Genauigkeit arbeiten. Das kann zum Beispiel dazu führen, daß vier Punkte oder Linien nach der Übertragung nicht mehr in einer Ebene liegen, diese also nicht mehr planar ist. Oft treten auch doppelte Linien auf, so daß Flächen nicht mehr aneinander gekoppelt sind.

* *Übersetzungsfehler* und Lücken, wenn der Elementumfang – die Art der übertragbaren Entities – beider Systeme nicht der gleiche ist. So werden manchmal Kreisbögen in Splines übersetzt oder aber andere Entities überhaupt nicht erkannt und übersetzt.

Alle genannten Schnittstellen werden ständig verbessert. Allerdings ist die Qualität von Schnittstellenprozessoren je nach CAD- oder FE-System sehr unterschiedlich. Die Normen lassen viele Möglichkeiten offen; dazu kommen die unterschiedlichen Revisionsstände der Prozessoren. Das hat zur Entwicklung von *Schnittstelleneditoren* und -konvertern geführt, mit denen Schnittstellendateien nachbearbeitet werden. Es gibt eine ganze Reihe kommerzieller Prozessoren, die für spezielle CAD-FE-Systemkopplungen eingesetzt werden, da die "genormte" Übertragungsqualität nicht ausreichend ist. In Abbildung 6.8 ist eine CATIA Ausgangsgeometrie und eine für ANSYS "nachgebesserte" IGES-Geometrie zu sehen.

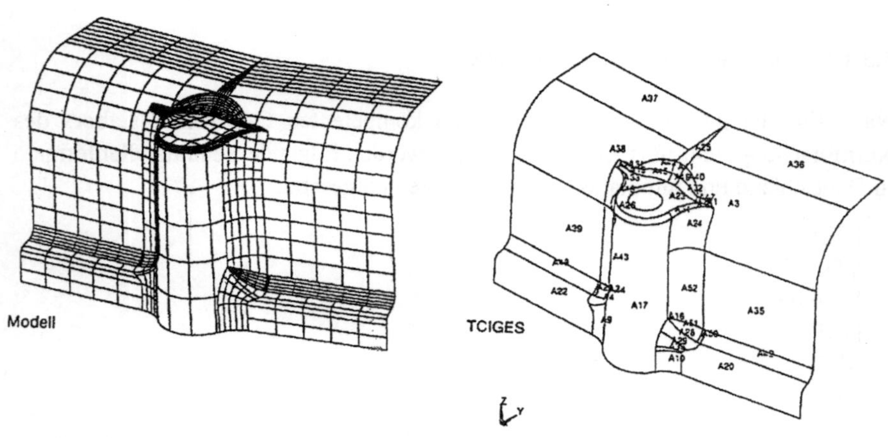

CATIA-Flächenmodell   Flächenmodell in ANSYS
(mit IGES-Konverter nachgebessert)

Abb. 6.8. CAD-Ausgangsgeometrie und die mit einem IGES-Konverter nachgebesserte Geometrie (aus CATIA mit TCIGES – Fa.TCN, Dortmund – nach ANSYS)

Die zunehmende Bedeutung von Schnittstellen und deren – oft von den Programmanbietern verschwiegene – Problematik kann man daran ablesen, daß es eine Vielzahl von Softwaretools gibt, ähnlich dem oben beschriebenen Konverter, mit denen man Geometriedateien halb- oder vollautomatisch nachbearbeiten kann. Ein deutlicher Hinweis auf die Komplexität der Probleme ist auch die Tatsache, daß von Instituten ein- und mehrtägige Fortbildungskurse über Schnittstellen abgehalten werden; beispielhaft seien hier das schon erwähnte CAD-CAM Labor, die ProSTEP GmbH und die Weiterbildungsakademien TAW und TAE genannt.

Zu den gängigsten Geometrieschnittstellen nachfolgend einige kurze Erläuterungen:

IGES (Initial Graphics Exchange Specification)

IGES ist das wohl älteste und am meisten eingesetzte Geometrie-Schnittstellenformat [NAM91]. Es hat für den FE-Anwender eine große Bedeutung, da fast alle CAD- und FE-Systeme IGES-Formate ausschreiben und einlesen können. Der Anfang eines lesbaren (ASCII) IGES-Files ist in Abbildung 6.9 zu sehen.

```
IGES file generated from an AutoCAD drawing by the IGES                S0000001
translator from Autodesk, Inc., translator version IGESOUT-3.04.       S0000002
This file in an example to show how the IGES translator works.         S0000003
,,8HIGESTEST,2OHC:\ACAD\IGESTEST.IGS,10HAutoCAD-11,12HIGESOUT-3.04,32,  G0000001
38,6,99,15,8HIGESTEST,1.0,1,4HINCH,32767,3.2767D1,13H930308.205419,     G0000002
1.0D-7,100.0,8HM. Degen,5H ****,6,0;                                    G0000003
110        1        1        1                          00000000D0000001
110                          1                                  D0000002
110        2        1        1                          00000000D0000003
110                          1                                  D0000004
110        3        1        1                          00000000D0000005
110                          1                                  D0000006
110        4        1        1                          00000000D0000007
110                          1                                  D0000008
110,0.0,0.0,0.0,100.0,0.0,0.0;                                 1P0000001
110,100.0,0.0,0.0,100.0,100.0,0.0;                             3P0000002
110,100.0,100.0,0.0,0.0,100.0,0.0;                             5P0000003
110,0.0,100.0,0.0,0.0,0.0,0.0;                                 7P0000004
S0000003G0000003D0000008P0000004                               T0000001
```

Abb. 6.9. Anfang einer IGES-Datei (ausgeschrieben aus AUTOCAD)

Zum Ausschreiben einer IGES-Datei aus einem CAD-System muß der Anwender eine ganze Reihe von Voreinstellungen vornehmen, damit die Datei für das entsprechende FE-System gut und möglichst fehlerfrei einlesbar ist. In Abbildung 6.10 ist in einer Übersicht zu sehen, welche Voreinstellungen und Wahlmöglichkeiten man zum Beispiel beim IGES-Postprozessor des CAD-Systems I-DEAS hat.

Eine allgemeingültige Aussage über die optimale Voreinstellung ist nicht möglich. Jeder FE-Anwender muß das für "sein" CAD-System und für "sein" FE-System selbst herausfinden. Nur manchmal geben die Systemlieferanten in ihren Handbüchern oder anderen Publikationen Hinweise, welche Einstellungen für bestimmte FE-Systeme am günstigsten sind. Die Ergebnisse einer IGES-Geome-

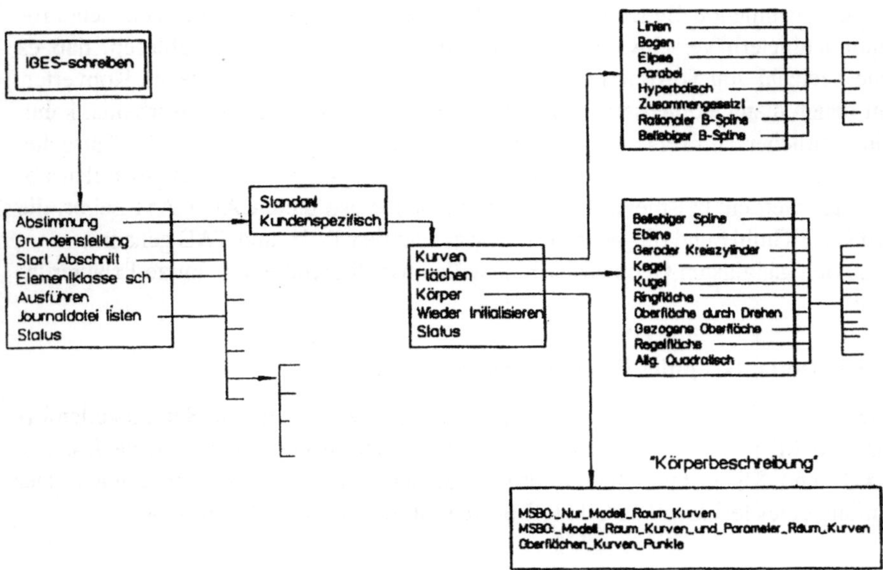

Abb. 6.10. Einstellmöglichkeiten beim Ausschreiben einer IGES-Datei (CAD-System I-DEAS)

trieübertragung eines einfaches Teils mit unterschiedlichen Voreinstellungen beim Herausschreiben der Datei sind in Abbildung 6.11 zu sehen.

Wie man erkennen kann, ergeben sich höchst unterschiedliche Geometrien, die besser, schlechter oder auch gar nicht als Grundlage für die weitere FE-Modellierung benutzt werden können. Problemlos ist die reine Punkt-Linienübertragung, die aber auch nur ein grobes Gerüst für die weitere Modellerstellung im FE-System liefert. Sehr günstig ist eine Volumenübertragung einschließlich der Oberflächen, die aber nur bei wenigen Systemkombinationen fehlerfrei gelingt.

Neben der eigentlichen IGES-Datei wird von den meisten Prozessoren eine Protokolldatei erstellt. Diese bietet eine gute Möglichkeit zur Überprüfung der Übertragungsqualität. Auch die einlesenden FE-Systeme bieten zum Teil diese Protokollfunktionen an, so daß man Unterschiede zwischen ausgeschriebenen und eingelesenen Entities feststellen und mögliche Fehler erkennen kann (siehe Abb. 6.12).

Die Qualität der IGES-Prozessoren ist in den vergangenen Jahren auf Druck der Anwender hin sehr verbessert worden. Es ist heute durchaus möglich, mit IGES eine brauchbare Datenübertragung durchzuführen. Komplizierte Geometrien enthalten allerdings oft noch so viele Fehler, daß eine Nacharbeit zu aufwendig wird. Voraussetzung für die Arbeit mit der IGES-Schnittstelle ist in jedem Fall eine intensive Beschäftigung mit deren Eigenheiten. Datenübertragung per IGES ist keine "Knopfdruck"-Angelegenheit, die problemlos funktioniert!

Auf die nachfolgend nicht so ausführlich beschriebenen Schnittstellenformate treffen die meisten der für IGES gemachten Anmerkungen ebenfalls zu; es werden

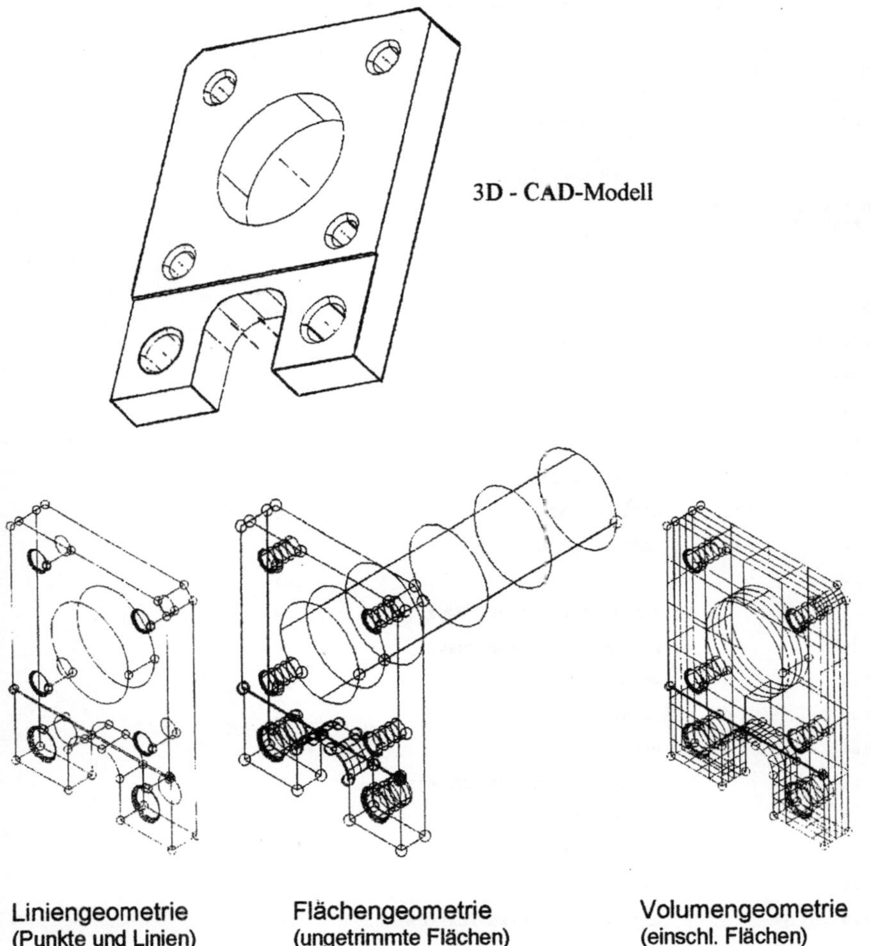

Abb. 6.11. Ausgangsmodell und Ergebnisse einer IGES-Geometrieübertragung (aus I-DEAS nach MECHANICA)

nur kurz die abweichenden Besonderheiten erläutert. Genauere Informationen kann man der Literatur, zum Beispiel [VWSS94] und [An93], entnehmen.

VDA-FS (Verband der Automobilindustrie – Flächenschnittstelle)

Eine im Automobilbereich oft genutzte Schnittstelle ist VDA-FS. Sie wurde von den deutschen Automobilfirmen entwickelt und ist schwerpunktmäßig auf die Übertragung von Freiformkurven und -flächen ausgelegt. Sie steht heute in Konkurrenz zur IGES-Schnittstelle, die inzwischen ebenfalls diese Geometrien beschreiben kann. Die Übertragungsqualität ist vergleichbar gut. International ist die Schnittstelle nicht so weit verbreitet; bei den oft aus USA stammenden FE-Programmen ist sie nicht immer verfügbar.

```
                  ---- INFORMATION PROCESSING REPORT ----
                              READ IGES

DATE: 06-Jan-94
VERSION:          IGES 5.1
IGES FILENAME:    /users2/cimss10/astheig2.ige
INFORMATION PROCESSING REPORT: astheig2.ipr


                      ---- USER CONTROL SWITCHES ----

READ_IGES FLAVOR: B_SPLINE
IIF READ_IGES PROCESSING: OFF

                      ---- CUMULATIVE DATA ----

ENTITY TYPE      FORM          ENTITY TYPE                 ENTITY
NUMBER           NUMBER        NAME                        COUNT

   100                         CIRCULAR ARC                   0

   102                         COMPOSITE CURVE                0

   104                         CONIC ARC                      0

   106             1           COPIOUS DATA                   0

   106             2           COPIOUS DATA                   0

   106            11           COPIOUS DATA                   0

   106            12           COPIOUS DATA                   0

   110                         LINE                         103

   112                         PARAMETRIC SPLINE CURVE        2

   126                         RATIONAL B-SPLINE CURVE        0

   116                         POINT                         17

   108             0           PLANE                          0

   108             1           PLANE                          0

   114                         PARAMETRIC SPLINE SURFACES     0

   118                         RULED SURFACES                 0

   120                         SURFACE OF REVOLUTION          0

   122                         TABULATED CYLINDER             0

   128                         RATIONAL B-SPLINE SURFACE      0

   124             0           TRANSFORMATION MATRIX          0
```

Abb. 6.12. Beispiel einer IGES-Protokolldatei

VDA-IS (Verband der Automobilindustrie – IGES Subset)

Die Schnittstelle umfaßt – wie der Name schon sagt – eine Untermenge der IGES-Entities. Das Format wurde von der Automobilindustrie entwickelt, da die komplette IGES-Schnittstelle für deren Bedürfnisse zu umfangreich war; das Schreiben und Aktualisieren von Schnittstellenprozessoren kleineren Umfangs ist weniger aufwendig und die Prozessoren können schneller an neue Programmrevisionen angepaßt werden. Für den FE-Bereich hat das Format nicht die große Bedeutung wie IGES.

DXF (Drawing Exchange File Format)

DXF ist eigentlich keine genormte Schnittstelle, sondern das Produkt eines CAD-Anbieters, der Fa.AUTODESK. Sie wurde für das eigene CAD-System AU-

TOCAD entwickelt. Durch die weite Verbreitung von AUTOCAD sind die anderen Systemanbieter gezwungen, DXF-Prozessoren anzubieten; auch die meisten FE-Systeme bieten diese Schnittstelle an. Der Einsatz ist meist auf die Übertragung zweidimensionaler Liniengeometrien beschränkt.

SET (Standard d´Echange et de Transfert)

Dieses Datenformat wurde von der französischen Luft- und Raumfahrtindustrie und der Automobilindustrie entwickelt. Der Umfang der übertragbaren Daten ist etwa mit IGES vergleichbar, umfaßt also zwei- und dreidimensionale Geometrieentities sowie weitere Informationen wie Texte, Schraffuren etc. SET ist in Frankreich weit verbreitet.

STEP (Standard for the Exchange of Product Model Data)

Die STEP-Schnittstelle (ISO 10303) stellt eine Ausnahme zu den bisher beschriebenen Formaten dar. Es ist keine reine Geometrieschnittstelle, sondern sie soll in ihrem endgültigen Umfang ein Produktdatenmodell komplett beschreiben. Die hier betrachteten Geometriedaten bilden jeweils Untermengen und werden als *Application Protocols* (AP...) bezeichnet [KMMT94]. So definiert zum Beispiel AP 206 die Drahtmodellgeometrie. Innerhalb STEP ist auch die Definition von FE-bezogenen Daten vorgesehen.

Der ehrgeizige, sehr umfassende Anspruch von STEP läßt nach den Erfahrungen mit den anderen Schnittstellenformaten erwarten, daß es noch einige Zeit dauern wird, bis auf breiter Ebene mit diesem Standard gearbeitet werden kann. Erste Geometrieprozessoren nach STEP werden aber schon angeboten. Für den aktuellen Einsatz im FE-Bereich hat die Schnittstelle noch keine Bedeutung.

Generell sollte man vor der Beschaffung einer Standardschnittstelle, bzw. je eines entsprechenden IGES-, VDAFS- oder auch anderen Pre- und Postprozessors, deren Funktionstüchtigkeit im Zusammenspiel testen. Am besten geschieht das mit eigenen Modellen. Hilfreich sind auch die Erfahrungen neutraler Stellen [Ma94] und die Befragung von Anwendern aus Firmen und Instituten.

6.3.2 Direkte Geometrieschnittstellen

So gut der Ansatz einer systemunabhängigen Formatbeschreibung auch ist, es gibt praktisch keine zwei Systeme – CAD als ausschreibendes, FEM als lesendes – die problemlos über die normale IGES- oder VDAFS-Schnittstelle kommunizieren. Die oben beschriebenen, neutralen Schnittstellen weisen in der konkreten Anwendung fast immer Mängel auf. Nur bei sehr einfachen Modellen funktioniert der Datentransfer fehlerfrei.

Deshalb sind mehrere FE-Anbieter dazu übergegangen, direkte Geometrieschnittstellen anzubieten (zu den direkten FE-Schnittstellen siehe auch Kapitel 4.2.11). Diese Schnittstellen funktionieren besser, weil sie speziell für zwei Systeme konzipiert sind. Von mehreren FE-Systemen kann zum Beispiel aus dem z.Z.

sehr erfolgreichen CAD-Systems Pro/ENGINEER von PTC die Geometrie direkt übernommen werden. Große Preprozessoren wie PATRAN oder I-DEAS greifen auf alle wichtigen CAD-Programme mit direkten Schnittstellen zu, wobei mit dem System PATRAN sogar an der Originalgeometrie weitergearbeitet werden kann.

Ein Problem stellt die Aktualisierung der Prozessoren dar; die FE-Softwareentwickler müssen mit einem erheblichen Aufwand ihre Schnittstellen immer auf dem neuesten Revisionsstand der entsprechenden CAD-Software halten, was oft nur mit einem erheblichen Zeitverzug möglich ist. Das kann dann für die Anwender zu sehr unerfreulichen Schwierigkeiten führen.

6.3.3 CAD-FEM – Kopplung und Integration

Die Kopplung und Integration von CAD- und FE-Systemen ist ein sehr aktuelles Thema. In FE-Publikationen wird oft betont, daß mit Hilfe moderner FE-Programme nun auch Konstrukteure problemlos FE-Analysen durchführen können. Hervorgehoben wird dabei besonders die enge Verknüpfung von CAD und FEM. Es haben sich inzwischen verschiedene Möglichkeiten herausgebildet, die von den Softwareanbietern mehr oder weniger favorisiert werden. Oft sind nebeneinander mehrere Kopplungsarten oder Integrationsformen realisiert; die Systemanbieter verfolgen dabei zum Teil sehr unterschiedliche Strategien.

Die Verkopplung von CAD und FEM läßt sich in vier Stufen zunehmender Integrationstiefe darstellen:

1. Stufe: Neutrale oder direkte Geometrieschnittstelle

2. Stufe: Direkte Geometrie- und FE-Datenschnittstelle

3. Stufe: Direkte Schnittstelle zum FE-Solver

4. Stufe: Integration des FE-Solvers in das CAD-System

Nachfolgend dazu einige Erläuterungen und Beispiele:

1. Stufe: Neutrale oder direkte Geometrieschnittstelle

In Abbildung 6.13 ist schematisch die schon ausführlich beschriebene Kopplung von CAD- und FE-System über neutrale oder direkte Geometrieschnittstellen dargestellt.

Kurz die Vor- und Nachteile dieser reinen Geometrieübertragung:

* Bei Nutzung einer **neutralen** Geometrieschnittstelle (z.B. IGES, siehe auch Kapitel 6.3.1):
  - problemloser Geometrietransfer bei einfachen Modellen
  - für fast alle Systeme verfügbar
  - auch bei Systemwechsel weiter einsetzbar
  - Fehlerhäufigkeit bei komplizierten Modellen, Nachbearbeitung nötig
  - Abstimmung von Pre- und Postprozessoren öfters mangelhaft
  - große Qualitätsunterschiede der systemeigenen Pre- und Postprozessoren
  - Konfigurierung der Übertragungsparameter notwendig

- Konstrukteur muß CAD und FE-System kennen (mit unterschiedlichen Benutzungsoberflächen und Funktionen)
- Zusatzkosten für die Beschaffung der Schnittstellen
* Bei Nutzung einer **direkten** Geometrieschnittstelle (siehe auch Kapitel 6.3.2):
  - problemloser Geometrietransfer auch bei komplizierten Modellen
  - Konstrukteur muß CAD und FE-System kennen (mit unterschiedlichen Benutzungsoberflächen und Funktionen)
  - nicht für alle Systemkombinationen verfügbar
  - Probleme bei Programm-Updates
  - Zusatzkosten für die Beschaffung der Schnittstelle

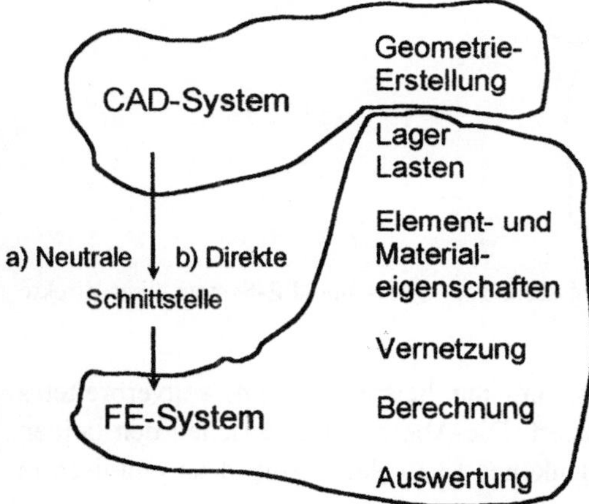

Abb. 6.13. Unterste Integrations-/Kopplungsstufe von CAD- und FE-System über neutrale oder direkte Geometrieschnittstellen

Beispielhaft für diese Kopplungsmöglichkeit durch eine direkte Geometrieschnittstelle sei das FE-System MECHANICA genannt, das Prozessoren für mehrere CAD-Systeme anbietet.

2. Stufe: Direkte Geometrie- und FE-Datenschnittstelle

Wie Abbildung 6.14 zeigt, wird hier nicht nur die Modellgeometrie im CAD-System erstellt, sondern es werden weitere FE-relevanten Festlegungen getroffen. Das betrifft hauptsächlich Lasten und Lager sowie Element- und Materialeigenschaften.

Der Konstrukteur bewegt sich somit länger in dem vertrauten CAD-System. Auch hier kurz die wichtigsten Vor- und Nachteile:

- problemloser Geometrietransfer auch bei komplizierten Modellen
- bei großen Preprozessoren für fast alle CAD-Systeme verfügbar
- Konstrukteur braucht weniger Kenntnisse des FE-Systems
- Konstrukteur muß immer noch wichtige Arbeiten im FE-System ausführen (z.B. Vernetzung, Auswertung etc.)

- nicht für alle Systemkombinationen verfügbar
- Probleme bei Programm-Updates
- Zusatzkosten für die Beschaffung der Schnittstellen

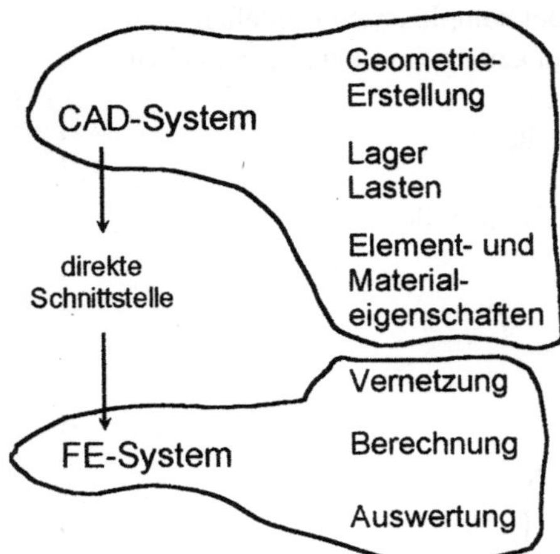

Abb. 6.14. Zweite Integrations-/Kopplungsstufe von CAD- und FE-System über direkte Geometrie- und Datenschnittstellen

Diese zweite Stufe der Integration ist, um nur beispielhaft ein weitverbreitetes System zu nennen, in PATRAN realisiert. Die Abgrenzung zwischen den beiden bisher beschriebenen Kopplungsmöglichkeiten ist fließend, Stufe 1 ist praktisch in Stufe 2 enthalten.

3. Stufe: Direkte Schnittstelle zum FE-Solver

Um dem Konstrukteur einen Wechsel in der Benutzungsoberfläche zu ersparen, gehen CAD-Programmanbieter dazu über, alle Modellier- und Auswertungsfunktionen in das CAD-Programm einzubinden (siehe Abb. 6.15)

Es wird nur noch der eigentliche Gleichungslöser eines FE-Programms benutzt. Alle Daten, die der Solver benötigt, erhält er über eine direkte Schnittstelle vom CAD-System. Alle Pre- und Postprozessingfunktionen, selbst der relativ komplizierte Vorgang der Vernetzung oder die Auswertung der Ergebnisse, werden innerhalb des CAD-Systems durchgeführt (siehe auch Farbtafel 14 im Anhang). Der Konstrukteur bewegt sich also fast nur noch in der vertrauten CAD-Umgebung. Das bedeutet:

- kein Geometrietransfer nötig
- Konstrukteur braucht nur die CAD-Benutzungsoberfläche zu kennen

Nachteilig ist:

- Pre- und Postprozessorfunktionen des CAD-Programms sind oft schlechter als die von FE-Programmen, gute Funktionalitäten des FE-Pre- und Postprozessors können nicht genutzt werden (da nur der Solver eingesetzt wird).

– meist nur für einfache Analysen (linear) einsetzbar
– wird nicht von allen CAD-Systemen angeboten
– nur bestimmte FE-Solver verfügbar
– Probleme bei Programm-Updates
– Zusatzkosten für erforderliche FE-Module des CAD-Systems
– Zusatzkosten für die Beschaffung des Solvers

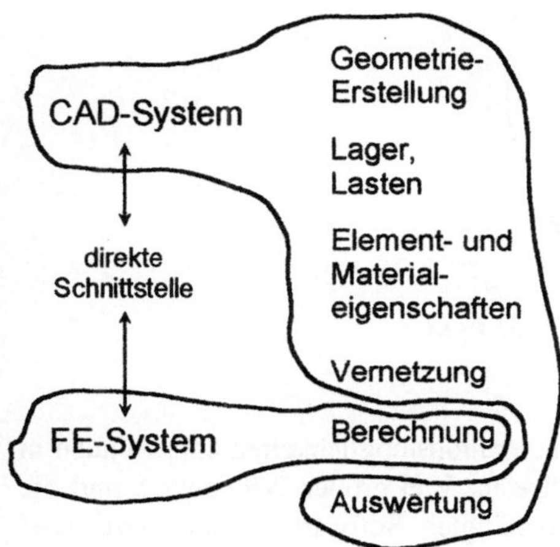

Abb. 6.15. Dritte Integrations-/Kopplungsstufe von CAD- und FE-System über eine direkte Schnittstelle nur zum Solver

Diese dritte Stufe der Integration setzt eine enge Zusammenarbeit zwischen CAD- und FE-Programmanbietern voraus. Viele FE-Programme sind auf diese Weise in die CAD-Systeme Pro/ENGINEER (z.B. ANSYS als ProFEA, COSMOS als M/ENGINEER), CATIA (PATRAN als CAT/FEA) oder andere integriert. Fast alle großen CAD- und FE-Softwarehäuser arbeiten an solchen Lösungen.

4. Stufe: Integration des FE-Solvers in das CAD-System

Die höchste Integrationsstufe ist die völlige Einbindung des FE-Programms in das CAD-Programm, so daß der Anwender sich ausschließlich im CAD-System bewegt (siehe Abb. 6.16).

Das gesamte System wird von einem Softwarehaus gepflegt. Die Lösung bringt ähnliche Vor- und Nachteile wie Stufe 3:

– gleiches Datenmodell für CAD und FEM, keine Schnittstellenprobleme
– Konstrukteur braucht nur eine Benutzungsoberfläche zu kennen
– Pre- und Postprozessorfunktionen des CAD-Programms oft schlechter als die von FE-Programmen
– meist nur einfache Analysen (linear) machbar
– wird nur von wenigen CAD-Systemen angeboten
– keine Flexibilität bei der Solverauswahl

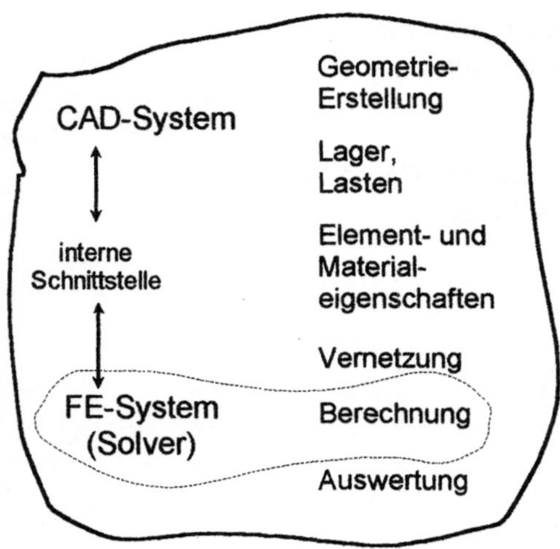

Abb. 6.16. Höchste Integrationsstufe von CAD und FEM

Alle hier geschilderten Kopplungs- und Integrationsmöglichkeiten können auch in mehr oder weniger vermischter Form auftreten. Von großer Wichtigkeit sind die Qualität und der Funktionsumfang der beteiligten Softwaremodule. Dazu zwei Beispiele.

Das Programmsystem I-DEAS Master Series von SDRC ist von seinem Anspruch her ein umfassendes, integriertes Werkzeug für den Engineeringbereich. Es basiert auf einem 3D-Modellierer, der sowohl für CAD als auch für FEM und CAP/CAM die Geometriedatenbasis stellt. Die Benutzungsoberfläche ist für alle Module sehr ähnlich. Für die FE-Anwendung käme man also mit einem einzigen Produkt aus. Pre- und Postprozessor haben alle erforderlichen Funktionalitäten, der Solver ist aber in seinen Möglichkeiten eingeschränkt. Trotzdem ist dieses Produkt sicher am anspruchsvollen Ende der Skala angesiedelt, was sich natürlich auch im Preis ausdrückt.

Das Gegenbeispiel am unteren Ende der Skala ist GENIUS. GENIUS ist ein weit verbreitetes Zusatzpaket für das CAD-Programm AUTOCAD und bietet dem Maschinenbaukonstrukteur einige sehr hilfreiche Module und Zusatzfunktionen. In seiner neuesten Version kann man mit GENIUS einfache zweidimensionale FE-Berechnungen durchführen. Dieses voll integrierte FE-Modul wird ohne Zusatzkosten mitgeliefert. Die Analysemöglichkeiten sind natürlich entsprechend eingeschränkt.

Neben den oben beschriebenen Kopplungs- und Integrationsmöglichkeiten gibt es noch eine Reihe von Sonderlösungen für die Konstruktion, auf die aber hier nicht näher eingegangen werden kann.

6.4 Qualifikation der Konstrukteure

Wer FE-Programme in der Konstruktion einsetzen will, muß neben der Auswahl geeigneter Software vor allem die Qualifikation der Mitarbeiter beachten. Früher waren fast ausschließlich Technische Zeichner, Techniker oder Mitarbeiter aus der Produktion, die sich entsprechend eingearbeitet hatten, als Konstrukteure tätig. Inzwischen hat sich die Zahl der Ingenieure in den Konstruktionsbüros stark vergrößert. Diese sind durch ihr Studium mit der Anwendung von Berechnungsmethoden vertraut. Seit Mitte der achziger Jahre werden an den Hochschulen verstärkt nicht nur Grundlagen und Anwendung von CAD, sondern auch der Finiten Elemente Methode gelehrt. Die meisten Fachhochschulen, die heute einen Großteil der späteren Konstrukteure ausbilden, bieten Praktika mit kommerziellen FE-Programmen an (siehe Abb. 6.17).

Wie bereits ausführlich in Kapitel 3.1 erläutert, müssen wesentliche Teile der FE-Analyse ohne Rechnerunterstützung durchgeführt werden. Das betrifft in erster Linie die korrekte, der Problemstellung angemessenen Abstrahierung und Modellbildung. Der Konstruktionsingenieur muß die Auswirkungen von Vereinfachungen, Einspannungen, Lastannahmen und Kerbspannungen richtig abschätzen können, was ihm nur mit *fundierten Grundkenntnissen der Statik und der Festigkeitslehre* möglich ist. Die schwersten Fehler entstehen nicht bei der eigentlichen Berechnung des FE-Modells, sondern durch eine fehlerhafte Modellierung.

Die interaktive Umsetzung der Aufgabe am Rechner erfordert eine *manuelle Fertigkeit* im Umgang mit dem jeweiligen FE-System. Die ständig verbesserten

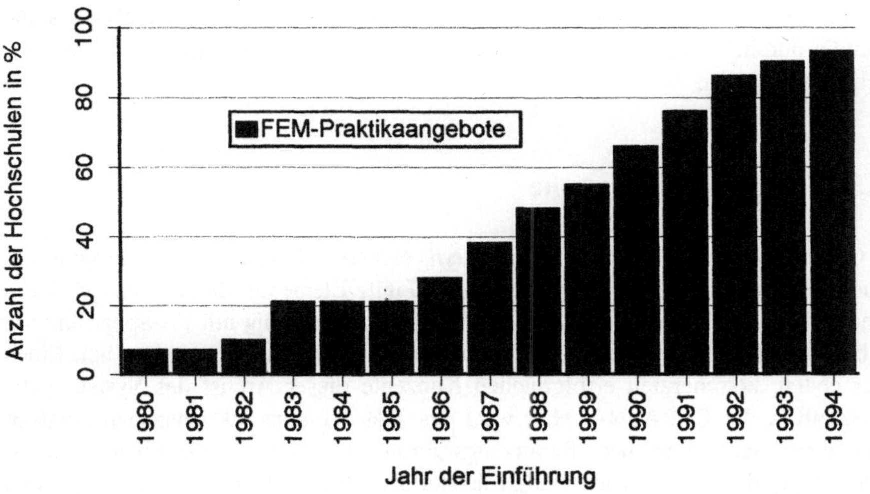

Abb. 6.17. Ausbildung mit FE-Programmen an Konstruktionsfachbereichen deutscher Fachhochschulen [Fr94-1, Ho94]

Benutzungsoberflächen ermöglichen heute auch dem "normalen" Konstrukteur, sich diese Fertigkeiten in relativ kurzer Zeit anzueignen. Trotz aller Benutzungsfreundlichkeit muß der Anwender jedoch die *wesentlichen, FE-spezifischen Kenntnisse* besitzen, um zum Beispiel die richtige Elementwahl vornehmen oder die Vernetzungsgüte beurteilen zu können. Auch bei den immer wieder auftretenden Ungereimtheiten in den Ergebnissen muß zwischen problemspezifischen und FE-methodischen Fehlern unterschieden werden können. Wenn ein Konstrukteur während seiner Ausbildung die Grundlagen der Finite Elemente Methode gelernt hat und mit FE-Programmen erste Erfahrungen sammeln konnte, ist dies eine gute Voraussetzung für den sinnvollen Umgang mit dem "Werkzeug FEM".

Bei der Auswertung der Analyseergebnisse sind *gute Kenntnisse der Festigkeitslehre, der Werkstoffkunde* und *konstruktive Erfahrung* nötig. FE-Programme bieten eine Fülle unterschiedlicher Auswertungsmöglichkeiten an, die aber auch sinnvoll genutzt werden müssen. Wenn Begriffe wie Hauptspannung Vergleichsspannung, Dehnung, Dauerschwellfestigkeit und ähnliche nur verschwommene Erinnerungen an die ersten Studiensemester darstellen, hilft auch kein noch so benutzungsfreundliches FE-Programm! Zu oft kommt es leider vor, daß ein bunter "Spannungsplot" allzu kritiklos als "Haltbarkeitsnachweis" angesehen wird. Darüber hinaus ist für die Interpretation von Analyseergebnissen die konstruktive Erfahrung wesentlich.

Man sollte sich darüber im klaren sein, daß nur eine bestimmte Anzahl der in der Praxis tätigen Konstrukteure die theoretischen Voraussetzungen zur Nutzung eines FE-Programms besitzen. Andererseits hat sich die Situation gegenüber der Anfangszeit des FE-Einsatzes entscheidend geändert. Der Umgang mit den heutigen FE-Programmen erfordert für die Berechnung einfacher Bauteile nicht mehr eine tiefe wissenschaftlich Kenntnis aller mathematischen und elastizitätstheoretischen Grundlagen, Bedingungen und Verfahren. Ein interessierter, gut ausgebildeter und am System geschulter Konstrukteur kann heute mit einem FE-Programm als Berechnungswerkzeug durchaus lineare Spannungs- und Verformungsanalysen selbständig durchführen, wobei aber der intensive Kontakt mit einem FE-Spezialisten sehr anzuraten ist.

6.5 Geeignete Programme

Glaubt man den FE-Programmanbietern, eignen sich fast alle ihre Programme auch für ganz normale, nicht speziell in der Finite Elemente Methode ausgebildete und erfahrene Ingenieure, da der Anwender nur noch wenig mit FE-Spezifika wie Überlegungen zur Vernetzung, zu Singularitäten oder sonstigem zu tun hat. Eines der ersten, kommerziell erfolgreichen Konzepte dieser Art ist das System MECHANICA der Fa.RASNA. Hier wird das Ziel der konstruktionsnahen Analyse mit einer sehr einfachen Benutzungsführung und der Verwendung von p-Elementen, die in der Handhabung robuster als h-Elemente sind, angestrebt (siehe auch Farbtafel 8 im Anhang). Ein anderes Beispiel ist das Produkt P3/TEAM von MSC/PDA. Die Spannungs- und Verformungsanalyse wird mit Hilfe eines BEM-

Codes durchgeführt; mit Vernetzungsüberlegungen wird der Benutzer nicht mehr "belästigt" (siehe auch Farbtafel 15 im Anhang). Auch die in Kapitel 6.3.3 geschilderte, möglichst enge Verzahnung von FEM und CAD, die von fast allen großen Programmanbieter in der unterschiedlichsten Art und Weise angeboten wird, ist eine Strategie, um die FE-Programme in den Konstruktionsabteilungen zu etablieren.

Ausgehend davon, daß es für einen Konstrukteur am einfachsten ist, die Geometrie des zu berechnenden Bauteils in dem vertrauten CAD-System zu erstellen, bieten sich zwei grundsätzliche Möglichkeiten für eine daran anschließende FE-Analyse an:

a) Übernahme der Geometrie in ein separates FE-System mit einer eigenen aber möglichst einfachen Benutzungsführung über eine neutrale oder direkte Schnittstelle. Durchführung aller weiteren Analysearbeiten in dem FE-System.

b) Durchführung aller Arbeiten unter der Benutzungsoberfläche des CAD-Systems, in das ein komplettes oder Teile eines FE-Systems integriert sind.

Beide Wege sind gangbar, beide Möglichkeiten sind bereits realisiert und im Einsatz. Die jeweiligen Vor- und Nachteile sind in Kapitel 6.3.3 ausführlich beschrieben. In den meisten Fällen muß eine einfache Handhabung mit dem Verlust einiger Berechnungsmöglichkeiten bezahlt werden, was aber für eine ganze Reihe von Aufgabenstellungen aus dem Konstruktionsbereich durchaus akzeptabel ist.

Eine konkrete Empfehlung für ein bestimmtes Programm kann an dieser Stelle nicht gegeben werden. Zu viele Einflußfaktoren spielen hier eine Rolle. Einige der wichtigsten sind:

– das bereits eingesetzte CAD-System
– die Mitarbeiterqualifikation
– die Notwendigkeit und Häufigkeit von FE-Berechnungen
– die Art der Problemstellungen
– das Vorhandensein von FE-Systemen in anderen Abteilungen des Unternehmens
– die Investitionsmöglichkeiten

Die Frage, ob und welches FE-System für die jeweilige Konstruktionsabteilung geeignet ist, muß sehr sorgfältig anhand einer Bedarfsanalyse beurteilt werden. Der Anbietermarkt für FE-Systeme ist sehr groß. Selbst für das eingeschränkte Anwendungsspektrum aus dem Maschinenbau und verwandter Branchen sind sicher an die hundert Systeme verfügbar (siehe auch Kapitel 4.3). Demonstrationen von Anbietern sind meist sehr überzeugend; die gezeigten Beispiele sind aber immer auf die besonderen Fähigkeiten des jeweiligen Programms zugeschnitten. In jedem Fall sollte eine intensive Erprobungsphase des Programms durchgeführt werden, in der die betroffenen Mitarbeiter die Eignung des Systems für ihre spezifischen Aufgaben selbst testen. Zur Beschaffung und Einführung von FE-Programmen werden in Kapitel 8 noch weitere Empfehlungen gegeben

6.6 Bedingungen für den FE-Einsatz in der Konstruktion

Die bisher geschilderten Zusammenhänge zeigen, daß der Einsatz von FE-Programmen in der Konstruktion nicht unproblematisch ist. Wenn nicht einige wichtige Rahmenbedingungen erfüllt sind, können eine Reihe von Schwierigkeiten auftreten, die den erhofften Nutzen des FE-Einsatzes zunichte machen. Unter vernünftigen Voraussetzungen können aber auch Konstrukteure mit einigen der heute verfügbaren FE-Programmen Berechnungen und Vorauslegungen durchführen. Man sollte jedoch die Erwartungen nicht zu hoch schrauben. Aufgabenstellungen, die über einfache lineare Spannungs- und Verformungsberechnungen hinausgehen, erfordern auch mit noch so benutzungsfreundlichen Systemen den FE-Spezialisten, der sich intensiv und ständig mit dem Programm und der Theorie beschäftigt.

Beim Einsatz eines FE-Programms in der Konstruktion sind vor allem die nachfolgenden Bedingungen zu beachten:

– geeignete, interessierte und mit genügend theoretischem Wissen ausgestattete Konstrukteure
– benutzungsfreundliches System
– genügend konstruktionsnahe Problemstellungen und entsprechend intensive Nutzung des Systems
– Sicherstellung der betrieblichen Rahmenbedingungen wie Einarbeitung, Aufgabenverteilung, Schulung etc.

Auch mit einem "konstruktionsnahen" FE-System kann man Analysen nicht nebenbei mit der "linken Hand" machen; dies erfordert nach wie vor Zeit und erhebliche Erfahrung und Vertrautheit mit der FEM und dem eingesetzten FE-Programm.

7 Aufwand und Nutzen

Die Nützlichkeit der Finite Elemente Methode zur Bauteil- und Maschinenanalyse ist inzwischen allgemein bekannt und anerkannt. In Berechnungsabteilungen großer Unternehmen sind Finite Elemente Programme selbstverständlich eingesetzte Simulationswerkzeuge für schwierige Problemstellungen. Für den Ingenieur und Anwender steht dabei der direkte, technische Nutzen von FE-Analysen im Vordergrund. Das ist die relativ schnelle, zuverlässige Berechnung von komplexen Bauteilen, die auf konventionelle Art oft überhaupt nicht berechenbar sind. Zudem erlaubt die übersichtliche, grafische Ergebnisdarstellung Einblicke in komplizierte mechanische Sachverhalte und ermöglicht somit fundierte Auswertungen und Schlußfolgerungen. Unzureichende Konstruktionen können schnell geändert und neu berechnet werden, wodurch teure und langwierige Versuche eingespart und Entwicklungszeiten verkürzt werden können.

Neben weiteren Vorteilen – nicht zu unterschätzen auch die Erhöhung des Firmenrenommés – muß, besonders im Hinblick auf die starke Ausdehnung der FEM auf weitere Anwendungsgebiete und Unternehmensbereiche, die Frage nach dem Verhältnis von Aufwand und Nutzen gestellt werden. Das erste Ziel eines Produktionsunternehmens ist es Gewinne zu machen. Dazu müssen Aufträge erhalten und erfolgreich abgewickelt werden. Diese Aufträge erhält ein Unternehmen, wenn die Wirtschaftslage gut ist, wenn das Unternehmen und seine Produkte bekannt sind und das Produkt konkurrenzfähig ist (siehe Abb. 7.1).

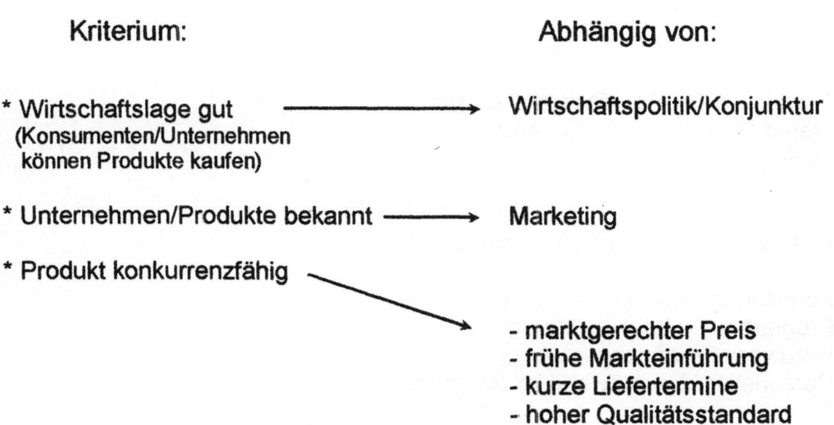

Abb. 7.1. Bedingungen für die positive Ertragslage eines Produktionsunternehmens

Die allgemeine Wirtschaftslage hängt mit Wirtschaftspolitik und Konjunktur zusammen, die zweite Bedingung ist firmenspezifisch und betrifft den Marketingbereich eines Unternehmens. Die Frage, ob ein Produkt (auch mittel- und langfristig) *konkurrenzfähig* ist oder nicht, wird in erster Linie von folgenden Faktoren bestimmt:

– marktgerechter Preis
– frühe Markteinführung
– kurze Liefertermine
– hoher Qualitätsstandard

Der Einsatz von FE-Programmen – wie auch der anderer Simulationssoftware – kann sich auf diese Faktoren positiv auswirken.

7.1 Kostenerhöhung oder Kostenreduzierung?

Der wichtigste preisbestimmende Faktor eines Produktes sind natürlich die Kosten. Der Einsatz von FE-Programmen verursacht neue Kosten, kann sich aber auf der anderen Seite kostenreduzierend oder ertragsverbessernd auswirken.

A. Kostenerhöhung: Investitionen und Folgekosten

Die Beschaffung, die Einführung, der Unterhalt und die Nutzung großer Programmsysteme kosten viel Geld, erhöhen also generell die Kosten (siehe Abb. 7.2).

Beschaffung Hard- und Software:

    * Erstellung Bedarfsanalyse
    * Systemtests und -auswahl
    * Hardwarebeschaffung (Rechner, Drucker, Speicher etc.)
    * Softwarekosten

Einführung:

    * Ausbildung (Nutzer, Systemmanager)
    * Fremd-Unterstützung (Support)
    * Ineffiziente Nutzung

"Eingeschwungene" Nutzungsphase:

    * Fortbildung, Anwender-Seminare
    * Programm-Updates, Wartung
    * Hardware-Ergänzungen
    * Personeller Mehraufwand im Berechnungsbereich

Abb. 7.2. Kosten der Einführung und Anwendung von FE-Programmen

Man kann drei große Kostenbereiche unterscheiden, die beachtet werden müssen. Zum einen ist das die Beschaffung der notwendigen Hard- und Software. Diese erfordert heute bei einem professionellen mittelgroßen System eine Investition von ca. DM 50.000.- bis DM 100.000.-. Meist völlig unterschätzt werden die notwendigerweise auftretenden Folgekosten. Es dauert ca. 3 Monate bis ein Ingenieur ein komplexes, leistungsfähiges System zuverlässig und effizient einsetzen kann. Bei den heutigen Ingenieurstundensätzen bedeutet das einen Kapitaleinsatz von weiteren DM 50.000.- bis DM 80.000.-. Auch in der "eingeschwungenen" Nutzungsphase der Programme entstehen weitere Kosten für die Fortbildung, die Programm-Updates sowie Hard- und Softwareergänzungen. Zum Beispiel schlagen Fortbildungsseminare mit DM 600.- bis DM 800.- pro Tag plus den entfallenen Ingenieurstunden zu Buche. Software-Wartungsverträge, inklusive der sehr wichtigen Hot-Line-Unterstützung, kosten im Jahr bis zu 1/3 des Softwarekaufpreises!

B. Kostenreduzierung: Ertragsverbesserung

Dem erheblichen Finanzmitteleinsatz müssen entsprechende Kosteneinsparungen gegenüberstehen; sonst würde niemand ein FE-Programm einsetzen. Die sinnvolle Anwendung dieser Programme kann finanzielle Aufwendungen in anderen Unternehmensbereichen reduzieren und damit die Gesamtbilanz verbessern (siehe Abb. 7.3).

Das bekannteste Beispiel einer *Kostenreduzierung im Versuchsbereich* ist die heute bei allen PKW-Herstellern übliche Crash-Simulation während der KFZ-Entwicklung (siehe auch Farbtafeln 3 und 4 im Anhang). Durch FE-Simulationen

Teilweiser Ersatz von Tests:

   * Mannstunden, Prüfstandsstunden
   * Weniger Versuchsmuster

Verbesserte Gestaltung:

   * Werkzeugvereinfachung
   * Fertigungszeitverkürzung

Risikominderung:

   * Entwicklungsrisiken
   * Werkzeugsimulation (Spritzguß)
   * Rückrufaktionen und Nachbesserungen
   * Vermeidung von Regreß

Abb. 7.3. Nutzen beim effizienten Einsatz von FE-Programmen durch Kostenreduzierung

können viele der sonst notwendigen Crash-Tests entfallen. Trotz des hohen Ingenieuraufwandes für Modellaufbau, Berechnung und Validierung der Simulation – Schätzungen gehen von einem halben Mannjahr pro Simulation aus – geht alleine die Kosteneinsparung durch die Reduzierung der Zahl notwendiger Prototypfahrzeuge in die Millionen.

Ein weniger spektakuläres aber einsichtiges Beispiel zur *Kosteneinsparung im Produktionsbereich* wurde in Kapitel 3 geschildert. Die Umgestaltung der dort beschriebenen Motoraufhängung durch den Verzicht auf eine seitliche Versteifung (siehe Abb. 3.4 und 3.5) ermöglichte in diesem konkreten Fall eine erhebliche Werkzeugvereinfachung und Fertigungszeitverkürzung [Fr94-3]. Das ergibt bei Produktionsstückzahlen von über eintausend Stück pro Tag erhebliche Einsparungen. Ohne eine genaue FE-Analyse wäre eine solche Umkonstruktion zu risikoreich und zeitaufwendig gewesen. Das Beispiel zeigt, daß auch relativ einfache Probleme, die im Aufgabenbereich des Konstrukteurs und nicht des Entwicklungsingenieurs liegen, mit FE-Programmen bearbeitet werden können, und daß diese ein bedeutendes Einsparungspotential bergen.

7.2 Risikominderung – Qualitätssicherung

Ein wichtiger Beweggrund für den Einsatz von Simulationsprogrammen ist die Risikominderung und die Qualitätssicherung. Vor allem bei Langläufern (komplizierte Gußteile, komplexe Werkzeuge) ist es sehr wichtig, zu einem möglichst frühen Zeitpunkt zuverlässige Festigkeitsaussagen machen zu können. Lieferterminverzögerungen, Rückrufaktionen, Regreßansprüche können – abgesehen von den Imageverlusten – zu schweren Kostenbelastungen für ein Unternehmen führen. Bei Neukonstruktionen kann durch den Einsatz von FE-Programmen schon in der Entwurfsphase das Bauteilverhalten ermittelt und, wenn nötig, die Konstruktion verbessert werden. Ein Beispiel für die Nützlichkeit der FE-Analyse in der Entwurfsphase einer großen Anlage ist das in Kapitel 3.2 genannte Spiegelteleskop der ESO (siehe Abb. 3.16 und Farbtafel 11 im Anhang), wo die Erdbebensicherheit des Großgerätes im Computer simuliert wurde.

Ein weiteres gutes Beispiel zur Risikominderung stellt das in Kapitel 3.1.4 erwähnte Druckregelventil für ein Flugzeugprojekt dar (siehe auch Abb. 3.11, Abb. 2.4 und Farbtafeln 5 und 6). Hier wurden sowohl statische als auch dynamische Analysen an einem bzw. mehreren recht komplexen FE-Modellen durchgeführt. Durch die Verbesserungen von Schwachstellen der Konstruktion, die aufgrund der Simulation erkannt werden konnten, wurde das Risiko deutlich reduziert. Es bestand ein erhebliches Terminrisiko durch die sehr lang terminierten Gußteile. Ein Versagen erst im Schwingungsversuch hätte eine Lieferverzögerung von mehreren Monaten bedeutet – was natürlich auch zu Kosten in Form von Konstruktionsaufwand, Testwiederholungen und Vertragsstrafen geführt hätte.

Die konkrete Bezifferung von Risikokosten ist schwierig. Fehler, die in einer frühen Produktentstehungsphase entdeckt werden, verursachen jedoch ungleich weniger Kosten, Terminverzug und Imageverlust als ihre spätere Aufdeckung [DHLS94]. Der positive, risikomindernde Effekt des FE-Einsatzes während des

Entwicklungsprozesses sollte deshalb neben dem Argument der schnelleren Produktentwicklung an erster Stelle stehen.

7.3 Schnelle Produkteinführung

Bisher wurde im Zusammenhang mit FE-Analysen und dem Einsatz von FE-Programmen viel über Kosten gesprochen. Dies ist in der Tat ein wichtiger Aspekt. Das Kostenargument wird heute jedoch fast vollständig durch den Zwang zur immer *schnelleren Entwicklung eines Produktes* verdrängt. Die frühzeitige Markteinführung wird immer wichtiger, oft sogar wichtiger als der Preis. Dieser Termin kann durch verkürzte Entwicklungszeiten nach vorne verlagert werden. Untersuchungen zeigen, daß eine um sechs Monate verspätete Produkteinführung zur Minderung des Gesamtgewinns von ca. 30 – 60% führt. Eine 50%ige Entwicklungskostenerhöhung zum Zweck der beschleunigten Markteinführung – zum Beispiel durch erhöhten Berechnungsaufwand – ergibt jedoch nur eine ca. 10 %ige Gewinneinbuße [BFW92]; der alte Ausdruck " ... ist der Markt verlaufen ..." hat eine hochaktuelle Bedeutung! Konsumgüter, Geräte und Maschinen, die zu spät – das heißt später als vom Konkurrenten – auf den Markt kommen, haben bereits einen erheblichen Marktanteil verloren, und zwar unabhängig von ihrer möglicherweise besseren Qualität oder Zuverlässigkeit.

Den größten Zeiteinsparungseffekt erzielt die Computersimulation dort, wo langwierige Fertigungsprozesse und Tests erforderlich sind, um die Funktionstüchtigkeit und Haltbarkeit von Produkten nachzuweisen. Guß- und Schmiedeteile haben üblicherweise lange Laufzeiten von mehreren Monaten. Wenn dann noch Betriebsfestigkeitstests erforderlich sind, so ergeben sich zum Teil jahrelange Entwicklungszeiten. Versagt ein entscheidendes Teil, so ist eine Umkonstruktion, eventuell die Neukonstruktion von Werkzeugen und die erneute Herstellung und Erprobung erforderlich. FE-Analysen können die Anzahl der notwendigen Optimierungsschleifen vermindern und in den Computer verlagern. Das beste Beispiel sind die bereits mehrfach erwähnten Crash-Simulationen. "Crash-Tests" können mit Hilfe von FE-Berechnungen um ein Vielfaches schneller durchgeführt werden als in der Wirklichkeit, obwohl auch der Aufbau und die Berechnung des Simulationsmodells viel Zeit benötigt.

FE-Analysen werden heute überwiegend mit der geschilderten Zeiteinsparung begründet. Quasi als Nebeneffekt ergibt sich (nicht immer!) auch eine Kostensenkung durch eingesparte Versuche. Im übrigen schlägt der wichtige Aspekt der schnellen Markteinführung eines Produktes auch auf die Mitarbeiter durch. Termindruck wird von Konstrukteuren und Vorgesetzten als große Belastung empfunden. Nach einer aktuellen Umfrage [Eh93] entstehen die größten Probleme der Mitarbeiter in Entwicklung und Konstruktion nicht durch technische Schwierigkeiten oder eine unzureichende EDV-Ausstattung, sondern in erster Linie durch Termindruck.

7.4 Erwartungen – Versprechungen – Realität

Die größten Hindernisse für eine "flächendeckende" Verbreitung von FE-Programmen waren in der Vergangenheit ihre Komplexität, ihre schwierige Bedienung und die hohen Beschaffungskosten. Der Preisverfall bei Hard- und Software sowie die stark verbesserten Benutzungsoberflächen haben die Situation grundlegend geändert. Die Erwartungen von Managern, Fachvorgesetzten aus Entwicklung und Konstruktion und Ingenieuren aus diesen Bereichen bezüglich der Leistungsfähigkeit und Effektivität von FE-Programmen sind sehr hoch. Die zweifellos beeindruckenden Verbesserungen in der Handhabung und Funktionalität der FE-Systeme haben zu der Vorstellung geführt, mit FEM sei nun alles einfach und schnell simulierbar. Dabei wird meist der personelle und zeitliche Aufwand unterschätzt, der zur Durchführung fundierter FE-Analysen betrieben werden muß. Im einzelnen werden mit der Anwendung von FE-Programmen die folgenden Erwartungen verbunden:

– kürzere Entwicklungs- und Konstruktionsphasen durch schnelle Berechnung und Simulation
– exaktere Berechnung statt grober Vereinfachung und Abschätzung
– Kosteneinsparungen durch weniger Fehler und Risiken
– Verkürzung der Entwicklungszeit durch Einsparung von Versuchen
– bessere und einfachere Dokumentation der Ergebnisse
– bessere und überzeugendere interne und externe Darstellung der Produkte

Jede einzelne dieser Erwartungen kann mit den heute verfügbaren Programmen durchaus bis zu einem gewissen Grad erfüllt werden; alle diese Ziele zusammen könnten jedoch nur unter idealen Bedingungen erreicht werden, die aber in der betrieblichen Praxis nicht vorliegen.

Es gibt eine – vor allem von den Softwareanbietern verbreitete – Idealvorstellung der Einbindung von FE-Programmen in den Entwicklungs- und Konstruktionsprozeß:

1. Gerätekonstruktion mit einem 3D-CAD-System
2. Übernahme der (eventuell vernetzten) Geometrie in das FE-System
3. Vollautomatische, beanspruchungsgerechte Vernetzung
4. Ergänzung weiterer Analysebedingungen (Werkstoff, Lasten, Lager etc.)
5. Vollautomatische Berechnung (Verformungen, Spannungen, Schwingungen)
6. Gestaltoptimierung
7. Rückübertragung der optimierten Geometrie an das CAD-System

Die folgenden Erläuterung zu den einzelnen Schritten zeigen die auftretenden Probleme und mögliche Lösungen auf.

Zu Schritt 1: Gerätekonstruktion mit einem 3D-CAD-System

Ein hoher Prozentsatz der Konstruktionsarbeit besteht in Anpassungs- oder Variantenkonstruktionen bereits vorhandener Teile, Baugruppen oder Geräte und

Maschinen. Nur ein kleiner Teil sind Neukonstruktionen. Mindestens 90% aller CAD-Konstruktionen im Allgemeinen Maschinenbau werden mit 2D-Systemen ausgeführt, d.h. es werden Fertigungsunterlagen in Form von technischen Zeichnungen erstellt, die in dieser Form für eine Weiterverwendung im FE-System nicht gut geeignet sind. Ein starker Trend geht zwar in Richtung 3D-Konstruktion, in der industriellen Praxis sind aber 3D-Modelle – selbst bei der Anwendung hochwertiger 3D-CAD-Systeme – noch selten. Ausnahmen in speziellen Branchen bestätigen nur diesen aktuellen Stand. Für eine anschließende FE-Analyse liegt also *in den meisten Fällen kein geeignetes 3D-Modell* vor.

Zu Schritt 2: Übernahme der Geometrie in das FE-System

Die Möglichkeiten und Probleme der Geometrieübertragung mittels direkter oder neutraler Schnittstellen wurden in Kapitel 6.3 ausführlich diskutiert. Die *Qualität der Datenübergabe ist oft mangelhaft*; Linien- oder Flächengeometrien komplexer Bauteile können häufig nicht oder nur mit hohem Aufwand FE-gerecht nachbearbeitet werden (Beispiel siehe Abb. 7.4).

Weitere wichtige Probleme ergeben sich durch die schon ausführlich in Kapitel 6.2.1 und 6.2.2 geschilderten Schwierigkeiten der *3D/2D-Umsetzung* sowie der *notwendigen Bauteilvereinfachungen*.

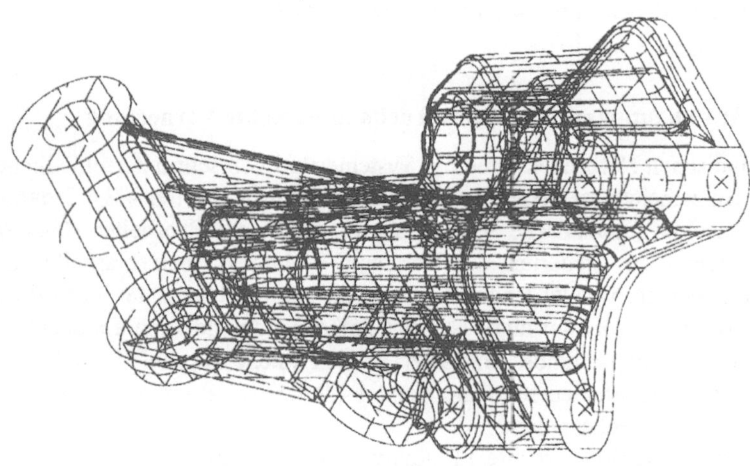

Abb. 7.4. Kompliziertes IGES-Flächenmodell eines Wasserpumpengehäuses [Fr94-2]

Die Übergabe *ganzer Baugruppen* führt zu völlig unübersichtlichen Verhältnissen bei der notwendigen Weiterbearbeitung im FE-System. Der in Abbildung 7.5 gezeigte Pneumatikzylinder läßt sich zwar per neutraler oder direkter Geometrieschnittstelle in ein FE-System übertragen; damit ist jedoch nicht sehr viel gewonnen, da keinerlei Daten über die "FE-mäßige" Kopplung von Zylinder, Kolbenstange, Deckel oder Boden vorliegen. Dies alles muß in mühevoller Handarbeit ergänzt werden. Die Problematik der FE-gerechten Vereinfachung eines Bauteils vervielfacht sich bei Baugruppen.

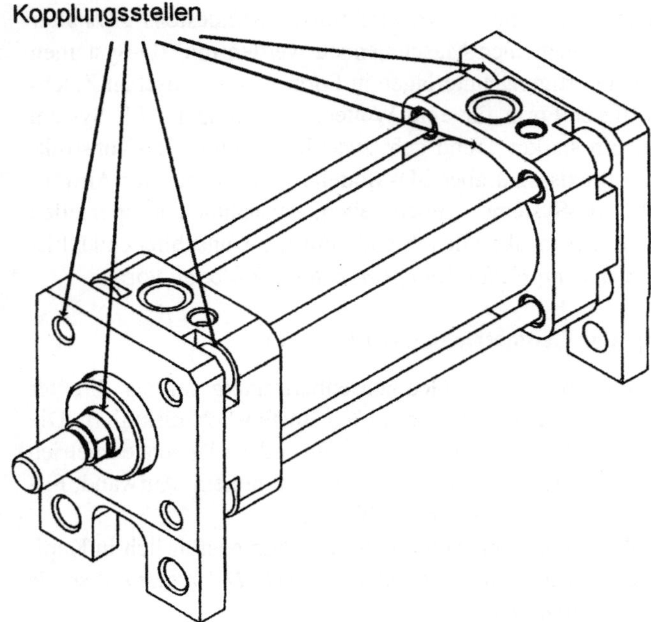

Abb. 7.5. 3D-CAD-Modell eines Pneumatikzylinders [Fr94-2]

Zu Schritt 3: Vollautomatische, beanspruchungsgerechte Vernetzung

Die automatischen Netzgeneratoren der Systeme sind von sehr unterschiedlicher Qualität; Einzelheiten zu dieser Problematik wurden in Kapitel 4.2.4.2 dargestellt. Auch eine automatische Vernetzung verlangt vom Bearbeiter *sinnvolle Voreinstellungen* zur Steuerung des Vorgangs. Volumenvernetzer arbeiten mit Tetraederelementen, was zu langen Vernetzungs- und Rechenzeiten mit *oft unbefriedigenden Ergebnissen* führt. Nur für einfache Bauteile kann ein adaptiver Netzverfeinerungsalgorithmus eingesetzt werden (siehe Kapitel 4.2.4.4). Die Verwendung von p-Elementen (siehe Kapitel 4.2.4.5) bietet einige Vorteile, erfordert aber lange Rechenzeiten.

In der Praxis werden fast alle FE-Analysen mit halbautomatisch vernetzten und anschließend "von Hand" nachbearbeiteten Modelle durchgeführt, was einen vertrauten Umgang mit dem FE-System erfordert.

Zu Schritt 4: Ergänzung weiterer Analysebedingungen
(Werkstoffdaten, Lasten, Lager, Kopplungen)

Für einfache Strukturberechnungen sind nur wenige Werkstoffinformationen notwendig, die meist leicht erhältlich sind. Große Probleme entstehen aber bei *nichtlinearem Materialverhalten* (z.B. Gummi, Faserverbundwerkstoffe etc.). Auch kann kein FE-Programm dem Konstrukteur die Arbeit der Idealisierung von Randbedingungen (Befestigung und Belastung) abnehmen. Diese Problematik wurde ausführlich in Kapitel 3.1.2 behandelt. Lasteinleitungsstellen sind von der FE-Methode her immer problematisch und können nur mit dem entsprechenden Hintergrundwissen beurteilt werden. Ein *automatisches Setzen von Randbedingungen* oder *Lasten* ist nicht möglich.

Die Kopplung von Bauteilen bedeutet nicht, diese geometrisch "aneinander" zu binden. *Kopplungen sind oft nichtlinear*, es können Spalte entstehen. Wie ist zum Beispiel eine Schweißverbindung zu modellieren? Eine Schraubenverbindung z.B. kann nicht durch ein einfaches, geometrisches "Nachmodellieren" von Schraube, Mutter und verspannten Teilen berechnet werden!

Zu Schritt 5: Vollautomatische Berechnung

Die eigentliche Berechnung von Spannungen, Verformungen oder Eigenschwingungsformen, wie sie für den normalen Konstrukteur von Interesse sind, ist in vielen Fällen problemlos. FE-Programme haben hier eine hohe Zuverlässigkeit erreicht. Die Problematik stellt sich anders dar: Die Finite Elemente Methode ist eine Näherungsmethode, deren Ergebnisgenauigkeit von vielen Faktoren abhängt. Die *Genauigkeit der Berechnung* muß *vom Anwender abgeschätzt* werden; dazu gehören viel konstruktive und methodische Erfahrung. Einige Erläuterungen hierzu sind in Kapitel 3.3 zu finden.

Die FE-Analyse ist in der Regel nur eine Spannungs- und Verformungsanalyse! Selbst bei einer sehr genauen FE-Berechnung muß das Ergebnis hinsichtlich der Haltbarkeit (Betriebsfestigkeit) *interpretiert* werden. Der Bearbeiter muß ein fundiertes Wissen über Werkstoffe, Festigkeitswerte, Zähigkeit, Streuung etc. einbringen, da die Analyse ansonsten rein akademisch bleibt.

Nichtlineare Berechnungen und andere, komplizierte Berechnungsaufgaben erfordern vom Anwender *vertiefte Softwarekenntnisse*. Diese Berechnungen benötigen weit mehr Voreinstellungen und Vorgaben für das Programm, damit vernünftige Lösungen erzielt werden können.

Zu Schritt 6: Gestaltoptimierung

Die vollautomatische Optimierung eines Bauteils steckt noch in den Kinderschuhen. Fast alle FE-Systeme bieten inzwischen zwar Optimierungsmodule an, deren *Leistungsfähigkeit beschränkt* sich aber auf sehr einfache Fragestellungen (Einzelheiten siehe Kapitel 4.2.8). Für Formfindungen im Detail sind einige Optimierer durchaus geeignet, das Ziel muß aber im Prinzip bekannt sein.

Zu Schritt 7: Rückübertragung der optimierten Geometrie an das CAD-System

Die Rückübertragung optimierter, d.h. veränderter Geometrien an das CAD-System wäre der letzte Schritt einer fast automatischen Konstruktion. Bei einem wirklich durchgängigen, redundanzfreien Datenverbund wäre damit eine vollautomatische Aktualisierung der Fertigungsunterlagen möglich. Auch diese Möglichkeit ist von einigen Systemen schon realisiert worden und wird kommerziell angeboten. Eine *praktische Bedeutung* ist jedoch noch *nicht in Sicht*. Es stellt sich hier nicht nur die Frage nach der technischen Machbarkeit, sondern auch danach, wie sinnvoll eine solche Vorgehensweise überhaupt ist. Es gibt in der praktischen Konstruktionsarbeit eine Menge von Restriktionen, die zu berücksichtigen sind, so daß ein pauschales Übernehmen des Optimierungsvorschlags nicht möglich ist. Der Einbau aller zu *beachtenden Bedingungen* in den Optimierungslauf liegt weit jenseits der heutigen Möglichkeiten.

Die oben geschilderten Probleme zeigen, daß sich der FE-Anwender in der Realität je nach Aufgabenstellung und Vorgehensweise mit vielen Detailproblemen auseinandersetzten muß. Für alle geschilderten Schwierigkeiten gibt es heute schon Lösungsansätze und Methoden. Die "Komplettbearbeitung" einer Analyseaufgabe in der dargestellten Form findet in der industriellen Praxis nicht statt. Meist werden FE-Analysen in der Auslegungsphase oder bei ganz speziellen Detailproblemen durchgeführt. Das FE-Modell wird selten aus dem fertigen CAD-Datensatz abgeleitet, sondern meistens direkt als Berechnungsmodell erstellt; das geschieht jedoch zunehmend mit Hilfe von 3D-CAD-Systemen.

Das Endresultat einer FE-Analyse, meist in Form beeindruckender farbiger Darstellungen präsentiert, führt bei den mit der praktischen FE-Arbeit nicht vertrauten Menschen oft zu Fehleinschätzungen: Der Aufwand für die Analysen wird meist unterschätzt.

7.5 Grenzen und Risiken

Selbst bei Erfüllung aller erforderlichen Bedingungen für den sinnvollen und effektiven Einsatz der FEM sind Grenzen und Risiken zu beachten. Nachfolgend noch einmal kurz die wichtigsten Einschränkungen, die bereits in den entsprechenden Abschnitten der vorangegangenen Kapitel im Detail behandelt wurden:

- Hard- und Software lassen nur die Berechnung von stark vereinfachten Bauteilen und Baugruppen zu, also keine Berechnung des "wirklichen" Bauteils.
- Eine vollautomatische Berechnung (z.B. von CAD-3D Teilen) ist in der Regel nicht möglich.
- Mittlere und große Modelle erfordern einen erheblichen Zeitaufwand für das Modellieren; das können Wochen oder Monate sein.
- Begrenzte Theorie- und Programmkenntnisse der Anwender und die schwierige Bedienung der sehr umfangreichen und komplexen Programme schränken den Nutzen ein.
- Schwierige Probleme (Nichtlinearitäten, Viskoelastizität, Schwingungsberechnungen etc.) erfordern entsprechend hochqualifiziertes und geschultes Personal.

Die größten Risiken:

- Fehler bei der Modellbildung sind oft schwer zu erkennen.
- Die Ergebnismenge ist selbst bei relativ einfachen Bauteilen nicht mehr komplett überschaubar. Die Beurteilung eines FE-Modells und die Kontrolle der Ergebnisse sind von dritter Seite aus sehr schwierig.

- Die perfekten Ergebnisdarstellungen verleiten dazu, dies alles als "wahr" und "richtig" anzusehen.
- Ergebnisse sind relativ leicht manipulierbar.
- Auch nicht sattelfeste Anwender können die Systeme einsetzen und "schöne" Ergebnisse produzieren (hohes Fehlerrisiko!).

Eine Minderung dieser grundsätzlich bestehenden Risiken ist zu erreichen durch:

- Qualifizierte Aus- und Weiterbildung der Berechnungsingenieure.
- Einsatz von zuverlässigen, erprobten Programmpaketen.
- Überprüfung der FEM-Ergebnisse durch andere Methoden oder Programme (siehe auch Kapitel 3.3).
- Kontakte und fachliche Auseinandersetzung mit anderen Anwendern (Seminare, Workshops, Zusammenarbeit)

Eine *Garantie* für korrekte Analyseergebnisse kann niemand geben; am allerwenigsten die Softwarehersteller. Es gibt keine fehlerfreie Software. In jeder FE-Programmdokumentation findet man an hervorragender Stelle den Ausschluß jeglicher Verantwortung für falsche Analyseergebnisse, unabhängig davon, ob der Fehler durch unqualifiziertes Personal oder durch tatsächliche Programmfehler entstanden ist. Auch für mögliche Fehler in der Programmdokumentation, den Manuals oder Beispielsammlungen übernimmt kein Programmanbieter Gewähr.

Eine Häufung tatsächlicher, schwerwiegender Programmfehler hätte für den Anbieter trotzdem katastrophale Folgen. Deshalb betreiben die großen FE-Systemhäuser einen erheblichen Aufwand zur *Qualitätssicherung* ihrer Produkte. Amerikanische Produkte beziehen sich bei ihrem Qualitätssicherungssystem meist auf die amtlichen Vorschriften für Kernenergieanlagen (10CFR50, App. B und 10CFR21), die mit entsprechenden Verfahrensvorschriften der ISO 9000 vergleichbar sind. Die Programme selbst werden mit Hilfe sehr vieler Testbeispiele geprüft. Die größte Sicherheit bezüglich der Güte eines FE-Programms bietet die Verwendung eines gut eingeführten Produktes, das intensiv und in einem weiten Anwendungsspektrum genutzt wird. Was die üblichen Standardanalysen betrifft, ist bei den meist sehr ausgereiften Produkten das Fehlerrisiko klein. Die weitaus größere Gefahr geht von einer unqualifizierten Benutzung und von Fehlinterpretationen der Ergebnisse durch den Anwender aus.

8 Beschaffung und Einführung aus Unternehmenssicht

Bei der Entscheidung über die Beschaffung von FE-Programmsystemen müssen sowohl die direkt Beteiligten als auch die verantwortlichen Vorgesetzten vor allem bedenken, daß Simulationsprogramme – wie sonstige DV-Investitionen auch – kein Selbstzweck darstellen, sondern als Dienstleistung einzusetzen und zu bewerten sind (siehe auch Abb. 8.1):

Konkret heißt das: FE-Einsatz als Zuarbeit für andere Abteilungen, damit die *kostengünstigste* und *schnellstmögliche Entwicklung und Produktion* eines verkaufbaren Produktes erreicht werden. Der *Nutzen* des teuren Softwarewerkzeugs FEM muß in jedem Fall größer sein als der erforderliche *Aufwand* (siehe Kapitel 7).

Es ist leider eine Tatsache, daß bei der Beschaffung solcher Programme fast immer der gleiche gravierend Fehler gemacht wird, der auch schon zu den CAD-Investitionsruinen geführt hat: Die Fachabteilung trifft die Systemauswahl fast ausschließlich nach Funktionalitätskriterien oder deutlicher gesagt: "Wir brauchen das Beste, was auf dem Markt ist!" Der Bereichs- oder Unternehmensleitung fehlt in der Regel die notwendige Sachkenntnis, um diese Forderung vernünftig beurteilen und einordnen zu können. Oder aber eine "EDV-nahe" Stelle im Unternehmen entscheidet alleine über ein Softwareprodukt, das dann dem eigentlichen Anwender vorgesetzt wird. Beides kann dazu führen, daß überdimensionierte, nicht an dem eigentlichen Aufgabenspektrum orientierte Systeme beschafft werden, deren Komplexität, Schwächen und Ineffizienz täglichen Ärger für den Benutzer und Verluste für das Unternehmens bedeuten.

* FE-Analysen sind Zuarbeit für andere Abteilungen.

* FE-Programme sind nicht Selbstzweck.

* Das beste Programm ist nicht immer das geeignetste.

* Der Nutzen des Programms muß größer sein als der Aufwand.

<u>Ziel:</u>

Die kostengünstigste und schnellstmögliche Entwicklung
und Produktion eines konkurrenzfähigen Produktes!

Abb. 8.1. Grundüberlegungen zur Beschaffung eines Finite Elemente Programms

Beim praktischen Einsatz von FE- und Simulationsprogrammen können die Forderungen nach Flexibilität und Effizienz nur erfüllt werden, wenn die entsprechenden organisatorischen und technischen Voraussetzungen geschaffen wurden. Nur zur Produktion bunter Bilder ist der Aufwand zu groß. Das kann man billiger haben!

8.1 Betroffene Unternehmensbereiche

Die Einführung und der Einsatzes großer Simulationsprogramme berühren nicht nur die Entwicklungs- und Konstruktionsabteilungen. Es gibt weitreichende Auswirkungen auf andere Unternehmensbereiche, die von den übergeordneten Stellen und Entscheidungsträgern zu berücksichtigen sind.

Kernbereich Entwicklung und Konstruktion:

Entwicklungs- und Konstruktionsabteilungen sind neben der Versuchsabteilung am stärksten von einer FE-Einführung betroffen. Es kommt zu Verschiebungen bei der Arbeitsaufteilung zwischen Projektierung, Entwicklung und Konstruktion; Schnittstellen zwischen Berechnungsabteilung, Entwicklung und Konstruktion müssen neu definiert werden. Zuständigkeiten ändern sich, z.B. durch detailliertere konstruktive Vorgaben aus der Berechnungsabteilung für die Konstrukteure. Andererseits können Konstrukteure konkretere Zuarbeit von einer Berechnungsabteilung anfordern, wenn sie die Möglichkeiten und die Leistungsfähigkeit von FE-Programmen kennen.

Soll ein FE-Programm in der Konstruktion selbst eingesetzt werden, sind weitere Bedingungen zu erfüllen. Einzelheiten dazu in Kapitel 6.4 bis 6.6. In jedem Fall ist es wichtig, daß Berechnungsingenieure und Konstrukteure eine gemeinsame fachliche Basis haben, damit bei einer Problemerörterung und den Lösungsmöglichkeiten durch eine FE-Analyse nicht aneinander vorbeigeredet wird.

Versuchsabteilung:

Für die Versuchsingenieure wirkt sich ein verstärkter Einsatz von Simulationsprogrammen in zweierlei Hinsicht aus. Zum einen werden weniger Versuche benötigt; aus Zeit- und Kostengründen ist dies ja der Hauptgrund für die FE-Anwendung. Zweitens muß die Zusammenarbeit zwischen Berechnungs- und Versuchsingenieur intensiver werden. Eine der wichtigsten Randbedingungen für eine vernünftige FE-Analyse ist die Validierung durch den Versuch! Das FE-Modell muß so gut wie möglich an das reale Versuchsmuster angepaßt werden. Nur so sind Verbesserungen via Computer möglich, die dann auch für das reale Bauteil gelten. Der Versuch muß ganz bestimmte, von den Berechnungsingenieuren vorgegebene und für die Verifizierung der Simulation wichtige Parameter erfassen.

Andererseits verbleiben im Versuch eine ganze Reihe von Untersuchungen, die durch ein FE-Modell nicht oder nur sehr aufwendig simuliert werden können. Im Idealfall sollte sich ein Wechselspiel zwischen Versuch und Simulation einstellen, das auf dem schnellsten und effektivsten Weg mit dem jeweils am besten geeigneten "Werkzeug" zur optimalen Lösung führt.

Produktionsbereich:

FE-Analysen können auch für den Produktionsbereich hilfreich sein. So zum Beispiel durch Detailuntersuchungen bezüglich Teile- und damit auch Werkzeugvereinfachungen. Konstrukteure und Arbeitsvorbereiter schrecken oft davor zurück, Bauteile, die sich in Funktion und Haltbarkeit bewährt haben, aus Kostengründen zu verändern und zu vereinfachen. Das befürchtete Risiko kann durch sinnvolle FE-Studien gemindert und kalkulierbar gemacht werden.

Was die Möglichkeiten der Formoptimierung von kritischen Bauteilen betrifft, so setzt hier meistens die Herstellbarkeit Grenzen. Optimierungsstudien führen oft zu Formen, die Schwierigkeiten bei der Fertigung der Teile verursachen und deshalb von der Produktion gern – oft auch zu recht – abgelehnt werden.

Qualitätssicherung:

Der wichtigste Einfluß der FEM auf die Qualitätssicherung besteht sicher darin, daß eine gewisse Anzahl von Nachweistests durch Simulationen ersetzt werden können.

Eine weitere Einsatzmöglichkeit ist die, daß FE-Analyseergebnisse Entscheidungshilfen für die Beurteilung von Qualitätsabweichungen geben können. Bei Gußteilen kommt es zum Beispiel immer wieder zu Maßabweichungen, Toleranzüberschreitungen oder Fehlstellen. Für eine Chargenzurückweisung – mit meist erheblichen Auswirkungen auf die Liefertermine – kann es entscheidend sein, ob diese Fehler in kritischen oder in unkritischen Bauteilbereichen auftreten. Anhand eines übersichtlichen Spannungsplots – siehe z.B. Farbtafel 6 im Anhang – kann hier sehr fundiert und ohne großes Risiko eine Entscheidung über die Weiterverwendung der Teile getroffen werden.

Vertriebsbereich:

FE-Analysen stellen sehr wirksame Hilfsmittel zur Kompetenzdarstellung eines Unternehmens dar. Besonders in der Angebotsphase kann man mit vorab erzielten Simulationsergebnissen gegenüber dem Kunden die technische Realisierung sehr glaubhaft und überzeugend darstellen. Zudem verringern Vorauslegungen kritischer Bauteile in der Angebotsphase das technische Risiko.

Finanzbereich:

In Kapitel 7.1 wurde detailliert auf die Kostenseite einer FE-Nutzung eingegangen. Man sollte auf alle Fälle eine kurzsichtige Beschränkung der Sicht nur auf die Systemkosten vermeiden. Eine grundsätzliche Entscheidung für den Einsatz hochwertiger Simulationssoftware erfordert zwingend auch die Finanzierung der Folgekosten. Ansonsten wird das System innerhalb kürzester Zeit "sterben", das heißt nicht genutzt oder nur als Vorzeigeobjekt gebraucht.

Personalabteilung und Betriebsrat:

Von Personalabteilung und Betriebsrat sind einige organisatorische und psychologische Gesichtspunkte zu beachten. FE-Anwender müssen höher qualifiziert und weitergeschult werden. Es kann zu Personalumschichtungen zwischen Versuch, Entwicklung und Konstruktion kommen. Auf Dauer treten natürlich Rationalisierungseffekte mit den entsprechend zu beachtenden Folgen ein.

Zudem ist Computerarbeit eine sehr konzentrierte Form der Arbeit, die entsprechende Arbeitsbedingungen und Arbeitsplatzgestaltung erfordert.

Unternehmensleitung:

Die Unternehmens- oder Ressortleitung sollte bei einer Entscheidung über den FE-Einsatz nicht nur die hohen Investitionen und laufende Kosten bedenken. Weitere der oben beschriebenen Bezüge und die daraus resultierenden Folgerungen sind zu berücksichtigen. Dazu gehören vor allem betriebliche Schnittstellen- und Aufgabenverteilungsprobleme.

Oft stellt sich nicht mehr die Frage, ob man FE- und Simulationssysteme einsetzen soll. Aus den vielen, schon oft angesprochenen Gründen, muß dieses Werkzeug heute eingesetzt werden, um konkurrenzfähig zu bleiben; es ist jedoch von entscheidender Bedeutung, daß es sinnvoll und effektiv eingesetzt wird.

8.2 Betriebliche Rahmenbedingungen

Ein effizienter Einsatz von FE-Programmen kann nur bei Erfüllung einiger Grundvoraussetzungen erreicht werden. Diese wurden in den vorangegangenen Kapiteln schon mehrfach angesprochen. Die aus betrieblicher Sicht wichtigsten hier noch einmal kurz zusammengefaßt:

- Die Bereitschaft der Firmen- und Abteilungsleitung, nicht nur in das FE-System (Soft- und Hardware) zu investieren, sondern auch die Folgekosten zu tragen.
- Die Bereitschaft, Soft- und Hardware in angemessenen Zeiträumen – ca. zwei bis drei Jahre – zu aktualisieren (Leistungsfähigkeit und neue Funktionalitäten).
- Ein den Anforderungen und Bedürfnissen von Firma und Anwender gerechtes FE-Programm.
- Der Einsatz qualifizierter Ingenieure mit gutem theoretischen Kenntnissen und konstruktiver Erfahrung.
- Die laufende Weiterbildung der FE-Anwender.
- Eine möglichst gute Auslastung von mindestens zwei Mitarbeitern mit Berechnungs- und Analyseaufgaben.
- Eine organisatorisch eindeutige Kompetenz- und Zuständigkeitsverteilung zur Vermeidung von Abteilungskonkurrenz und Blockaden.

8.3 Bedarfsanalyse

Die Einführung von Simulations-Programmsystemen erfordert eine eingehende Analyse der technischen Anforderungen und der betrieblichen Randbedingungen. Die zentralen Fragen sind: Was soll überhaupt gerechnet werden und zu welchem Zweck? Wer soll das tun und mit welcher Häufigkeit? Gibt es genügend Aufgaben für eine Berechnungsabteilung bzw. einen voll ausgelasteten Berechnungsingenieur, oder soll nur bei Bedarf von einem Konstruktions- oder Entwicklungsingenieur eine FE-Analyse durchgeführt werden? Nachfolgend eine Checkliste zur Durchführung einer *Bedarfsanalyse*:

1. **Welche Problemstellungen sollen mit dem Programm in Zukunft bearbeitet werden? Wo liegen die Schwerpunkte der Anwendung?** (Nicht: Was könnte man alles berechnen!)
   - lineare Strukturanalysen (Bauteilberechnungen)
   - einfache Schwingungsanalysen
   - nichtlineare Berechnungen (Kontakt, große Verformungen, Werkstoff, Stabilität)
   - komplexe dynamische Analysen
   - spezielle Aufgaben (thermisch, elektro./magn., Strömung etc.)

2. **Welche Arten von Bauteilen/-gruppen sollen analysiert werden?** (Wie sehen die Teile aus?)

   - Standardanalysen von sich ähnelnden Bauteilen
   - große Bauteilevielfalt
   - massive Vollteile
   - Blech-/ Rahmenkonstruktionen
   - fachwerkartige Konstruktionen (Stahlbau)

3. **In welchem Umfang werden zukünftig FE-Analysen anfallen?** (Was wäre bei abgewickelten Projekten mit der FEM berechnet worden?)

   - volle Ausnutzung eines FE-Arbeitsplatzes
   - nur gelegentliches Arbeiten mit dem System

4. **Wer soll das Programmsystem nutzen?**

   - Berechnungsingenieur als FE-Spezialist
   - Konstrukteur für gelegentliche Berechnungen

5. **Sollen Koppelungen zu anderen Systemen vorgenommen werden?** (Zu welchem Zweck?)

   - zu einem speziellen CAD-System, zu mehreren CAD-Systemen
   - zu anderen Pre-/Postprozessoren
   - direkte oder neutrale Schnittstelle
   - starke oder schwache Integration mit dem CAD-System

Bevor man über die Leistungsfähigkeit bzw. Eignung eines konkreten Programmsystems oder einer Programmkombination wie ANSYS, PATRAN, I-DEAS, MECHANICA, ABAQUS etc. nachdenkt und in die detaillierte Auswahlphase eintritt, sollten die direkt und indirekt Betroffenen diese Fragen so klar und offen wie möglich beantworten. Eine vernünftige Bedarfsanalyse schränkt sofort die Anzahl der möglichen Programmpakete ein. Bei einer nur gelegentlichen Nutzung kommt zum Beispiel nur ein System mit sehr komfortabler Benutzungsführung in Frage. Sollen dagegen öfters komplexe Problemstellungen von Spezialisten bearbeitet werden, so muß unter den großen *Multi-Purpose-Programmen* ausgewählt werden; die Bedienungsfreundlichkeit ist dann eher zweitrangig.

8.4 Systemvergleich – Systemauswahl

In Kapitel 4.3 sind die größten Anbieter und FE-Programme aufgelistet. Selbst für die Anwender im Maschinenbau und in verwandten Branchen sind das Angebot und die Leistungsmerkmale der einzelnen Systeme kaum mehr überschaubar. Es gibt ständig Angebote neuer, auch kleinerer und preiswerter Systeme. Gleichzeitig findet eine Konzentration statt, so daß, ähnlich wie auf dem CAD-Markt, wenige große Systeme den Markt immer mehr beherrschen.

Alle großen Unternehmen sind seit Jahren mit Simulationsprogrammen gut ausgestattet. Umsätze können hier von den Softwareanbietern fast nur noch durch Programm-Updates gemacht werden. Die Leistungsfähigkeit der gut eingeführten Programme ist so groß, daß fast alle Problemstellungen damit bearbeitet werden können. Die Neubeschaffung eines anderen, möglicherweise etwas leistungsfähigeren Programms ist meist nicht nötig. Die Softwareentwicklungen der Anbieter konzentrieren sich auf weitere und immer speziellere Anwendungen wie Strömung, Elektromagnetismus oder extreme Nichtlinearitäten. Hierfür ist der Kundenkreis jedoch eingeschränkt.

Die Programmanbieter müssen also neue Anwendergruppen erreichen. An erster Stelle stehen hier die Konstrukteure. Was liegt näher, als dieser – im Vergleich zu den Berechnungsingenieuren – sehr großen Gruppe ein universelles Berechnungswerkzeug anzubieten, das die historische "Pi-mal-Daumen – Methode" ablösen kann? Der größte Hinderungsgrund für eine weite Verbreitung der FE-Programme war und ist ihre Komplexität und ihre schwierige Bedienung. Deshalb liegt der Schwerpunkt der Softwareweiterentwicklung fast aller Anbieter in der Gestaltung einfacher Benutzungsoberflächen – wenn möglich durch Integration oder Kopplung mit CAD-Systemen – und der Anpassung der Programme an die Kenntnisse und die Denk- und Arbeitsweise des Konstrukteurs. Hier ist ein großer Konkurrenzkampf im Gange.

Es gibt auch auf dem FEM-Markt – genausowenig wie bei den CAD-Systemen – keine "Eierlegende Wollmilchsau". Systeme mit sehr großer Funktionalität (wie z.B. ANSYS, NASTRAN, PATRAN oder I-DEAS) sind relativ teuer und verlangen eine entsprechende Ausbildung und Einarbeitung der Ingenieure. Sie bieten aber dafür alle denkbaren Analysemöglichkeiten für Problemstellungen aus nahezu allen Bereichen und Branchen. Einfach handzuhabende Systeme (wie z.B. AN-TRAS oder MECHANICA) sind nur eingeschränkt – aber möglicherweise ausreichend – einsetzbar und besonders gut für gelegentliche Anwender geeignet, die nicht jeden Tag mit komplexen Berechnungsproblemen konfrontiert werden.

Ein auf den Ergebnissen der beschriebenen Bedarfsanalyse basierender Vergleich der FE-Systeme sollte die folgenden Gesichtspunkte miteinbeziehen:

Technischer Vergleich bezüglich:
Benutzungsoberfläche, Leistungsfähigkeit, Funktionalität, Eignung für welche Problemstellungen, Hardwareanforderungen etc.

Betrieblicher Vergleich bezüglich:
Einsatzgebiete im Unternehmen, notwendige Voraussetzungen, organisatorische Folgen, Personal, Betreuung, interne Unterstützung etc.

Kostenvergleich bezüglich:
Beschaffung, Miete, Modularisierung, Wartung/Update, Einführungsaufwand, Schulung extern/intern, Weiterbildung etc.

Genereller Vergleich bezüglich:
Marktstellung des Anbieters, Vertretung in Deutschland (Vertrieb, Entwicklung, Dienstleistung, Größe), Support etc.

Nach einer möglichst raschen und vernünftigen Vorauswahl muß ein *ausführlicher Test* der in Frage kommenden Systeme mit *eigenen Beispielen* erfolgen. *Anbieterdemos sind nicht geeignet* und können nur als erste Information dienen. Eine Vorführung sagt meist mehr über die Qualifikation des Vorführers als über die Qualität des Systems aus!

Nachfolgend sind stichwortartig und beispielhaft drei in ihrer Leistungsfähigkeit und Anwendung sehr unterschiedliche Systeme kurz dargestellt. Diese Gegenüberstellung soll lediglich eine Orientierungshilfe sein und ersetzt nicht die intensive Beschäftigung mit den möglichen FE-Programmen, wenn es um eine Beschaffung geht.

ANSYS (Fa.ANSYS Inc.):
Wichtigste Merkmale: Komplettes Multi-Purpose-Programm mit allen heute bekannten Möglichkeiten (auch Strömung, Elektromagnetismus etc.), sehr guter Analyseteil , große Elementvielfalt. keine separaten Pre- oder Postprozessoren nötig. Auch nur als Solver zusammen mit anderen Programmen einsetzbar. Gute Einarbeitung erforderlich, besonders für Berechnungsingenieure gut geeignet.

Preise, ca.: (1 Lizenz)	Kauf	Update- Wartung/Jahr	Miete/Jahr (incl. Wartung)
WS-Version	DM 50.000.-	DM 10.000.-	DM 30.000.-
PC-Version	DM 30.000.-	DM 3.600.-	DM 18.000.-

I-DEAS Master Series (Fa.SDRC):
Wichtigste Merkmale: Integriertes, sehr umfangreiches und modular aufgebautes CAD-FE-Programm. Mit sehr gutem Pre- (CAD-Modul) und Postprozessor als FE-Modul für Berechnungsingenieure sehr gut geeignet. Direkte Verwendung des CAD-Modells. Analyseteil mit eingeschränkten Möglichkeiten, aber vielfältige Kopplungsmöglichkeiten zu anderen Systemen durch verschiedene Schnittstellen.

Preise, ca.: (1 Lizenz)	Kauf	Update- Wartung/Jahr	Miete/Jahr (incl. Wartung)
Pre- und Postpr. (incl. 3D-Teil)	DM 50.000.-	DM 6.000.-	DM 20.000.-
Linearer Solver	DM 30.000.-	DM 4.000.-	DM 12.000.-
Nichtlinearer Solver	DM 15.000.-	DM 2.000.-	DM 6.000.-
Optimierer	DM 15.000.-	DM 2.000.-	DM 6.000.-

MECHANICA – Applied Structure (Fa.RASNA):
Wichtigste Merkmale: Sehr gute, moderne Benutzungsoberfläche, relativ neues Programmpaket. Kurze Einarbeitung und auch von Konstrukteuren für einfache Problemstellungen und Bauteile nutzbar. Guter Pre- und Postprozessor. Analyseteil mit eingeschränkten Möglichkeiten. Entwurfsstudien und halbautomatische Optimierungen möglich. Mit gleichem Modell auch Mehrkörpersystemanalyse durchführbar.

Preise, ca.: (1 Lizenz)	Kauf	Update- Wartung/Jahr	Miete/Jahr (incl. Wartung)
WS-Version	DM 35.000.-	DM 7.000.-	DM 18.000.-
PC-Version	DM 25.000.-	DM 4.000.-	DM 12.000.-

Die obige kurze Einschätzung beruht auf den Erfahrungen des Autors; genauso gut könnte diese Gegenüberstellung mit drei anderen Programmen – siehe Auflistung in Kapitel 4.3 – vorgenommen werden. Auch die angegebenen Zahlen sind Werte, die sich je nach Marktentwicklung laufend verschieben und verändern. Man kann die sehr unterschiedliche Preisgestaltung erkennen, was Kauf, Miete und Modularisierung betrifft. Alle Preisangaben müssen genau aufgegliedert werden. Manche Systeme sind fast komplett, bei anderen muß man absolut notwendige Module wie zum Beispiel eine IGES-Schnittstelle separat bezahlen.

Zunehmend werden auch von allen Programmen PC-Versionen angeboten. Hinzu kommen die unterschiedlichsten Einbindungen in CAD-Programme (siehe Kap. 6.3.3).

Sehr hilfreich ist in jedem Fall vor der Beschaffung eine externe, herstellerunabhängige Beratung durch Institute und der Kontakt und die Diskussion mit erfahrenen Anwendern.

8.5 FEM als Fremdleistung

Es gibt inzwischen viele Ingenieurbüros und Institute, die FE-Analysen als Dienstleistung anbieten. Die Inanspruchnahme solcher Fremdkapazitäten – *outsourcing* – findet in der unterschiedlichsten Form statt:

- Es wird die komplette Analyse vergeben.
- Übergabe der CAD-Geometrie an den Dienstleister. Dieser übernimmt die aufwendige Vernetzungsarbeit nach genauen Vorgaben des Auftraggebers.
- Der Dienstleister führt auch die Analyse durch und liefert die Ergebnisse.
- Es werden Berechnungsingenieure per Leihvertrag ins eigene Unternehmen geholt, die dann die Analyse mit hauseigener Hard- und Software durchführen.

Diese Formen der Arbeitsvergabe bieten *einige Vorteile*:

- Die eigenen Berechnungskapazitäten können sowohl personell als auch hard- und softwaremäßig auf die unbedingt erforderliche Basisausstattung beschränkt werden.
- Es können auch Probleme behandelt werden, für die im eigenen Unternehmen keine Kompetenz oder Ausstattung vorhanden ist.
- Durch die externen Kapazitäten können terminliche Engpässe vermieden werden.
- Es wird meist mit gut kalkulierbaren Festpreisen gearbeitet
- Die Stundensätze der Dienstleister sind meist niedriger als die des eigenen Unternehmens.

Demgegenüber stehen einige *massive Nachteile* des Outsourcing:

- Erheblicher Aufwand, dem nicht mit der speziellen Problemstellung vertrauten externen Berechnungsingenieur die Bedingungen und Besonderheiten der Aufgabe zu vermitteln.
- Ungewisse Kompetenz des Dienstleisters.
- Nach Abschluß der Auftragsarbeit ist der Dienstleister aus der Verantwortung; Nachbesserungen der Analyse sind schwer durchzusetzen.
- Der Know-How-Zugewinn entsteht und verbleibt zum größten Teil beim Dienstleister.

Man sollte nicht glauben, FE-Analysen könnten auf Dauer außer Haus erledigt werden, ohne eine eigene Kompetenz aufzubauen. Sowohl die Aufgabendefinition als auch die Interpretation der gelieferten Analyseergebnisse erfordern einen erheblichen Sachverstand. Auch der Auftraggeber muß Ingenieure einsetzen, die mit den FE-spezifischen Lösungsmethoden, -möglichkeiten und Problemen vertraut sind.

9 Die weitere Entwicklung – Trends

Die sicherste Aussage über eine Prognose ist die, daß sie nicht zutreffen wird! Diese Erkenntnis gilt ganz besonders für Voraussagen auf dem DV-Sektor und in der Informationstechnik. Trotzdem sind einige Trends zu erkennen, auf die kurz eingegangen werden soll.

Auf dem Feld der FEM-Anwendungen scheint sich eine Aufspaltung zu vollziehen. Da sind zum einen die Spezialisten, die schon seit Jahren mit höchst leistungsfähigen Programmen arbeiten und sehr gute Ergebnisse erzielen. Für diese Anwendergruppe werden seitens der Programmanbieter immer bessere und stark erweiterte Analysemöglichkeiten angeboten. Vor allem der Bereich der Nichtlinearitäten wurde in den letzten Jahren stark entwickelt. Dies hängt eng mit dem raschen Fortschritt der Rechnertechnologie zusammen; es gibt eine starke Wechselwirkung zwischen der weiteren Erhöhung der Rechnerleistung und neuen FE-Funktionalitäten. Ein gutes Beispiel ist die heutige Aktualität des Themas Optimierung. Obwohl in der Praxis noch nicht sehr verbreitet, nähern sich die Rechnerleistungen den hohen Erfordernissen solcher Module an.

Auf der anderen Seite ist das Bestreben von Anbietern zu erkennen, die FE-Programme für normale Konstruktionsabteilungen und Konstrukteure besser handhabbar zu machen. FE-Analysen sollen auch von Nicht-Spezialisten durchgeführt werden können. Dabei arbeiten die Softwareentwickler in zwei Richtungen: Zum einen werden die Benutzungsoberflächen der FE-Programme für Konstrukteure verständlicher gestaltet. Der zweite Entwicklungsstrang zielt auf eine Einbindung und möglichst vollständige Integration der FE-Analyse in das CAD-System.

In die gleiche Richtung weist das zunehmende Angebot von FE-Programmen auf PC-Basis. Dazu sollte deutlich gesagt werden, daß für echte FE-Analysen der PC so hochgerüstet werden muß, daß er kostenmäßig nicht mehr weit unter der Workstation rangiert. Im übrigen wird die Grenze zwischen PC und Workstation – diese Prognose sei gewagt – in den nächsten fünf Jahren fallen.

Entscheidend für eine schnellere Verbreitung der FE-Programme werden konkrete Fortschritte auf folgenden Gebieten sein:

– Netzgeneratoren, die auch komplizierte Volumen mit regelmäßigen Bricknetzen versehen können.
– Algorithmen, die automatisch eine der Spannungsverteilung angemessene Netzfeinheit oder Elementwahl vornehmen können (adaptive oder p-Elemente Vernetzung).
– Dialoggesteuerte Geometrievereinfachungsalgorithmen, mit denen der Anwender programmunterstützt eine detaillierte CAD-Geometrie gezielt in eine vereinfachte FE-Geometrie überführen kann.

– Verstärkung und Verbesserung der Schnittstellen bzw. der CAD-Integration.
– Bedienungsfreundliche Funktionalitäten zur Kopplung von Einzelteilen für eine Baugruppenanalyse.
– Vereinfachung der Programmbedienung für nichtlineare Analysen.
– Verbesserung der Optimierungsmodule.
– Generelle, weitere Vereinfachung der Programmbedienung in Richtung Konstruktion.
– Weitere Erhöhung der Rechnerleistungen, damit auch komplexe Formen schneller vernetzt und berechnet werden können.

Inwieweit FE-Analysen in Zukunft sinnvoll und effektiv in Konstruktionsabteilungen durchgeführt werden können, ist offen. Meist haben die potentiellen Anwender aus dem Konstruktionsbereich nur unklare Vorstellungen über die notwendigen Voraussetzungen, die sich ja nicht auf die Beschaffung eines benutzungsfreundlichen Systems beschränken.

Sicher wird sich auch die Finite Elemente Methode als Berechnungswerkzeug des Konstrukteurs nach und nach verbreiten. Die Geschwindigkeit dieses Vorgangs wird aber nicht so groß sein, wie von den Anbietern – aus verständlichen kommerziellen Gründen – prognostiziert. 3D-CAD-Systeme sind schon seit zehn Jahren auf dem Markt, ihre Verbreitung hinkt aber trotz unbestrittener Vorteile in vielen Bereichen noch weit hinter den Erwartungen der Anbieter zurück. Das in Fachpublikationen und auf Tagungen verbreitete Bild zeigt eher die Erwartungen der Softwarehäuser und die zweifellos vorhandenen *potentiellen Möglichkeiten* der FE-Systeme als die aktuelle Wirklichkeit.

Literatur

/Ab90/   Abeln, Olaf: Die CA...-Techniken in der industriellen Praxis, München 1990

/Ad91/   Adam, Josef: Festigkeitslehre und FEM-Anwendungen, Heidelberg 1991

/AF91/   Altenbach/Fischer: Finite-Elemente-Praxis, Leipzig 1991

/An93/   Anderl, Reiner: CAD-Schnittstellen, München Wien 1993

/Ba86/   Bathe, Klaus-Jürgen: Finite-Elemente-Methoden. Matrizen und lineare Algebra, Berlin Heidelberg New York 1986

/BFW92/   Bullinger/Frech/Wasserlos: Forschungs- und Entwicklungsmanagement in der deutschen Industrie. In: A.-W.Scheer (Hrsg.), Simultane Produktentwicklung, Forschungsbericht 4, St.Gallen 1992

/CCR94/   N.N.: Marktübersicht Workstation. Modularität setzt sich durch. In: CAD-CAM Report Nr.11, Heidelberg 1994

/CF94/   CAD-FEM Users' Meeting 19. – 21.10.94. Tagungsband, Grafing 1994

/CGM94/   N.N.: Marktübersichten. FEM. Computer Graphik Markt 1993/94, Heidelberg 1994

/DD94/   Dankert/Dankert: Technische Mechanik – computerunterstützt, Stuttgart 1994

/DHLS94/   Dürr/Hack/Löbig/Steinebach: Konstruktion mit objektorientierter Wissensbasis. In: VDI Berichte 1148, Düsseldorf 1994

/Eh90/   Ehrlenspiel, K.: Auf dem Weg zur integrierten Produktentwicklung. In: VDI Berichte 812, Düsseldorf 1990

/Eh93/   Ehrlenspiel, K.: Industrieprobleme in Entwicklung und Konstruktion. In: Konstruktion Heft 45, Berlin Heidelberg 1993

/FH93/   Fröhlich/Holland: Maschinenelemente-Berechnungsprogramme. Marktübersicht – Programmtests, Studie der FH Wiesbaden, Rüsselsheim 1993

/Fr94-1/   Fröhlich, Peter: Finite Elemente Programme an Maschinenbau – Fachbereichen Deutscher Hochschulen. Vortrag beim ANSYS-Users Meeting, Miesbach 1994

/Fr94-2/   Fröhlich, Peter: FEM in der Konstruktionsabteilung? In: CAD-CAM Report Nr.9, Heidelberg 1994

/Fr94-3/   Fröhlich, Peter: FEM – eine unternehmerische Entscheidung mit Folgen. In: Computer-Grafiphik-Markt 1994/95, Heidelberg 1994

/Fi92/   Fissel, André: Thermische Analysemöglichkeiten mit der FEM, Diplomarbeit an der FH Wiesbaden 1992

/FZ93/   Fritscher/Zammert: FEM-Praxis mit ANSYS, Braunschweig Wiesbaden 1993

/Ha89/   Haibach, E.: Betriebsfestigkeit, Düsseldorf 1989

/HB94/   Holland/Bracke: EXCEL für Techniker und Ingenieure, Braunschweig / Wiesbaden 1994

/Ho94/   Holland, Hans-Jürgen: Erfahrungen mit dem Rechnereinsatz in der Konstruktionsausbildung. In: VDI Berichte 1120, Düsseldorf 1994

/ISIS94/   Nomina GmbH (Hrsg.): ISIS Engineering Report 2 1994/95, München 1994

/JG95/   Junkermann/Grimm: Datenaustausch mittels der Schnittstelle IGES, Abschlußarbeit am CIM-Zentrum Rüsselsheim, 1995

/KFR88/   Kämmel/Franek/Recke: Einführung in die Methode der finiten Elemente, München Wien 1988

/Ki90/   Kittsteiner: Die Auswahl und Gestaltung kostengünstiger Wellen-Naben-Verbindungen, München Wien 1990

/Ki91/   Kissling, Ulrich: Integration von Berechnungsprogrammen in den Konstruktionsprozess. In: Antriebstechnik 30, Nr.7 1991

/Kl93/   Klein, Bernd: Umsetzung von Simultaneous Engineering. In: Der Konstrukteur 6/93, Mainz 1993

/KMMT/   Klass/Mache/Mohrmann/Teunis: STEP AP214 – ein Anwendungs-datenmodell (AP) für die Automobilindustrie. In: VDI Berichte 1148, Düsseldorf 1994

/Ku94/   Kurth, H.W.(Hrsg.): Entwicklungsmanagement: Simultaneous Engineering, Herborn 1994

/KW91/   Knothe/Wessels: Finite Elemente, Berlin Heidelberg New York 1991

/Le88/   Lesser, H.-J.: Rechnergestützte Methode zur Auswahl anforderungsgerechter Verbindungselemente. In: wbk-Forschungsbereicht Bd.13, Universität Karlsruhe 1988

/Ma88/   Mattheck, C: Why they grow how they grow – the mechanics of trees. Bericht Nr.4486 des Kernforschungszentrums Karlsruhe 1988

/Ma94/   Maihack, Stefan: Schnittstellentools für neutrale CAD-Schnittstellen. In: CAD-CAM Report Nr.9, Heidelberg 1994

/MRKL94/   Meerkamm/Rösch/Krause/Löffel: Integration von Berechnung und Simulation in das Konstruktionssystem mfk. In: Kurth (Hrsg.), Entwicklungsmanagement: Simultaneous Eng, Herborn 1994

/MR94/   Müller/Rehfeld: FEM für Praktiker. Basiswissen und Arbeitsbeispiele zur Methode der Finiten Elemente mit dem FE-Programm ANSYS, 2.Auflage, Ehningen 1994

/MT93/   Mayr/Thalhofer: Numerische Lösungsverfahren in der Praxis. FEM – BEM – FDM, München Wien 1993

/Mü89/   Müller, Gerhard: Finite Elemente. Einführung in das Arbeiten mit ANSYS, Heidelberg 1989

/Na95/   Nalepa, Ernst: Was nehme ich? Konkurrierende Methoden beim Preprozessing für FE-Analysen. In: Konstruktionspraxis Nr.1, Würzburg 1995

/NAM91/   N.N.: Normenausschuß Maschinenbau im DIN. IGES. Version 5.1, 1991

/NH92/   Nasitta/Hagel: Finite Elemente. Mechanik, Physik und Nichtlineare Prozesse, Berlin Heidelberg New York 1992

/Pf93/   Pfau, Joachim: Auslegungsprogramm für Trocknungsanlagen, Studienarbeit an der FH Wiesbaden 1993

/RA94/   RASNA (Hrsg.): MECHANICA Reference Guide, San Jose Cal. USA 1994

/Ro94/   Rother, Klemens (Übers.): ANSYS Benutzerhandbuch, Grafing 1994

/Sa91/   Sauter, J.: CAOSS oder die Suche nach der optimierten Bauteilform durch eine effiziente Gestaltoptimierungsstrategie. FEM-Kongreß, Baden-Baden, 1991

/Sc89/   Schleede, Kristian: Ein Vergleich der FE- mit der BE-Methode. In: CAD-CAM Report Nr.2 und 3 1989

/Sc90/   Schaab, Rainer: Problematik der 3D-CAD Anwendung für ein Luftfahrtventil, Diplomarbeit an der FH Wiesbaden 1989

/SD93/   SDRC (Hrsg.): Exploring I-DEAS Simulation, Milford Ohio USA 1993

/SP92/   Sauter/Puchinger: Finite-Elemente-Seminar für den Konstrukteur, Karlsruhe 1992

/SS90/   Schalon/Streicher: Analyse und Optimierung eines Motorlagers mit der FEM, Diplomarbeit an der FH Wiesbaden 1990

/VWSS94/   Vajna/Weber/Schlingensiepen/Schlottmann: CAD/CAM für Ingenieure, Wiesbaden 1994

/VDI91/   VDI Berichte 903: Erfolgreiche Anwendung wissensbasierter Systeme in Entwicklung und Konstruktion, Düsseldorf 1991

/VDI92/   VDI Berichte 993.1: Datenverarbeitung in der Konstruktion '92. CAD im Maschinenbau, Düsseldorf 1992

/VDI94/   VDI Berichte 1120: Entwicklung und Konstruktion im Strukturwandel, Düsseldorf 1994

/VDI94/   VDI Berichte 1148: Datenverarbeitung in der Konstruktion '94, Düsseldorf 1994

/We91/   Weigel, Klaus D.: Entwicklung einer modularen Systemarchitektur für die rechnerintegrierte Produktgestaltung, Ber. Nr.39, Institut für Konstruktionslehre, TU Braunschweig, Braunschweig 1991

/Wi93/   Wientges, Thomas: Halbautomatische Generierung von Flügelprofilen, Studienarbeit an der FH Wiesbaden 1993

/Zi84/   Zienkiewicz, Olgierd C.: Methode der finiten Elemente, 2.Auflage, München Wien 1984

Firmenschriften und Informationsmaterial folgender Firmen und Institutionen:

AKE, Darmstadt; ALGOR, Pittsburgh USA; ANSYS , Houston USA; AUTO-DESK, USA; CADFEM, Grafing; CARL ZEISS, Jena; CHAM (PHOENICS), London UK; EMRC (NISA), Michigan USA; ESO, Garching; FAG, Schweinfurt; FICHTEL & SACHS, Schweinfurt; GTM, Seeheim; GFS (ANTRAS), Aachen; GM-SERVICES, Rüsselsheim; HEXAGON, Kirchheim/Teck; HKS (ABAQUS), Schweden; IABG, Ottobrunn; IBM/AMD (CATIA); IBT, St.Ingbert; ITI, Dresden; KISSLING, Zürich Schweiz; MARC, Palo Alto USA; MDI (ADAMS), Ann Arbour USA; MOLDFLOW-PTY, Kilsyth Australien; MSC (NASTRAN), Los Angeles USA; NIT (SYSNOISE), USA; NOELL, Würzburg; NORD-MICRO, Frankfurt am Main; OPEL, Rüsselsheim; PDA (PATRAN), Costa Mesa USA; PTC, Waltham USA; RASNA, San Jose USA; SCHMITZ & BRILL, Finnentrop; SCHOTT, Mainz; SDRC, Milford USA; TCN, Dortmund; TETRA PAK; Hochheim am Main; Universität Erlangen-Nürnberg; VDO, Schwalbach

Fachbegriffe Englisch - Deutsch

Die meisten FE-Programme sind aus ihrer Entstehungsgeschichte heraus oder aus
marktpolitischen Gründen in der weltweit am weitesten verbreiteten Fachsprache
Englisch gehalten. Selbst in anderssprachlichen Publikationen werden viele eng-
lische Fachausdrücke verwendet. Es ist daher wichtig, daß der FE-Anwender mit
den englischen Fachausdrücken vertraut wird. Nachfolgend sind einige häufig
vorkommende Begriffe in Englisch und Deutsch gegenübergestellt.

Englisch	**Deutsch**
abort	**Abbruch**
acceleration	Beschleunigung
accuracy	Genauigkeit
acoustics	Akustik
adaptive meshing	adaptive Netzverfeinerung (an Spannungen angepaßt)
align	ausrichten
analysis	Analyse, Berechnungsart
angular	winkel...
animation	Animation, Bildfolge, bewegte Darstellung
anisotropic material	anisotropes Material (richtungsabhängige Eigenschaften)
ANSI code calculation	ANSI Regelwerk-Berechnungen
application	Anwendungsprogramm
approximation	Näherung
arc	Bogen
area	Fläche
ASME code calculation	ASME Regelwerk-Berechnungen
aspect ratio	Seitenlängenverhältnis von Elementkanten
assembly	Baugruppe
auto scaling (graphics)	automatische Bildschirm-Skalierung (Grafik)
auxiliary routines	Zusatzprogramme
average	Durchschnitt
axissymmetric	rotationssymmetrisch
bar	**Stab**
batch file	Batch - Datei

beam element	Balkenelement
beam orientation	Orientierung der Balkenachsen
bearing element	Lagerelement
binary files	Binär-Dateien
boolean	Boole´sche (Operationen)
bottom	Unterseite (des Schalenelementes)
boundary conditions	Randbedingungen
boundary element method (BEM)	Randelementemethode
brick	würfelförmiges Element (Hexaeder)
buckling (-analysis)	Beulen, Beulanalyse
bulk strain	Volumendehnung
bulk temperature	Volumentemperatur
bulletin	Report, Verlautbarung
button	"Knopf", für Mausklick

CAD (Computer Aided Design)	**Rechnerunterstütztes Konstruieren**
CAD interface	CAD - Schnittstelle
CAD translator	CAD - Datenumsetzprogramm
CAE (Computer Aided Engineer.)	Rechnerunterstütztung bei Berechnung und Simulation
calculation	Berechnung
CAM (Computer Aided Manufact.)	Rechnerunterstützung in der Produktion
cancel	löschen, Befehl aufheben
capability	(Leistungs-)Fähigkeit
cartesian coordinates	kartesische Koordinaten
central processor unit (CPU)	Hauptrechenprozessor
centrifugal acceleration	Zentrifugalbeschleunigung
centroid	Schwerpunkt
centroidal stresses	Mittelpunktspannungen
client	Arbeitsplatzrechner im Netz
coeffcient of friction	Reibungsbeiwert
coefficient of thermal expansion	Temperaturausdehnungskoeffizient
coincident	aufeinanderliegend (z.B. Knoten)
color map	Farbtabelle
command	Kommando, Anweisung
comment	Kommentar
compatibility	Kompatibilität, Verträglichkeit
composite element	Verbundwerkstoffelement
compressing data	Datenkomprimierung
concatenate	verknüpfen
concentration (mesh)	Netzverfeinerung
conductivity	(Wärme-) Leitfähigkeit
cone	Kegel
consistent mass matrix	Massenmatrix von verteilten Massen
constitutive matrices	Zustandsmatrizen

constraint	Randbedingung (Lager), Kopplungsbedingung
constraint equation	Verknüpfungsgleichung, Zwangsbedingung
contact surfaces	Kontaktflächen
contour	Farbliniendarstellung
contour diplays	Kontur, Höhenliniendarstellungen
controls	Voreinstellungen
convection	(Wärme-) Übergang
convergence	Konvergenzgrad (Genauigkeit)
coordinate system	Koordinatensystems
copy	kopieren (Elemente, Geometrie)
crack tip	Rißspitze
create	erzeugen
creep	Kriechen
cross section	Querschnitt (z.B. bei Balken)
crosshair digitizing	Fadenkreuzdigitalisieren
cube	Würfel
cylinder	Zylinder
damping	**Dämpfung**
database	Datenbasis, -bank
default	Voreinstellwert
default directory	Standardverzeichnis (Speicher)
deformed	verformt(e Struktur)
degree of freedom (DOF)	Freiheitsgrad
delete	löschen
density	Dichte
design variable	Geometrieparameter, -variable
device drivers (graphics)	Gerätetreiber (z.B. für Grafik)
dialog box	Eingabefenster
displacement	Verschiebung
displacement constraints	Verschiebungsverknüpfungen
display	Bildausgabe, Grafikbildschirm
distance	Abstand
dot product	Skalarprodukt
edge	**(Element-)Kante**
edit	ändern, bearbeiten
elastic foundation	elastische Bettung
enhancement	Verbesserung
entity	Element, generell (meist Geometrieelement)
equation solution	Gleichungslösung
equilibrium	Gleichgewicht
equivalent stress	Vergleichsspannung

error estimation	Fehlerabschätzung (durch das FE-Programm)
export	Dateien (Modelle) ausschreiben
extrude	ziehen, extrudieren (Geometrie oder Elemente)
face	**(Volumenelement-) Oberfläche**
failure criteria	Versagenskriterium
fatigue evaluation	Ermüdungsberechnung
features	Eigenschaften, auch Elementen zugeordnet
file	Datei
file management	Dateienmanagement
fillet	Verrundung
finite element analysis (FEA)	Finite Elemente Methode (FEM)
fracture mechanics	Bruchmechanik
free meshing	Vernetzung mit Dreiecken oder Tetraedern
friction	Reibung
fringe	Farbflächendarstellung
frontal solver	Frontlösungs-Gleichungslöser
gap	**Spalt / Kontakt**
generation	Generierung
global	global, generell
graph	Diagrammdarstellung
gravity loading	Gravitations, Gewichtslast
grid	Raster
grabber	Software für Bidschirmdumps
guidelines	Richtlinien
hardening	**Verfestigung**
harmonic element	achsensymmetrisches Element
harmonic response	Frequenzganganalyse
heat flux	Wärmestromdichte
heat transfer	Wärmeleitung
h-element	h-Element (hierarchisch)
help	Hilfetext, Hilfefunktion
hexahedron (=brick)	würfelförmiges Element
highlight	hervorheben
hot key	"Knopf" zur Sofortausführung der Funktion
hypermatrix	Gesamtsteifigkeitsmatrix
icon	**Symbolknopf**
IGES-translator	IGES-Schnittstelle
implement	einfügen
import	Dateien (Modelle) einlesen

improvement	Verbesserung
increment	Inkrement, kleiner (Last- oder Zeit-)Schritt
initial condition	Anfangsbedingung
initial imperfection	Anfangsdefekt, Anfangsstörung
initial strain	Vordehnung
installation	Einrichtung
I-O (input-output)	Lesen-Schreiben (auf Festplattenspeicher)
isotropic	isotrop (richtungsunabhängig gleiche Eigenschaften, z.B. bei Werkstoffen)
iteration	Iteration, Näherung in Schritten
job	**Rechenlauf, Analyse**
joint element	Gelenkelement
keyboard	**Tastatur**
lable	**Beschreibung, Text**
laminated element	schichtweise aufgebautes Element
large deflection	große Verschiebung
layered shell	Schichtwerkstoff-Schale, Sandwichschale
least squares fit	Fehlerquadratminimum
legend	Legende (Farbtabelle)
library	Bibliothek, Datenbank (z.B. Werkstoffe)
link	Kopplung, Verbindung (-selemente)
load	Last (Kraft, Moment, Druck, etc.)
location	Bezug, Ort
log	Protokoll
loop	Schleife
lumped mass	konzentrierte Masse (im Knoten)
magnitude	**Größe, Betrag**
main frame	Großrechner, Zentralrechner
manual	Handbuch
mapped	regelmäßig (vernetzt)
margin of safety	Sicherheitsbereich
master degrees of freedom	Hauptfreiheitsgrade
matrix	Matrix
member forces	Schnittkräfte
membrane element	Membran-, Scheibenelement (zweiachsig)
menu	Bedienfeld (Bildschirm)
merge	verschmelzen (z.B. Knoten)
mesh, meshing	Netz, Vernetzen mit Elementen
mesh refining	Netzverfeinerung
mesh smoothing	Netzverbesserung (der Elementformen)
mid side node	Kantenmittenknoten

midsurface node	Knoten einer Schalenmittelfläche
modal analysis	Modalanalyse (einfache Schwingungsanalyse)
mode shapes, modes	Eigenschwingungsformen
moment of inertia	Trägheitsmoment
MPP (massive parallel processing)	Parallelprozessor-Technologie (Hochleistungsrechner)
natural frequency	**Eigenfrequenz**
negative main diagonal	negative Hauptdiagonale
node	Knoten
nonlinearity	Nichtlinearität
number cruncher	Großrechner ("Zahlenfresser")
objective function	**Zielfunktion**
off-set	Versatz
operating system	Betriebssystem
optimization	Optimierung
orthotropic material	orthotropes Material
outsourcing	Auslagerung, Fremdvergabe (von Leistungen)
overlay	überblendet
panel	**Bildschirmmaske**
partitioning	Aufteilung (z.B. von Volumen)
patch test	Element-Vergleichstest
p-element	p-Element (polynomial)
pick	anklicken
planar	eben
plane	Ebene
plane strain	ebener Dehnungszustand
plane stress	ebener Spannungszustand
plasticity	Plastizität
plate	Platte, Scheibe
plot	Ausdruck (auf Papier oder Bildschirm)
Poisson's ratio	Querkontraktionszahl
polynomial order	Polynomgrad
postprocessing	Datennachbereitung, Auswertung
postprocessor	Auswertungssoftware (Modul)
p-pass	Polynom-Durchlauf
precision	Genauigkeit
preprocessing	Dateneingabe, Modellierung
preprocessor	Modellierungssoftware (Modul)
prestress	Vorspannung

primitive	Grundkörper (Würfel, Kugel etc.)
principal stress	Hauptspannung
procedure	Ablauf
properties	Eigenschaften (Werkstoff, Elemente)
quadrilateral	**Viereck**
query	(Frage nach) Zahlenwerte
quit	Programmausstieg
radiation	**Strahlung**
ramped loading	interpolierte Lasten (nicht konstant)
random vibration	stochastische (Zufalls-) Schwingungs anregung
rapture	Bruch
reaction forces	Reaktionskräfte
real time	Echtzeit (ohne merkliche Verzögerung)
rectangle	rechteckig
reference	Bezug
release	Softwarefreigabe, neue Version
reordering	neu sortieren
response	Systemantwort, Ergebnis
restrain	Freiheitsgradunterdrückung
resultant	Resultierende
review	Überblick, Zusammenfassung
revolved	rotierend erzeugt
rigid body motion	Starrkörperbewegung
rigid link	starre Verbindung
RMS stress	"Root Mean Square"-Spannungswert
rod	Stange, Stab
rotation	Rotation
rubber	Gummi
safety factor	**Sicherheitsfaktor**
save	speichern
scaling	skalieren
scetcher	Skizzierer (CAD-Modul zum Entwerfen)
screendump	Bildschirmdump (Bildschirmausdruck)
selection	Selektion, Gruppenbildung
server	Führungsrechner (im Netz)
set up	Einrichtung (am Anfang)
settings	Voreinstellungen
shape	Gestalt
shape function	Form-, Ansatzfunktion
shear center	Schubmittelpunkt
shell	Schale

shrink display	geschrumpfte Darstellung (der Elemente)
size	Größe
skew system	schiefes Koordinatensystem
slide bar	Rollbalken (am Fenster)
solid	geometrischer Körper oder Volumenelement
solid modelling	(Träger-)Geometrieerstellung
solution of equation	Gleichungslösung
solver	Gleichungslöser
spar	Zweigelenkstab
specific heat	Wärmekapazität
sphere	Kugel
statics	statische Berechnungen
status	aktueller Stand
steady state	stationär, zeitunabhängig
stiffness	Steifigkeit
strain	Dehnung
strain energy	Dehnungsenergie
strength	Festigkeit
stress	Spannung
stress concentration	Spannungskonzentration
stress intensity factor	Spannungsintensitätsfaktor (Formzahl)
submodel	Teilmodell
substructuring	Substrukturtechnik
superelement	Superelement, Teil in Substruktur
surface	Oberfläche (beim Flächenmodell)
swap space	virtueller Speicher (Auslagerungsspeicher)
tapered	**verjüngt, konisch**
tensile	Zug..
tetrahedron	Tetraederelement (Pyramide)
toolbar	Menue mit Icons als Funktionsknöpfen
top	Oberseite (des Schalenelementes)
transient	instationär, zeitabhängig
translate	verschieben
triangle	Dreieck
truss	Stab, Fachwerkelement
tutorial	Kursunterlagen (zum Selbstlernen)
undo	**Befehl rückgängig machen**
update	kleinere Programmrevision
user interface	Benutzungsoberfläche
utilitiy	"Werkzeug" (z.B. Koordinatensystem)

van Mises stress	**Vergleichsspannung nach von Mises** (Gestaltänderungsenergiehypothese)
vector	Vektor
verification manual	Beispielsammlung
view	Ansicht, Blickwinkel
volume element	Volumenelement
warping	**verbogen (Elementknoten aus Ebene)**
wedge	"Tortenstück"-Prisma (Pentaeder)
window	Fenster
wireframe	"Drahtmodell" (nur Punkte und Linien)
work plane	Arbeitsebene
workstation	Arbeitsplatzrechner (meist mit UNIX)
yield strength	**Streckgrenze**
Young´s modulus	Elastizitätsmodul

FEMAP 117
Fertigungsfehler 40
fertigungsgerecht 97
Fertigungsmodell 134, 136
Fertigungsoptimierung 29
Fertigungsprozess 159
Fertigungszeitverkürzung 157f
Festigkeitsanalyse 35, 40, 41
Festigkeitsaussage 158
Festigkeitsberechnung 25, 42
Festigkeitshypothese 38
Festigkeitskennwert 35, 41, 163
Festigkeitslehre 49f, 130f, 151, 152
Festigkeitsnachweis 40, 41, 131
Festlager 35, 59
Festplatte 122ff
FIDAP 119
Fillet 71
Finanzbereich 168
Finanzmittel 123, 157
Firmenrenommé 155
Flächenelement 75f, 82
Flächenlast 33
Flächengeometrie 71, 133, 143,
    161
Flächenmodell 35, 59, 71, 79, 88,
    133f, 161
Flächenschnittstelle 143
Flächenträgheitsmoment 35, 59, 78,
    101
FLOPS 125
FLOTRAN 119
Flugzeugbau 13, 79, 96, 104, 158
Fluidelement 75, 83
Folgekosten 156f, 168f
Formatbeschreibung 145
Formatfestlegung 110
Formenbau 133
Formfindung 100, 163
Formfunktion 46, 48
Formoptimierung 97, 100, 168
Forschung 13, 16, 23, 58, 116, 131,
    139
Fortbildung 141, 156f
FORTRAN 111
free meshing 84f
Freiformfläche 72, 143
Freiformkurve 143

Freiheitsgrad 32ff, 59, 76, 79, 81ff,
    91f, 121,132
Fremdeinflüsse 40
Fremdleistung 156, 174
Fremdsprachlichkeit 66
Frequenzganganalyse 104
Füllvorgang 9, 202, 204
Funktionalität 57f, 60, 65, 73f, 87,
    88, 117, 130, 148, 150, 160,
    166, 169, 171f, 175f
Funktionsmodell 132

Gap 82, 102
Garantie 165
gekrümmt 77, 79, 82, 85
Genauigkeit 3, 13, 18, 27, 30f, 40,
    45ff, 75, 79ff, 84, 86ff, 132,
    140, 163
geometriebasiert 98
Geometriedateien 141
Geometriedatenbasis 150
Geometrieelemente 72f, 112, 135,
    139f
Geometrieentity 145
Geometrieerstellung 60f, 72, 131
Geometriemodell 60, 85f, 118, 139
Geometrieprozessor 145
Geometrieschnittstelle 54, 60, 109f,
    113, 119, 135, 139, 141, 145ff,
    161
Geometrietransfer 146ff
Geometrieübernahme 70, 118f, 133
Geometrieübertragung 131, 134f,
    143, 146, 161
Geometrievariante 74, 106
Geometrievereinfachung 136f, 175
Geräusch 104
Gesamtverformung 36
Geschwindigkeitsverteilung 203
Gestaltoptimierung 21, 97, 160, 163
Gestaltung 40, 100, 128, 158
Gewaltbruch 40
Gewicht 35, 92, 95f, 98, 129
Gewichtsoptimierung 96
Gleichungslöser 44, 60f, 148
Gleichungssystem 14, 60f, 122
Grabber 114
Grafik 107, 123f

Farbtafeln

Die Arbeit mit FE-Programmen ist ohne farbliche Darstellungen nicht denkbar. Beim Preprozessing – also bei der Modellierung der Aufgabe am Rechner – ermöglicht die farbige Darstellung wichtige Kontrollen und Unterscheidungen wie zum Beispiel Baugruppen, unterschiedliche Wandstärken bei Schalenmodellen, verschiedene Material- oder Elementgruppen. Von entscheidender Bedeutung ist die Farbdarstellung beim Postprozessing, also der Darstellung und Auswertung der Analyseergebnisse am Rechner. Die Beurteilung der Spannungsverteilung, eine schnelle Übersicht der Verformungen, Hervorhebungen von allen möglichen Sachverhalten wie fehlerhafte Elemente, Polynomgrad der Elemente oder ähnliches können durch die farbige Darstellung sehr schnell durchgeführt werden. Außerdem erleichtern die Farbplots die Präsentation und Diskussion von Berechnungsergebnissen.

Auf den nächsten Seiten sind beispielhaft einige Farbdarstellungen verschiedener Pre- und Postprozessoren wiedergegeben.

Farbtafel 1:   Rauchgas in einer Nachbrennerkammer

Farbtafel 2:   Füllvorgang eines Spritzgußteils

Farbtafel 3:   Crash-Simulation PKW

Farbtafel 4:   Crash-Verformungen eines PKW-Teilrahmens

Farbtafel 5:   Wandstärkengruppen eines Luftfahrtventils

Farbtafel 6:   Spannungsverteilung in einem Luftfahrt-Ventil

Farbtafel 7:   Verzerrungsgrad von Elementen

Farbtafel 8:   Schwinghebel mit p-Elementen

Farbtafel 9:   Parameteroptimierung eines Schwinghebels

Farbtafel 10:   Temperaturspannungen in einem Krümmer

Farbtafel 11:   FE-Modell des ESO Teleskops

Farbtafel 12:   Vernetzung mit Volumen- und Schalenelementen

Farbtafel 13:   Spannungen in Brick- und Tetraederelementen

Farbtafel 14:   Automatisch vernetztes Fahrradbauteil

Farbtafel 15:   Oberflächenspannungen (BEM-Programm)

Farbtafel 16:   Durchschlagen eines Verschlusses

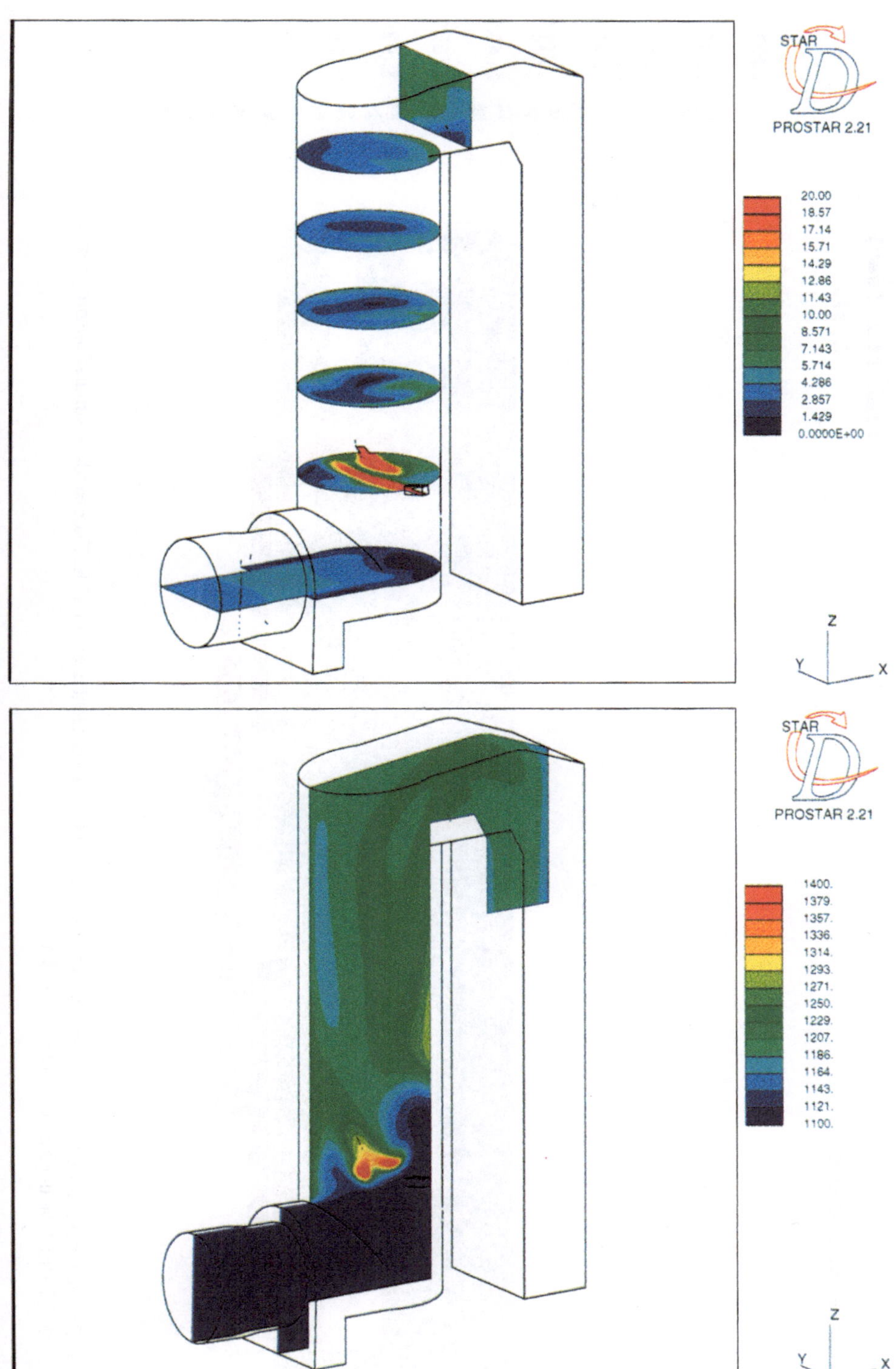

Farbtafel 1.   Geschwindigkeitsverteilung (oben) und Temperaturverteilung (unten) von Rauchgas in einer Nachbrennerkammer (Fa.NOELL, Würzburg – Simulationsprogramm STAR CD)

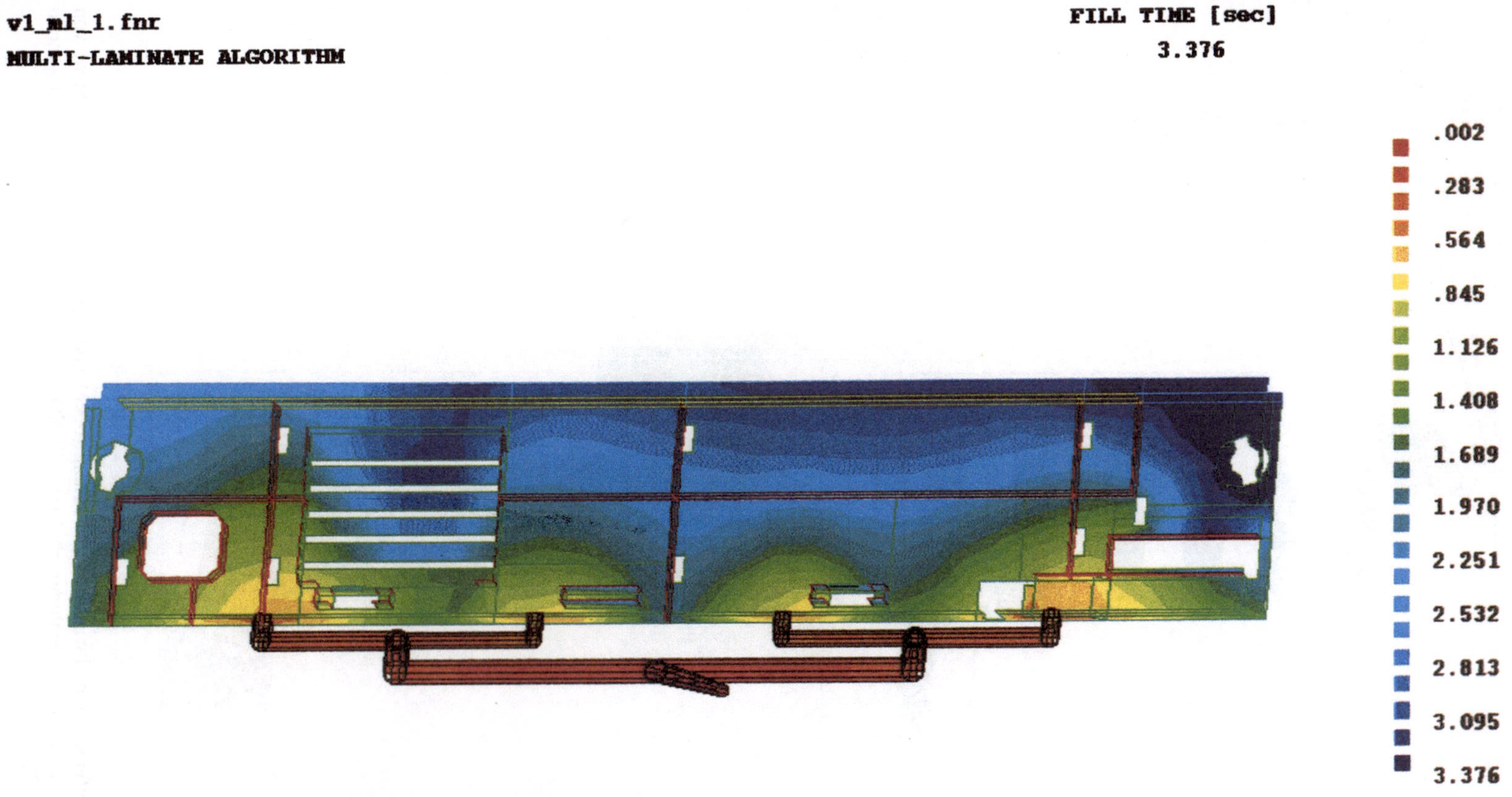

v1_ml_1.fnr
MULTI-LAMINATE ALGORITHM

FILL TIME [sec]
3.376

.002
.283
.564
.845
1.126
1.408
1.689
1.970
2.251
2.532
2.813
3.095
3.376

Farbtafel 2. Zeitlicher Ablauf eines Füllvorgangs (Füllbild) für ein Drucker-Gehäuseteil (AEK, Darmstadt – Simulationsprogramm MOLDFLOW der Fa. MOLDFLOW-PTY)

Farbtafel 3. Crash-Simulationsversuch eines PKW in drei Zeitschritten (ASTRA der Fa.Opel, Rüsselsheim – FE-Programm RADIOSS der Fa.Mecalog)

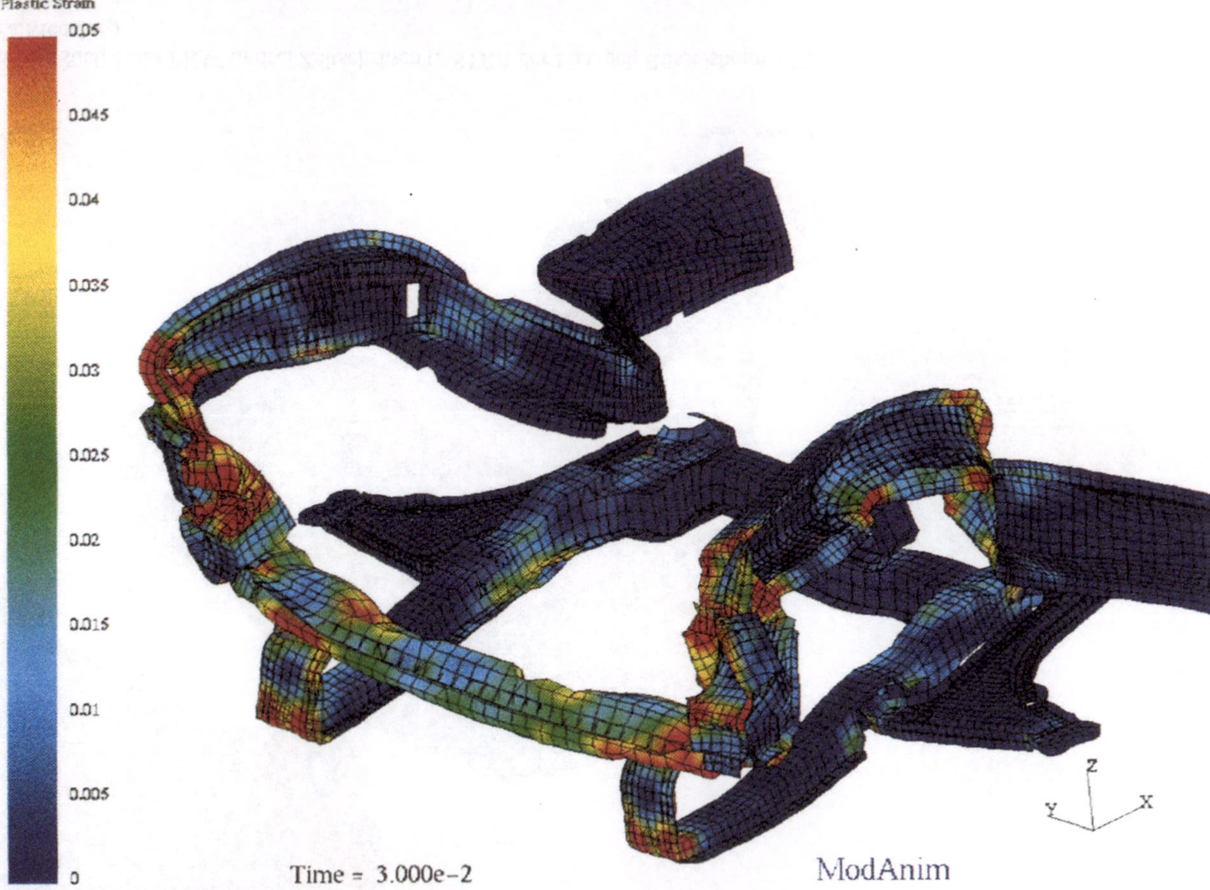

Farbtafel 4.   Crash-Simulationsergebnis der plastischen Verformungen eines PKW-Teilrahmens (ASTRA der Fa.Opel, Rüsselsheim – FE-Programm RADIOSS der Fa.Mecalog)

Farbtafel 5. Farbliche Kennung der Wandstärkengruppen eines Luftfahrtventils (Fa.Nord Micro, Frankfurt am Main – FE-System I-DEAS)

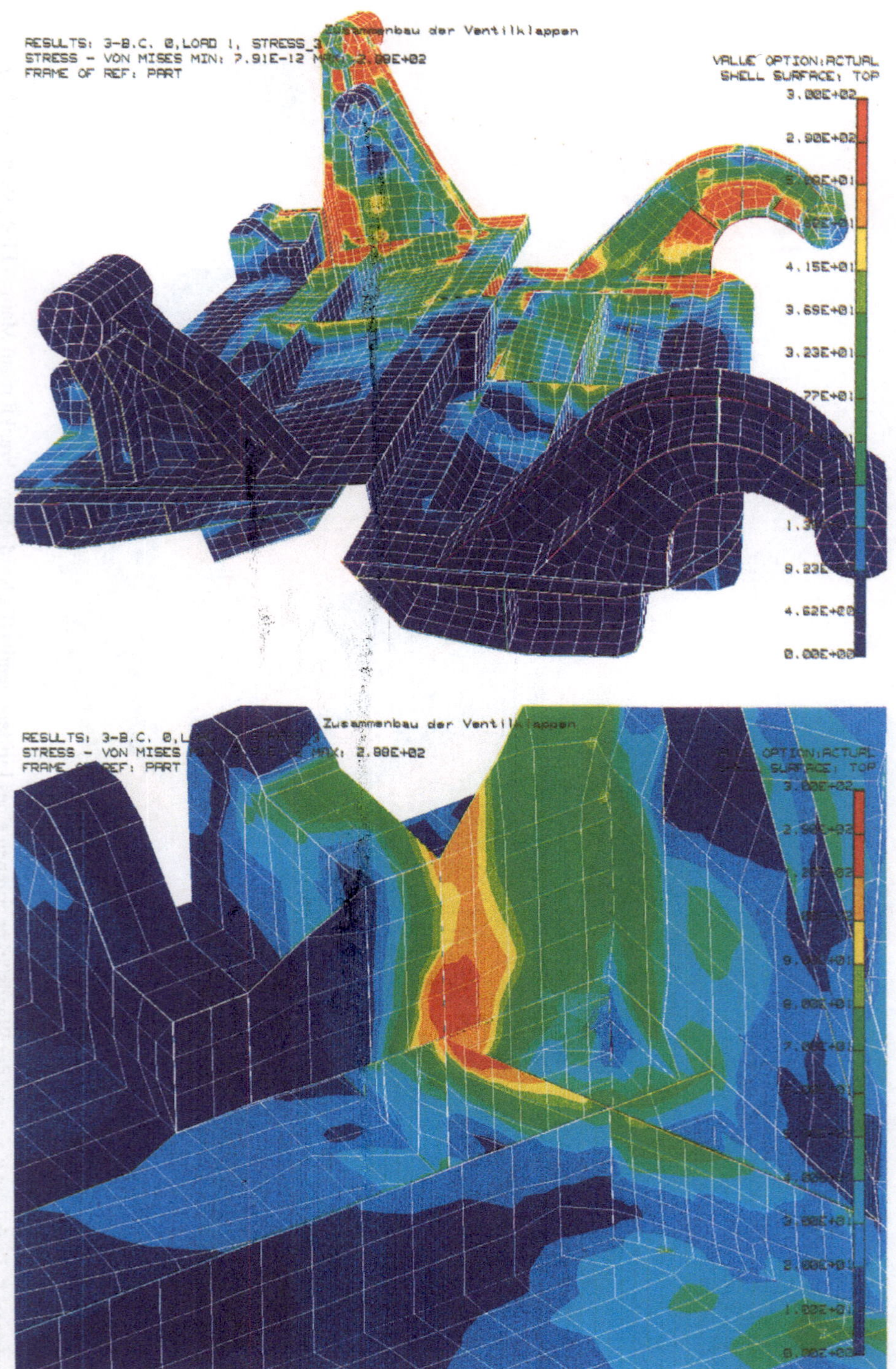

Farbtafel 6. Spannungsverteilung (Gesamtdarstellung oben, Ausschnittvergrößerung, unten) in einem Luftfahrtventil. (Fa.Nord Micro, Frankfurt am Main – FE-System I-DEAS)

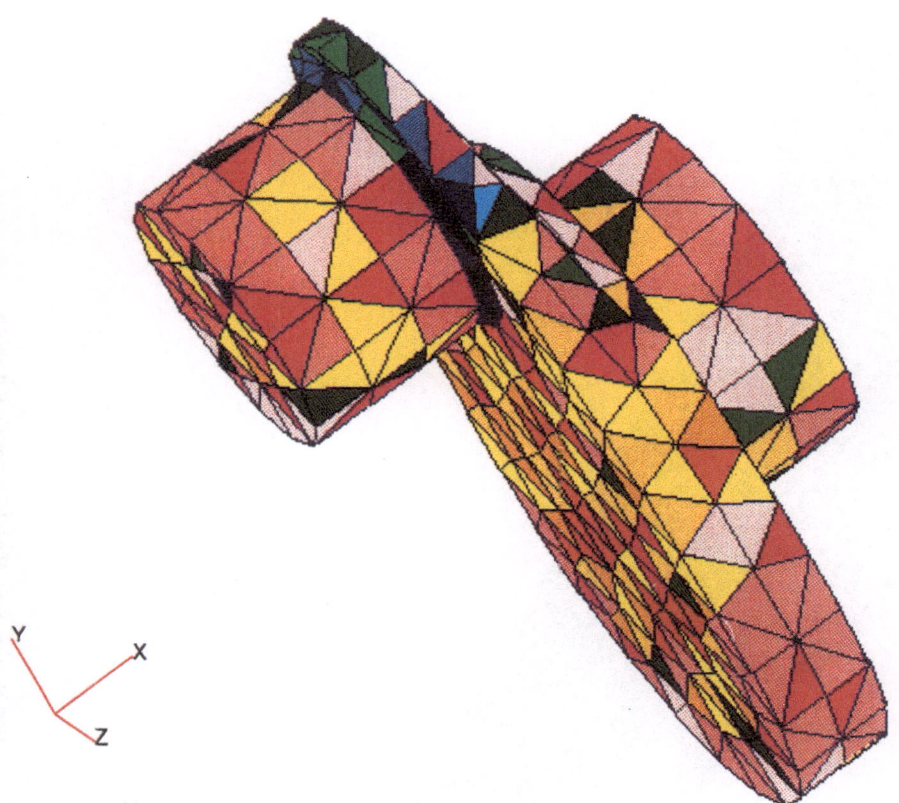

Farbtafel 7. Farbliche Kennung des Verzerrungsgrades von Elementen (FE-System
PATRAN der Fa.MSC)

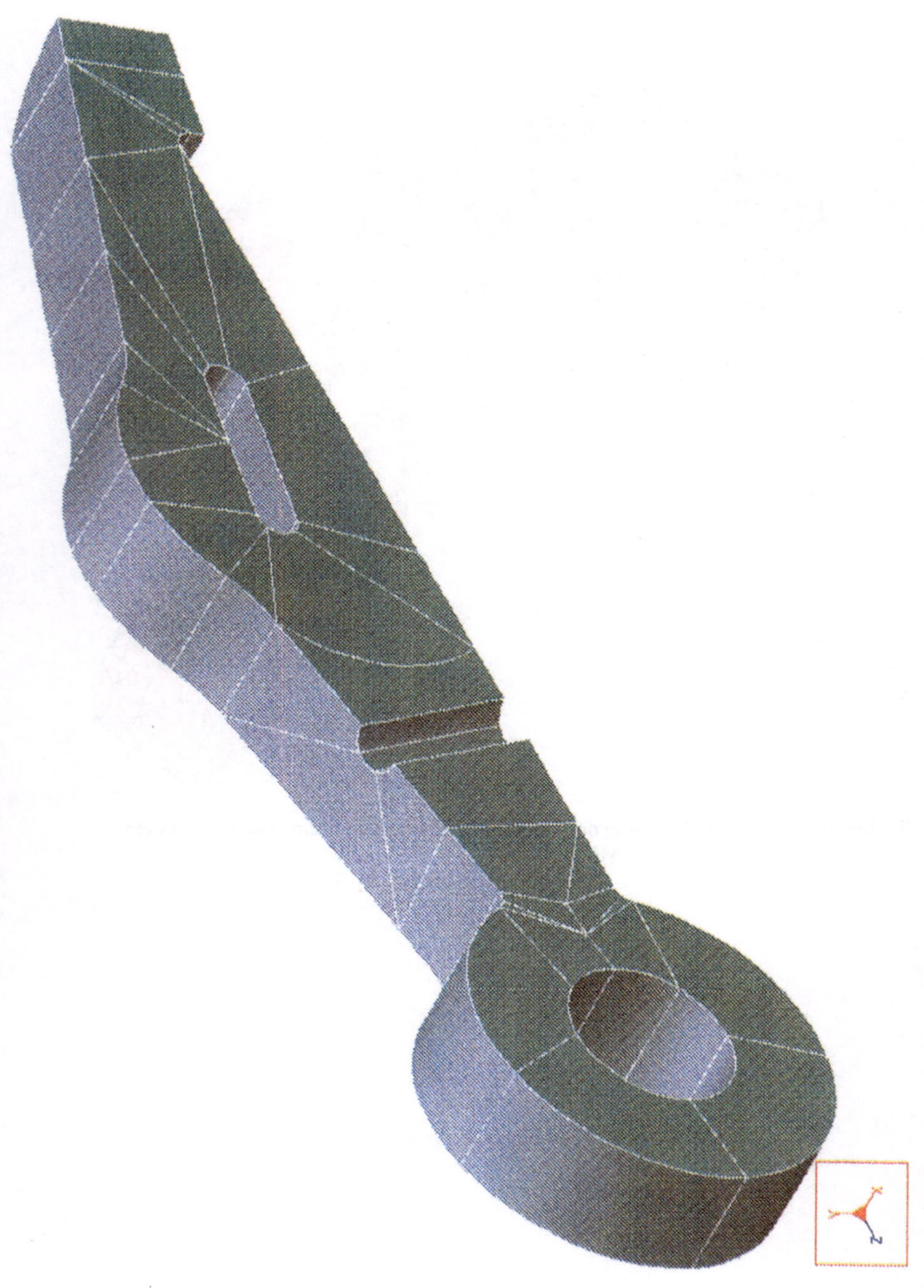

Farbtafel 8. Schwinghebel-Halbmodell mit p-Elementen (FE-System MECHANICA der Fa.RASNA)

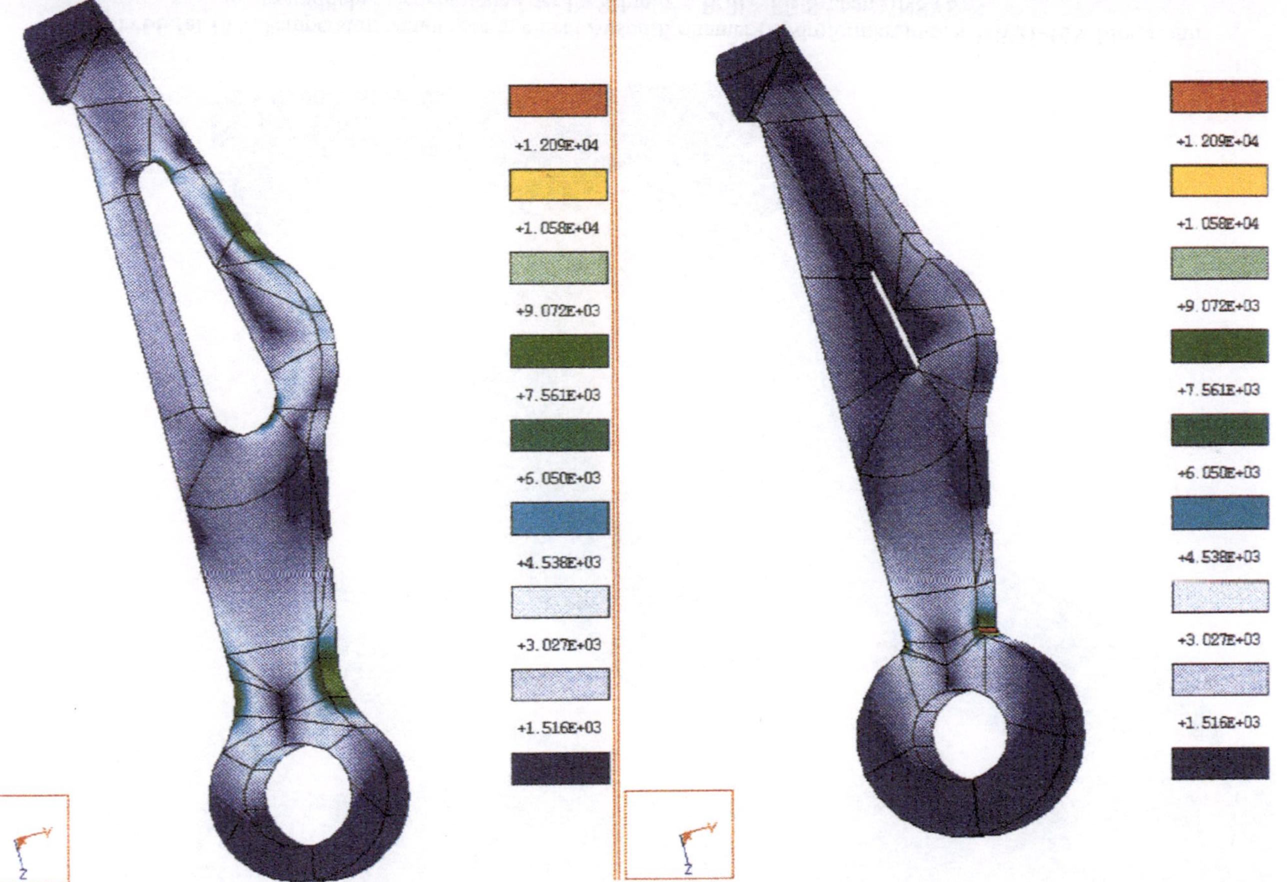

Farbtafel 9.   Parameteroptimierung eines Schwinghebels. Rechts Ausgangsgestalt – links optimierte Form (FE-System MECHANICA der Fa.RASNA)

Farbtafel 10. Temperaturspannungen in einem Auspuffkrümmer (Hydroformkrüm-mer VW21-16V Motor, mit freundlicher Genehmigung der Fa.Schmitz + Brill – FE-System ANSYS)

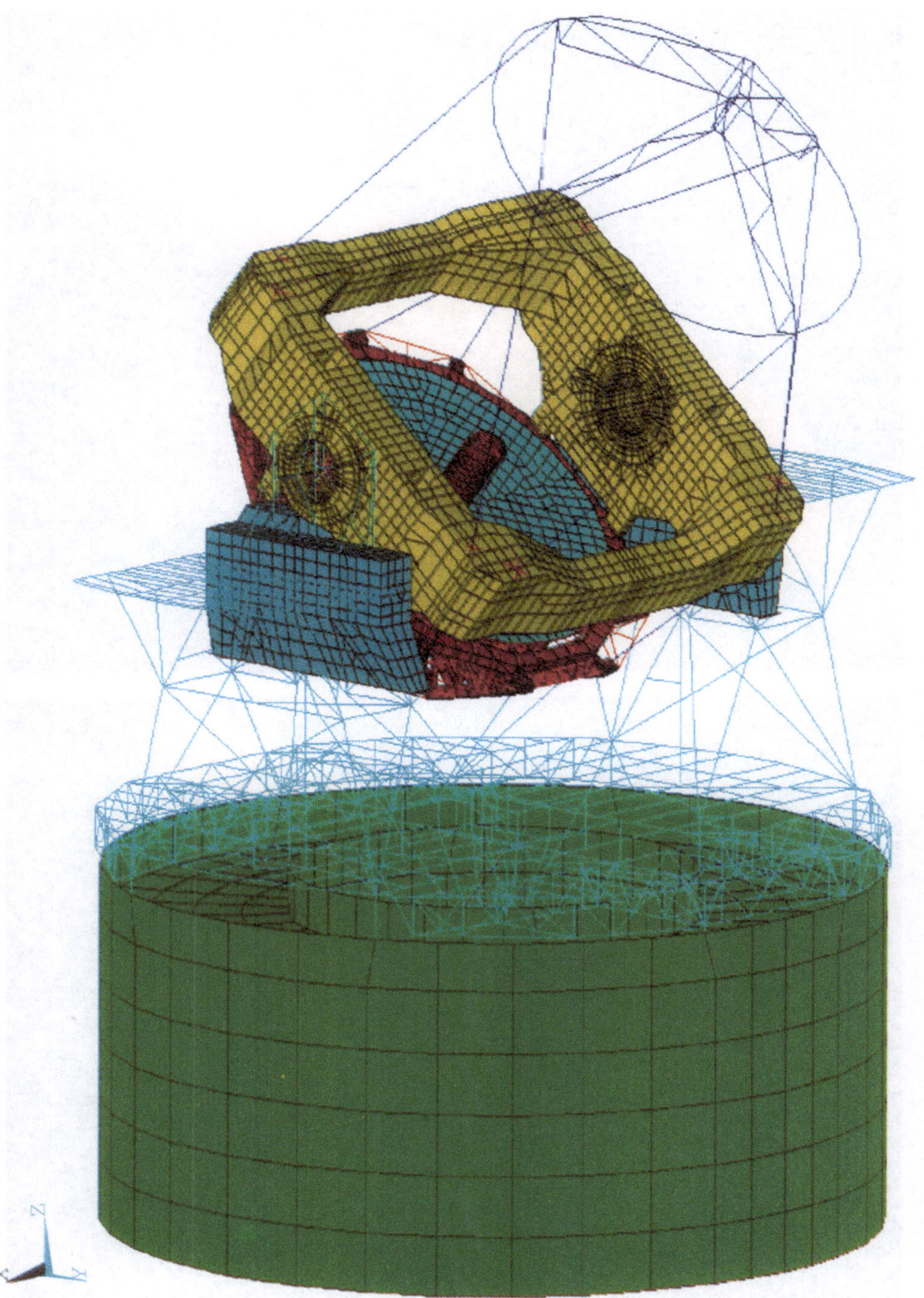

Farbtafel 11. Großes FE-Modell (Spiegelteleskop) aus mehreren Elementtypen zur Schwingungsanalyse (European Southern Observatory, Garching – FE-System ANSYS)

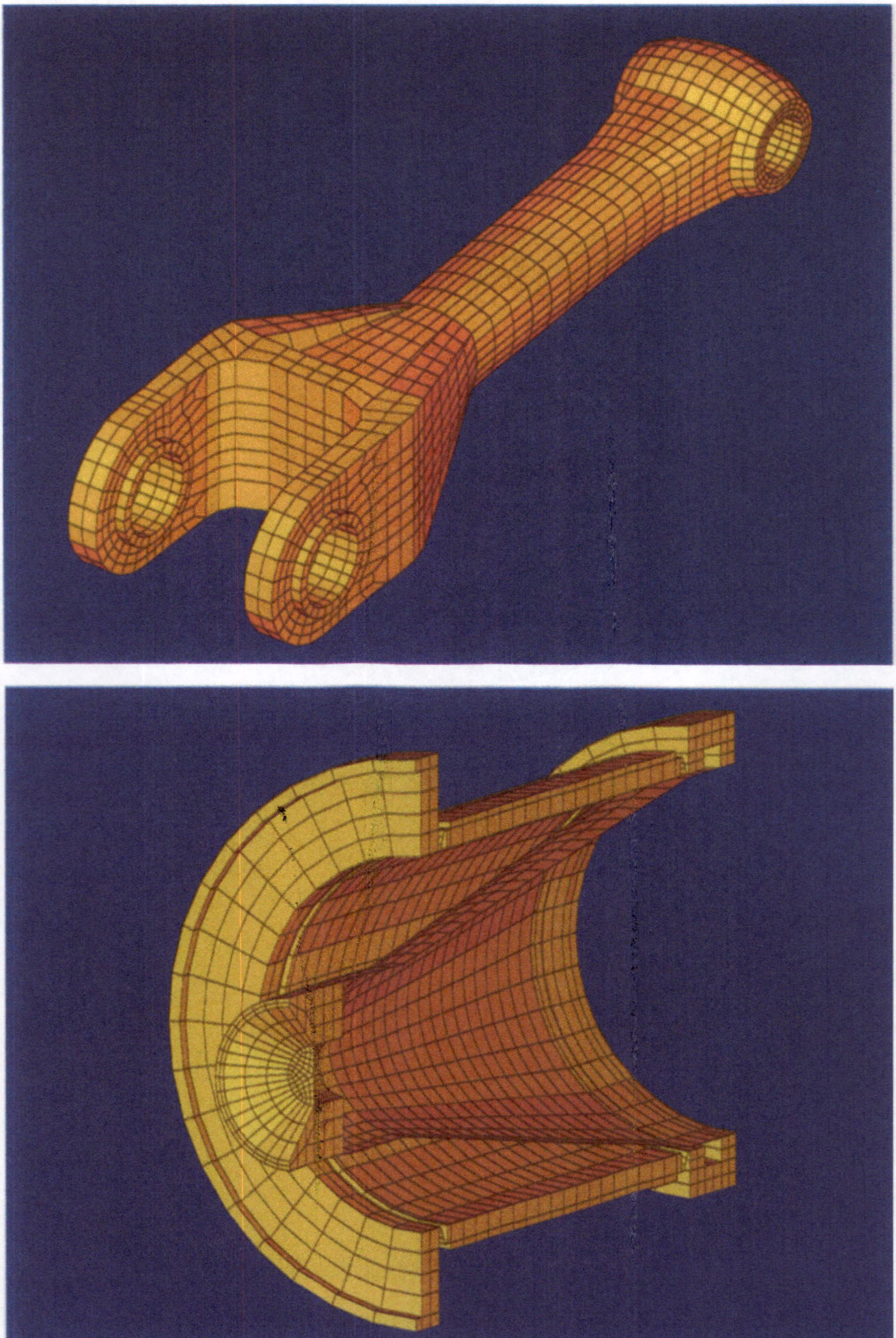

Farbtafel 12. Reine Volumenelemente-Vernetzung mit Bricks (Schalthebel, oben) und
gemischte Volumen-Schalenelemente-Vernetzung (Elektronenkanone,
RWTH Aachen, unten) – FE-System ANTRAS

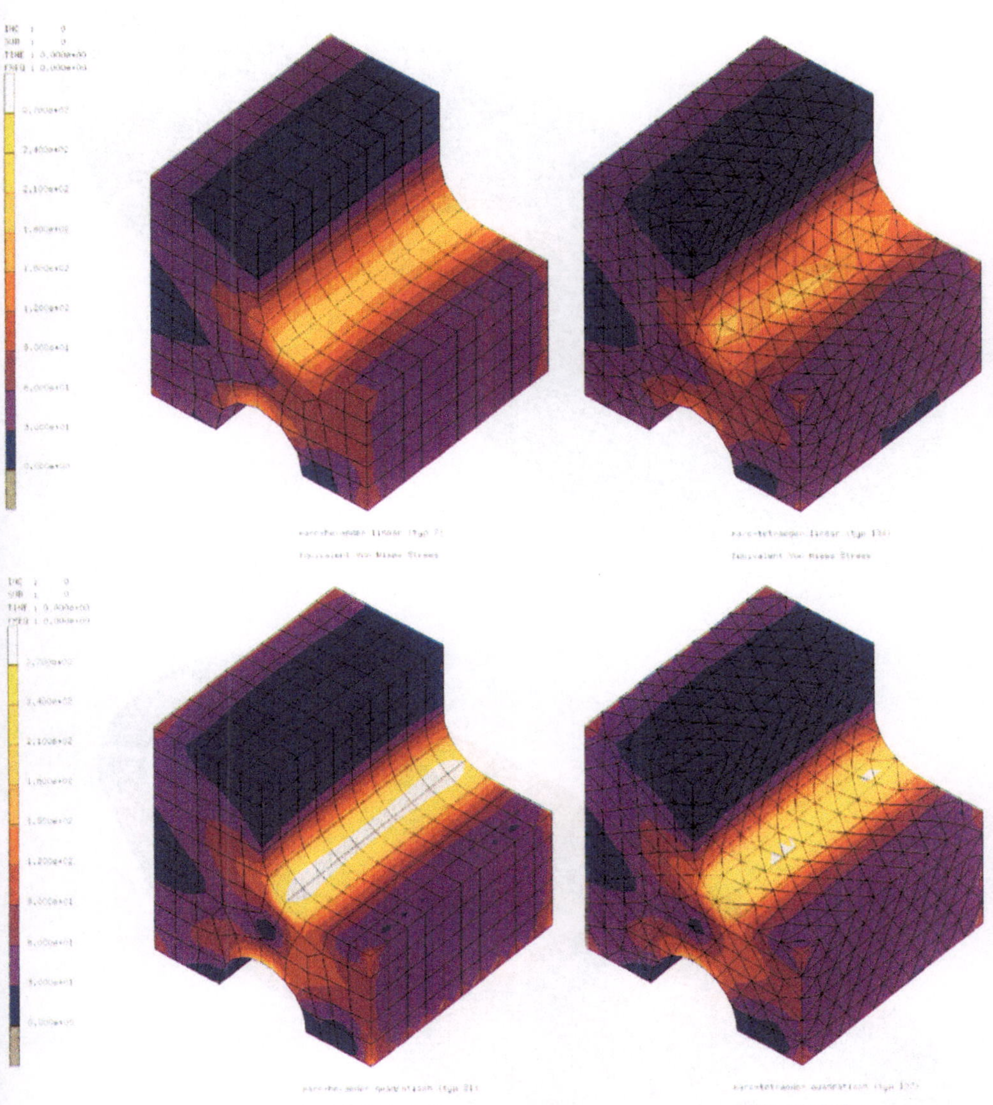

Farbtafel 13. Vergleich der Spannungsverteilung bei Brick- und Tetraederelementen – oben lineare, unten quadratische Elemente (Fa.Fichtel & Sachs, Schweinfurt – FE-System MARC)

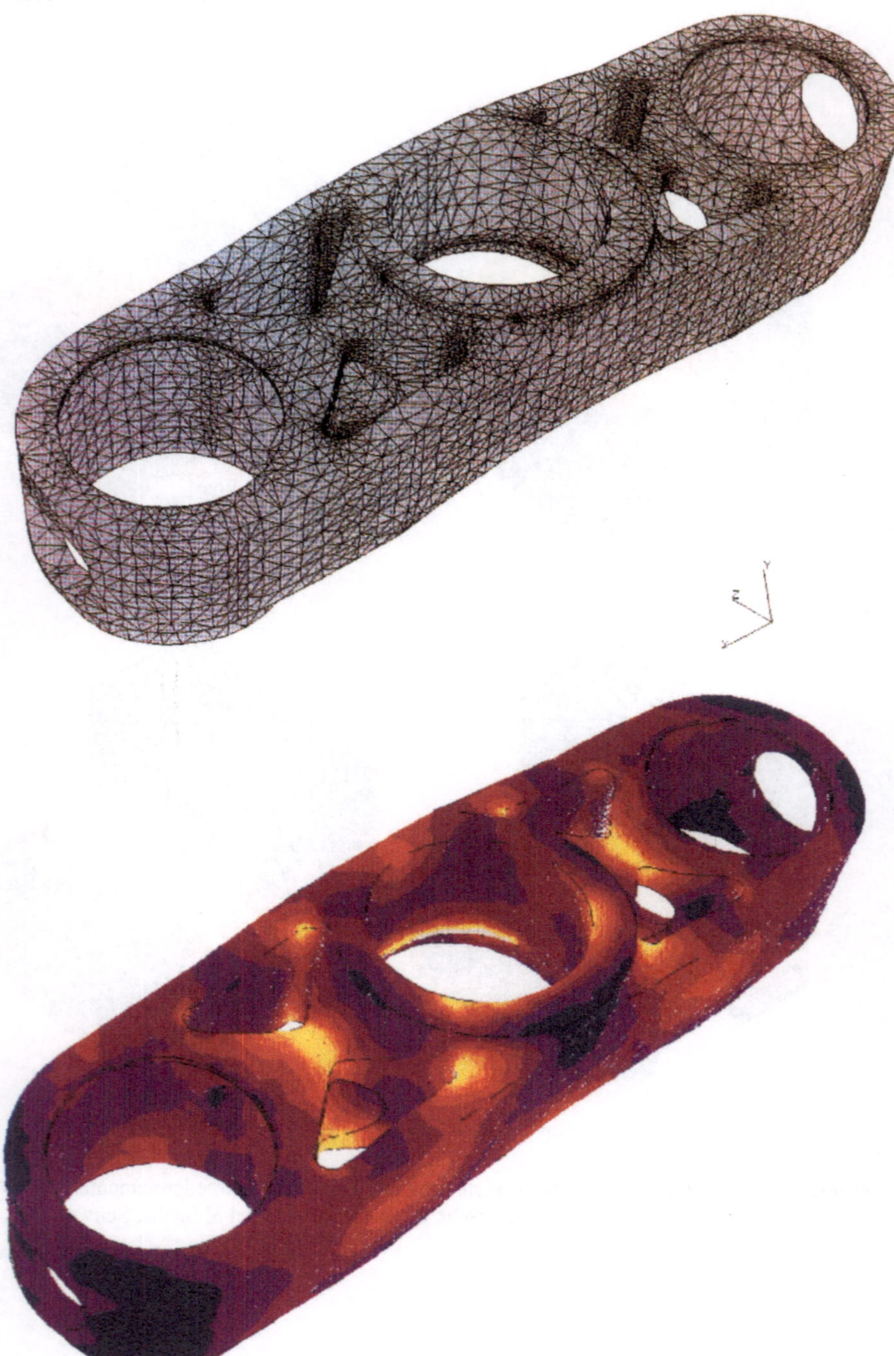

Farbtafel 14.   Fahrradbauteil, Geometrie automatisch im CAD-System mit Tetraeder
elementen vernetzt, im FE-System berechnet (Fa. Fichtel & Sachs,
Schweinfurt – CAD/FE-System Pro/ENGINEER/Pro/MESH, FE-System
MARC)

Farbtafel 15. Oberflächenspannungen eines Schwinghebels (FE-System MSC/PATRAN BEM-Modul P3/TEAM der Fa.MSC)

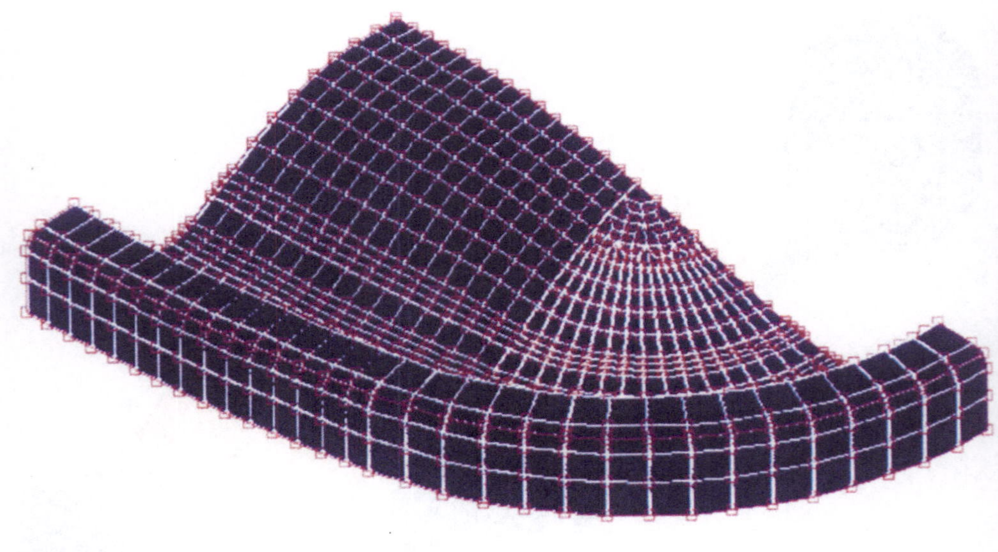

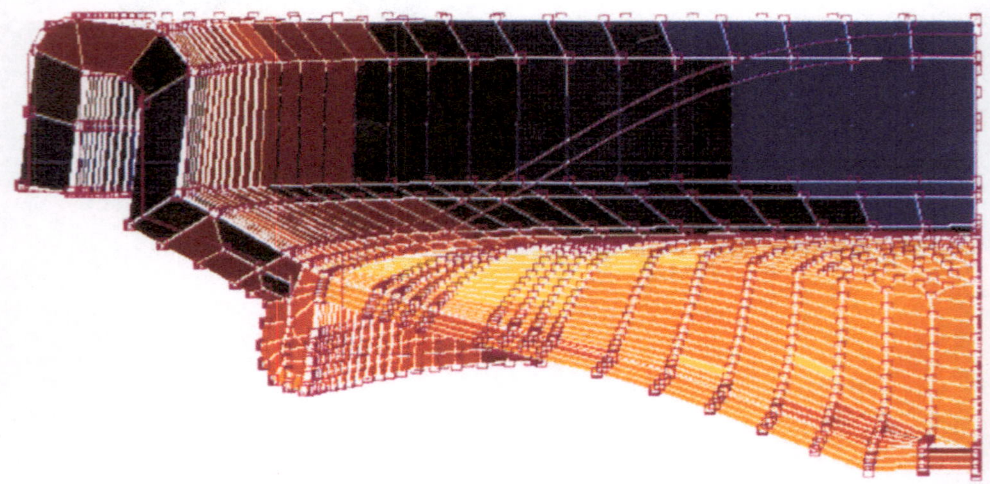

Farbtafel 16. Kunststoffverschluß eines Trinkkartons; oben Viertelmodell, unten durch-
geschlagener Zustand (Fa. Tetra Pak, Hochheim am Main – FE-Programm
MARC)